우주를 향한 질주

초판 1쇄 인쇄 2025년 11월 12일
초판 1쇄 발행 2025년 11월 20일

지은이 최영인
펴낸곳 ㈜엠아이디미디어
펴낸이 최종현
기 획 김동출
편 집 최종현
디자인 한미나

주소 서울특별시 마포구 양화로 161, 820호
전화 [02] 704-3448 I **팩스** [02] 6351-3448
이메일 mid@bookmid.com I **홈페이지** www.bookmid.com
등록 제2011-000250호
ISBN 979-11-93828-29-8(93550)

최영인 지음

우주를 향한 질주

과학과 전쟁이 만든
로켓의 역사

프롤로그 — 8

1장. 로켓이란 무엇인가? 13

✷ 하늘을 날기 위한 도전의 역사 15

1) 그리스의 철학자 아리스토텔레스가 생각한 운동이론 16
2) 세계 최초로 중국에서 만든 로켓, 화전 17
3) 인류, 드디어 처음으로 하늘을 날다 19
4) 하늘을 나는 비행기가 우주까지 날아갈 수 없는 이유 23

✷ 우주로 날아가기 위한 도전의 역사 27

1) 하늘에서 우주는 어디서부터 시작되는가? 27
2) 우주여행 소설을 과학으로 바꾼 러시아의 콘스탄틴 치올콥스키 29
3) 인류 최초로 액체로켓엔진을 제작하여 로켓을 발사한 미국의 로버트 고더드 33

✷ 로켓이 우주로 날아가는 원리 37

1) 치올콥스키가 제안하고, 고더드가 제작한 액체로켓엔진 37
2) 로켓에 필요한 궤도속도는 초속 8킬로미터가 아닌 10킬로미터다 40
3) 로켓 동체를 2단 이상으로 구성하는 이유 42
4) 로켓의 산화제로 액체산소를 사용하는 이유 45

2장. 독일의 로켓 개발: A-1, A-2, A-3, A5, 그리고 A-4(V-2) 47

✷ 인류 최초 우주비행한 V-2 로켓을 만든 독일 49

1) 크루즈(순항) 미사일, V-1 50
2) 인류 최초 로켓 원리의 탄도 미사일, A-1과 A-2 55
3) 크기를 훌쩍 키운 A-3와 A-4(V-2)의 축소형 A5 59
4) 액체로켓엔진을 사용하는 탄도 미사일 A-4, V-2 로켓의 탄생 66

✷ **독일의 V-2 로켓 기술을 본국으로 이송하라 73**

    1) 독일 로켓과학자를 미국으로 이송한 페이퍼클립 작전 73
    2) 독일 로켓과학자를 소련으로 이송한 오소아비아힘 작전 76

3장. 1차 우주 경쟁 : 인류의 첫 번째 인공위성 79

✷ **인류 최초의 인공위성을 지구 궤도 투입에 성공한 소련 82**

    1) 소련의 독자적인 로켓연구소 RNII 83
    2) V-2 로켓의 소련 역설계 생산 로켓(탄도미사일), R-1과 R-2 88
    3) 세계 최초의 중거리 탄도미사일, R-5 로켓 94
    4) 세계 최초의 대륙간 탄도미사일, R-7 세묘르카 97
    5) 인류 최초의 인공위성 스푸트니크, R-7 로켓으로 우주에 가다 102

✷ **시작은 화려했으나, 결국 소련에 훨씬 뒤처지는 미국의 로켓 개발 105**

    1) V-2 로켓의 미국 자체 역설계 로켓, RTV-A-2 Hiroc 105
    2) 베르너 폰 브라운이 미국에서 참여한 첫 번째 프로젝트, 에르메스 108
    3) 베르너 폰 브라운이 미국에서 만든 첫 번째 로켓, 레드스톤 111
    4) 미국 최초의 과학 로켓, 주피터-C 113
    5) 미국 최초의 인공위성 익스플로러 1, 주노-1 로켓으로 우주에 가다 114

4장. 2차 우주 경쟁 : 인류 최초로 우주에 사람을 보낸 국가 119

✷ **인류 최초의 우주인을 배출한 소련 122**

    1) 지구에서 제일 먼저 우주를 경험한 생명체, 라이카 122
    2) 업그레이드한 R-7 로켓으로 인류 최초의 달 탐사선 '루나' 126
    3) 인류의 첫 유인 우주선 로켓, 보스토크 시리즈 130
    4) 소련의 유인 우주 프로그램, 보스토크 133

5) 인류 최초의 우주인, 유리 가가린　136
　　6) 인류 최초의 우주 유영 프로그램 : 소련의 보스호드　143

✷ **소련과의 우주 경쟁을 따라잡기 위해 발버둥치는 미국　148**

　　1) 미국 항공우주국, 나사(NASA)의 탄생　148
　　2) 미국의 유인 우주 프로그램 : 머큐리　151
　　3) 미국의 첫 유인 우주로켓, 머큐리-레드스톤　155
　　4) 미국의 첫 우주인, 앨런 셰퍼드　159
　　5) 머큐리 프로젝트의 플랜 B 로켓, 머큐리-아틀라스　163
　　6) 미국의 우주 유영 프로젝트, 제미니와 타이탄 로켓　168

5장. 3차 우주 경쟁 : 인류 최초로 달에 사람을 보낸 국가　177

✷ **인류 최초로 사람이 달 착륙에 성공한 미국　180**

　　1) 미국의 유인 달 착륙 계획, 아폴로 프로그램 착수　180
　　2) 달 궤도 랑데부(LOR) 선택한 아폴로 프로그램　187
　　3) 미국 아폴로 프로그램의 첫 로켓, 새턴 I　191
　　4) 미국 아폴로 프로그램의 징검다리 로켓, 새턴 IB　195
　　5) 미국 아폴로 프로그램을 위한 초대형 로켓, 새턴 V　198
　　6) 아폴로 11호, 3명의 우주인을 달에 이송하다　205

✷ **유인 달 착륙 프로그램을 시작했으나 끝내 성공하지 못한 소련　209**

　　1) 소련의 유인 달 착륙 계획, 소유즈 프로그램　209
　　2) 소련의 유인 달 착륙선을 위한 초대형 로켓, N1　214
　　3) 소련의 유인 달 착륙 프로그램은 N1 로켓 개발 실패로 중단　222

6장. 4차 우주 경쟁 : 인류 최초의 재사용 우주 왕복선　231

✳ 인류 최초로 재사용 우주 왕복선을 개발하고 운영한 미국　234

1) 미국의 우주 왕복선 프로그램　234
2) 인류 최초의 우주 왕복선, 컬럼비아 발사 및 귀환 성공　239
3) 미국 우주 왕복선의 두 번의 대형 사고, 그리고 퇴역　245

✳ 재사용 우주 왕복선을 개발하고 시험 발사까지 했던 소련　250

1) 소련의 우주 왕복선, 에네르기야/부란 시스템　250
2) 소련 우주 왕복선 에네르기야/부란 발사 및 중단　252

7장. 5차 우주 경쟁 : 인류 최초의 재사용 로켓　261

✳ 지구에서 유일하게 1단 부스터를 재사용하는 로켓을 운영 중인 스페이스X　265

1) 일론 머스크가 세 번째로 창업한 민간 우주기업, 스페이스X　267
2) 인류의 첫 번째 1단 부스터 재사용 로켓, 팰컨 9　272
3) 인류 최초의 완전 재사용 로켓이 목표인 스타십　279

✳ 재사용 로켓 개발에 도전하고 있는 민간 우주기업　290

1) 일렉트론 로켓 1단 해상 회수를 통한 재사용을 시도하는 로켓랩　291
2) 대형 메테인 엔진을 장착한 재사용 로켓, 뉴 글렌을 보유한 블루 오리진　299
3) 메탈 3D 프린팅 메테인 엔진으로 승부하고 있는 렐러티비티　306

에필로그 ― 312

프롤로그

내가 초등학생이던 1980년대에는 TV를 틀면 <은하철도 999>와 같은 공상과학 만화가 학생들 사이에서 엄청난 인기를 끌었다. 또 미국의 우주 왕복선 발사 장면이나 귀환 장면은 TV에서 생방송 혹은 뉴스로 보여주는 것이 당연했다. 로켓을 개발하는 국가기관인 한국항공우주연구원에서 약 20년을 근무하고서 로켓(재사용발사체) 스타트업 케이마쉬를 창업한 지금, 그때를 되돌아보면 그러한 '우주 낭만'이 있던 어린 시절을 보낼 수 있어서 무척 행복했다고 생각한다. 이루지 못할 꿈이라고 할지라도 불가능한 목표를 자랑스럽게 상상하여 이야기하는 것은 유년 시절의 특권 아니던가. "당신이 상상할 수 있는 모든 것은 현실"이라던 파블로 피카소의 말처럼, 어린 시절의 공상과학 만화영화가 더 이상 상상 속 이야기가 아닌 점점 현실이 되는 2020년대 중반이다.

미국의 우주과학자 로버트 고더드가 액체로켓엔진을 장착한 최초의 로켓 '넬'을 발사한 1926년 3월 16일 이후 100년에 가까운 시간이 흘렀다. 기나긴 100년이라는 시간 속에서 인류는 참말로 다양한 방법으로 우주개발을 진행했다. 인류가 우주로 갈 수 있다고 이론적으로 증명한 소련의 치올콥스키, 액체로켓엔진 하드웨어를 최초로 개발한 로버트 고더드, 나치 독일에서 V-2 로켓 개발을 주도한 폰 브라운과 오베르트, 소련의 우주개발을 총괄하며 미국보다 항상 한발 앞서서 '인류 최초'의 타이틀을 독식한 코롤료프, 독일에서 미국으로 망명 후 인류의 유인 달 착륙을 성공시킨 폰 브라운, 미국과 소련의 우주 왕복선 개발, 그리고 뉴 스페이스 시대 인류 최초로 1단 부스터를 재사용하고 있는 스페이스X의 팰컨 9 로켓을 모두 포함하는 거대한 이야기를 로켓 엔지니어의 관점에서 들려주고 싶었다. 대한민국 로켓 개발 최선단에서 근무하고 있는 로켓 엔지니어로서, 로켓 개발에서 가장 중요한 것이 무엇인지 확실하게 인지하고 있는 사람으로서, 인류의 로켓 개발 역사 이야기의 통사(通史)를 공유하고 싶었다.

  이 책은 바로 위와 같은 마음으로 약 3년 가까이 준비한 책이다. 특히 너무 기술적인 항목과 숫자 위주로 글을 쓰다 보면 자칫 전공 서적이 될 확률이 있으므로, 기술적인 내용보다는 로켓 개발과 관련한 시대적 상황 이야기를 더 많이 포함하도록 노력했다. 이를 통하여 우주에 관심이 있는 초중고 학생뿐만 아니라 대학생과 일반인까지도 우주

개발의 흥미진진함을 느낄 수 있도록 혼신의 힘을 다해 자료를 찾고 이야기를 만들었다.

하지만 한 권의 책을 끝까지 쓴다는 것은 참으로 쉽지 않은 일이었다. 글이 잘 써지다가도 갑자기 막힐 때가 종종 있었다. 그럴 때마다 나를 끊임없이 독려한 것이 있는데, 그것은 바로 언제나 항상 늘 생각대로 진행되지 않는 사업이었다. 붙을 거라 확신했던 과제에 떨어지거나, 반드시 성공할 것 같았던 투자 유치에 실패했을 때마다 그 깊은 실패의 심연을 책 쓰기로 승화시켰다. 다만 나의 노력이 이 책을 읽는 독자들에게 어떻게 느껴질지는 솔직히 잘 모르겠다.

이 책이 나오기까지 참으로 많은 분이 도와주셨다. 가장 큰 고마움은 케이마쉬 SB 연구원이다. 그가 없었다면 이 책은 집필할 수 없었을 정도로 그의 광대한 자료 정리와 책 내용에 대한 철저한 리뷰는 나를 지탱하는 큰 힘이었다. 또한 MID출판사 최종현 대표님의 인사이트에 근거한 꼼꼼한 검토와 일반독자의 눈높이에 맞는 코멘트가 없었다면 자칫 로켓 공학 전문 서적이 될 뻔했던 책 내용이 지금과 같이 순화된 내용으로 나올 수 없었을 것이다. 그 외에도 이 책이 나오기까지 직간

접적으로 도와주신 분들이 무척 많으나(R, K, NA33, P 등) 여러 가지 사정으로 직접 언급할 수 없음이 무척 안타깝다. 대단히 정말 참말로 감사합니다!

마지막으로 내 인생의 희로애락을 항상 함께하는 우리 가족 영현, 윤서, 지우와 우리 부모님께도 진심으로 감사의 인사를 꼭 전하고 싶다. 그리고 항상 나를 믿어주는 우크라이나 친구들에게도.

"인간은 근육의 힘이 아닌, 지식의 힘으로 하늘을 날 수 있다."
- 니콜라이 주콥스키 Николай Жуковский(1847년~1921년, 소련 과학자)

1장

로켓이란 무엇인가?

로켓이란 무엇인가?

지구라는 행성에서 살고 있는 인류는 태어나면서부터 본인 머리 위에 있는 공간, 즉 하늘에 대한 호기심을 가지고 있었다. 특히 밤이 되면 검은 우주 속에 반짝이는 달과 별에 대한 궁금증도 생기지 않을 수 없었다. 하지만 날개가 있어서 하늘을 자유롭게 날아다니는 새와 달리, 인간에게는 안타깝게도 스스로 하늘을 날 수 있는 육체적 능력이 없었다. 가지고 있지 않은 능력을 확보하기 위하여, 인간은 근육의 힘이 아닌, 지식의 힘으로 하늘과 우주를 나는 방법을 선택했다. 오랜 연구와 시도 끝에 하늘과 우주를 날 수 있는 두 가지 물건을 만들 수 있었는데, 바로 비행기airplane와 로켓rocket이다. 비행기는 새처럼 날개 아래 엔진을 장착하여 양력lift force으로 하늘을 날 수 있도록 발명한 물건이고, 로켓은 기존에는 존재하지 않던 새로운 방법으로 엔진을 발명하여 작용-반작용의 법칙으로 우주로 날아가도록 만든 물건이다. 따라서 1장에서는 하늘로 날아가는 비행기, 그리고 우주로 날아가는 로켓에 대한 역사와 원리에 대하여 알아보자.

하늘을 날기 위한 도전의 역사

인간은 태어날 때부터 하늘을 향한다. 지구에 태어난 사람이라면 누구라도 하늘을 자유롭게 날고 싶은 꿈을 가져본 적이 있을 것이다. 그런데 날개가 있어 하늘을 날 수 있는 새와 달리, 인간은 날개가 없다. 그렇다면 하늘을 나는 것을 포기해야 할까? 우리 인류는 항상 불가능한 것을 가능하게 하는 위대한 도전의 역사 속에서 살아왔다. 하늘을 날아가는 것도 마찬가지다. 인간은 머리를 이용하여 하늘을 날 수 있는 수단을 연구하기 시작하였다.

1) 그리스의 철학자 아리스토텔레스가 생각한 운동이론

인류 최초로 하늘을 나는 방법을 연구한 사람은 누구였을까? 누군가 있었겠지만, 그 사람이 누구인지를 아는 것은 불가능하다. 아마도 인간이 땅에 선 그 순간부터 인간은 하늘을 나는 능력을 원했을 것이다.

그리스 신화 속 인물 중에는 밀랍으로 만든 날개를 달고 하늘을 날다가 너무 높이 날아서 태양열로 날개가 녹아 추락하는 이카루스 Ikarus가 등장한다. 신화 속 이야기지만 하늘을 훨훨 날고 싶다는 인간의 원초적 소망을 알 수 있는 대목이다.

어떻게 하면 인간이 하늘을 날 수 있을지 고민한 후 최초로 기록으로 남긴 사람이 있다. 바로 그리스의 철학자 아리스토텔레스다. 기원전 고대 철학자 중 한 명인 아리스토텔레스는 움직이려면 끝없이 힘을 가해야 하고, 만약 힘을 가하지 않으면 물체는 다시 정지된 자연 상태로 돌아간다는 운동이론을 제시했다. 아리스토텔레스의 운동이론은 18세기 영국 과학자 뉴턴이 제시한 운동 제1 법칙과 매우 유사하지만, 시기적으로는 무려 2천 년 전에 발표되었다는 것이 놀라울 뿐이다.* 그렇다면 실제로 하늘을 날아가는 물체는 언제 등장한 것일까?

---

* 운동 제1 법칙은 관성의 법칙임. 외부에서 힘이 가해지지 않는 한 모든 물체는 자신의 상태를 그대로 유지하려고 하는 성질을 갖는다는 법칙

2) 세계 최초로 중국에서 만든 로켓, 화전

하늘을 날아가는 물체는 크게 두 가지 중 한 가지 원리로 날아간다. 첫 번째 원리는 날아가고자 하는 방향과 같은 방향으로 힘을 받아서 날아가는 물체다. 사람이 손으로 돌을 하늘 높이 던지는 것도 바로 이러한 원리다. 활을 이용하여 쏘는 화살, 성을 공격하기 위하여 사용하는 투석기 등도 모두 같은 원리로 하늘로 날아간다. 두 번째는 날아가고자 하는 방향의 반대 방향으로 힘을 가한 반발력으로 날아가는 물체다. 즉, 뉴턴의 운동 제3법칙인 작용-반작용 원리를 이용하여 하늘을 날아가는 물체다.˙ 이 방법으로 하늘을 날아가는 물체를 처음으로 만든 사람을 알 수는 없으나, 만든 국가는 알 수 있다. 바로 중국이다. 1232년 금나라가 화약을 이용해 화전火箭이라는 불화살을 만들어 성을 포위한 몽골제국 군인들을 상대로 사용했다는 기록이 있다. 화전은 화살 끝에 화약 주머니를 매달아 불을 붙여 쏘던 화기火器인데, 화약이 폭발하면서 힘을 주는 방향의 반대 방향으로 화살이 날아갔다.

여기서 잠시 우리나라 최초의 로켓 이야기를 추가하면, 중국에서 사용하던 화기는 고려시대에 처음 국내에 도입되었다. 고려 말인 1377년 최무선이 화통도감을 설치하여 최초의 로켓, 주화走火를 만들었다. 그리고 조선시대에는 세종대왕이 중심이 되어 장영실 등과 함께 화살 병기인 신기전神機箭까지 만들었는데, 모두 화전의 확장형 개념으로 만든 것으로 볼 수 있다.

˙ 모든 작용하는 힘에는 크기가 같고 방향이 반대인 반작용 힘이 있다는 법칙

로켓Rocket이라는 단어의 어원

Albert Anker
La reine Berthe et les fileuses(Queen Bertha and the Spinners), 1888,
Musée cantonal des Beaux-Arts de Lausanne, Swiss

송나라와의 전쟁에서 화전의 위력을 실감한 원나라(몽골 제국)는 유럽을 정복하면서 본격적으로 송나라가 사용했던 화전도 함께 사용하여 유럽 내에서 연전연승을 거두었음. 즉 당시 몽골군은 단순히 기마술만 뛰어난 것이 아니라 화전술도 뛰어났음. 이때 몽골군의 화전에 대한 정보를 접한 유럽 내 국가에서 본격적으로 화전 기술이 전파되어 사용되기 시작했음. 특히 이탈리아에서는 1377년 제노아 군대가 베니스 군대와 전투에서 화전을 응용한 로케타Rochetta를 사용했다는 기록이 있을 정도였음. 여기서 로케타는 실을 감아놓는 도구, 즉 실패Rocca 중에서 크기가 작은 것을 의미하는 로체토Rochetto에서 파생된 단어임. 그리고 이탈리아어 Rochetto가 프랑스어 Rocquete로 사용된 뒤, 지금 우리가 사용하는 Rocket이 되었다고 함.

3) 인류, 드디어 처음으로 하늘을 날다

　르네상스 시대를 거치면서 인류의 학문은 기존의 신학 중심에서 다양한 분야로 발전하기 시작했다. 천문학 분야에서는 지동설을 주장한 15세기 폴란드 천문학자 니콜라스 코페르니쿠스Nicolaus Copernicus, 16세기 이탈리아 천문학자 갈릴레오 갈릴레이Galileo Galilei가 대표적인 인물이다. 특히 16세기에는 르네상스 시대를 대표하는 천재적 이탈리아 미술가이자 과학자인 레오나르도 다빈치Leonardo da Vinci 같은 대가들의 왕성한 활동으로 공학 분야도 급속히 발전하기 시작했다. 심지어 레오나르도 다빈치는 스스로 비행기를 설계할 정도로 하늘을 나는 것에 대하여 진심으로 연구했다.

　17세기 영국에서 태어난 뉴턴Isaac Newton은 현대 과학에서 빼놓을 수 없는 여러 법칙을 발표했는데, 가장 널리 알려진 것은 바로 뉴턴의 세 가지 운동법칙이다. 제1 법칙인 관성의 법칙과 제2 법칙인 가속도의 법칙, 그리고 마지막 제3 법칙인 작용-반작용의 법칙이다. 특히 뉴턴의 운동법칙은 지구뿐만 아니라 우주에서도 적용되기 때문에 로켓 개발에 있어서는 그 중요성이 하늘처럼 높다. 뉴턴은 실제로 로켓을 제작하지는 못했지만, 인류가 우주까지 날아갈 수 있는 과학적 이론의 배경을 제시했다는 것만으로도 인류의 하늘과 우주 정복에 가장 중요한 사람 중 하나라고 할 수 있다.

　19세기 산업혁명기에 접어들면서 인류의 과학기술은 크게 발전하였으며, 이를 따라 제조업 분야도 획기적으로 발전하게 되었다. 이제 인류는 하늘을 나는 물체에 대한 설계에 그치지 않고, 직접 하늘을 날 수 있는 물체를 만들어서 시험할 수 있게 된 것이다. 공기보다 가벼운 기체 수소를 채운 풍선이나 기구를 이용한 비행뿐만 아니라, 무동력

글라이더를 제작하여 하늘을 나는 비행까지 성공한 사람도 여럿 있었다. 그리고 1903년 미국 노스캐롤라이나주 키티호크Kitty Hawk에서 윌버 라이트와 오빌 라이트 형제가 만든 플라이어 1호Flyer I는 자동차에서 사용하는 가솔린 엔진의 피스톤 왕복운동을 이용하여 프로펠러를 회전시킴으로써 비행기 날개로부터 얻어지는 양력揚力, lift으로 약 12초 동안 비행에 성공했다. 이것이 인류 최초의 동력 비행 성공이었다.

뉴턴의 운동법칙 Newton's Law of Motion

- **제1 법칙 : 관성의 법칙(First Law of Motion - Inertia)**
  - 정의 : 외부의 힘이 작용하지 않는 한, 정지한 물체는 정지 상태를 유지하고 움직이는 물체는 같은 속도와 방향으로 계속 움직임.
  - 해석 : 뉴턴은 움직이는 물체는 멈출 만한 일이 발생하기 전까지 계속 움직이고, 정지한 물체는 움직일 만한 일이 생기기 전까지 전혀 움직이지 않는다고 생각했음. 마찰이 없다면 물체는 계속 같은 방향으로 움직일 것임. 이는 '관성'이라는 성질 때문임.
  - ※ 예 : 나로우주센터 발사대에 서 있는 로켓(누리호)은 엔진이 점화하기 전까지 날아가지 않고 계속 서 있음. 즉 정지한 물체는 힘이 작용하지 않는 한 계속 상태를 유지함.

- **제2 법칙 : 가속도의 법칙(Second Law of Motion - Acceleration)**
  - 정의 : 물체의 가속도(a: acceleration)는 해당 물체에 작용한 힘의 크기(F: Force)에 비례하고 질량(m: mass)에 반비례함. 이를 공식으로 나타내면 $F = m \times a$
  - 해석 : 힘은 물체의 질량과 가속도에 비례함. 즉 무거운 물체를 움직이려면 더 큰 힘이 필요하며, 더 빨리 움직이게 하려고 해도 더 큰 힘이 필요함. 즉 힘을 세게 가할수록 물체를 더 빨리 가속할 수 있음. 하지만 물체의 질량이 커질수록 움직이는 데 더 큰 힘이 필요함. 단, 속도가 일정하다면(가속도가 없다면) 힘은 0임.
  - ※ 예 : 초음속 여객기 콩코드는 최고 마하수 2로 비행했지만, 객실에서는 승무원들이 손님에게 음식이나 음료 서비스를 제공할 수 있었음. 승무원들이 음식 서빙을 할 때 콩코드 조종사는 마하수 2의 속도를 유지하여 가속도를 0으로 만들었기에 가능했음.

※ 예 : 운동 경기 중 선수 몸무게에 따른 체급별로 경기하는 종목이 있음. 복싱, 태권도, 유도, 레슬링 등이 대표적인 종목인데, 그 이유는 선수들의 몸무게(질량)에 따라 힘이 달라지기 때문임.

- **제3 법칙 : 작용-반작용의 법칙(Third Law of Motion - Action and Reaction)**
- 정의 : 모든 작용Action에는 크기가 똑같고 방향은 반대인 반작용Reaction이 있음.
- 해석 : 어떤 힘이 작용하면 반드시 그 크기가 같고 방향이 반대인 힘이 발생한다는 것임. 공기가 있는 지구에서도, 공기가 없는 우주에서도 작용-반작용의 법칙은 같이 적용됨. 작용-반작용의 법칙을 가장 잘 활용하는 대표적인 예가 바로 로켓임. 로켓은 지구에서 우주 방향이 아닌 반대 방향인 땅으로 힘을 보내지만, 작용-반작용 법칙으로 우주를 향해 날아갈 수 있음.

※ 예 : 나로우주센터 발사대에 서 있는 누리호. 누리호 1단에는 추력 75톤 엔진 4기가 장착되어 있음. 누리호 엔진이 점화하면 300톤의 추력을 아래쪽(땅)으로 보내는데, 작용-반작용의 법칙으로 누리호는 반대 방향인 하늘로 힘차게 날아올라감. 다만, 실제 로켓이 우주로 발사되기 위해서는 이륙 중량의 1.2배 이상의 추력이 필요함.

4) 하늘을 나는 비행기가
우주까지 날아갈 수 없는 이유

미국 라이트 형제가 가솔린 엔진과 프로펠러를 이용하여 세계에서 첫 번째로 양력을 이용한 동력 비행에 성공함으로써 인류의 본격적인 하늘 정복은 시작되었다. 하지만 20세기 초에는 프로펠러 날개 끝이 초음속으로 회전할 때 이를 견딜 수 있는 재료가 아직 발명되지 못했다. 또한, 공학적으로 프로펠러 비행기의 최대속도는 시속 750킬로미터까지가 한계였다. 하지만 인류는 더 빨리 날 수 있는 비행기를 원했다. 프로펠러 외에 새로운 형태의 비행기 엔진 연구가 시작되었고, 그 결과 가스 터빈 엔진, 즉 제트 엔진jet engine이 등장했으며, 이 덕분에 비행기의 성능도 월등히 향상되었다.

제트 엔진은 엔진 내부에서 연소시킨 높은 온도의 가스를 분출함으로써 뉴턴의 운동 제3 법칙인 작용-반작용 원리로 추력을 얻는다. 내용상으로는 로켓엔진과 매우 유사한 작동 원리지만, 결정적인 차이가 있다. 그 차이는 연소를 위한 산소 공급 방법에 있다. 로켓엔진은 내부 탱크에 보관 중인 연료와 산소가 화학적으로 반응하는 연소combustion라는 과정을 통하여 고온의 가스를 배출하여 추력을 얻는다. 이에 반하여 제트 엔진은 엔진 입구에서 산소가 포함된 공기를 흡입하여 팬으로 압축한 뒤, 연료와 혼합해 연소시키면서 추력을 발생시킨다. 그렇다면 여기서 한 가지 의문이 생길 수밖에 없을 것이다. 왜 로켓용 엔진은 공기를 흡입하여 사용할 수 없을까? 왜 비행기로는 우주로 가는 것이 불가능할까?

제트 엔진을 장착한 초음속 비행기의 최고 속도는 초속 0.6킬로미터(시속 2,160킬로미터), 마하수Mach number 2다. 더욱이 우리가 해외를

갈 때 이용하는 여객기의 경우 안정적이면서 경제적인 운항을 위하여 마하수 0.9, 즉 초속 0.3킬로미터(시속 1,050킬로미터)까지 떨어뜨려서 비행한다. 이에 반하여 지상에서 발사한 로켓이 인공위성을 지구 궤도에 투입했을 때 떨어지지 않고 궤도를 유지할 수 있는 속도orbital velocity, 궤도속도는 초속 8킬로미터(정확하게는 초속 7.8-7.9킬로미터, 마하수 23.5)다. 심지어 지구의 중력을 벗어나 우주로 탈출하기 위한 지구 탈출속도는 초속 11킬로미터(실제로는 초속 11.2킬로미터, 마하수 32.3)까지 상승한다. 따라서 마하수 2 정도의 속도를 낼 수 있는 제트 엔진을 장착한 초음속 비행기가 위성을 궤도에 투입하기 위해서는 지금보다 속도가 최소 14배 이상 빨라야 하는데, 제트 엔진으로는 그 정도로 빠른 속도를 절대로 낼 수 없다. 다만 이론상으로는 제트 엔진으로도 위성을 우주로 보내거나 심지어 지구 탈출까지도 가능한데, 그 방법은 다음 장에서 설명하겠다.

비행기의 양력lift과 로켓의 추력thrust 간의 차이

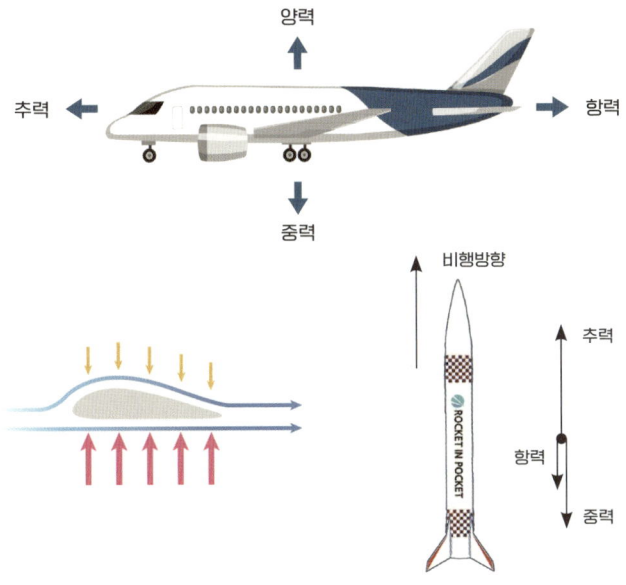

  비행기에는 4가지 힘 — 양력lift, 중력gravity, 추력thrust, 항력drag — 이 작용함. 비행기가 하늘을 날기 위해서는 수직 방향에서 중력보다 양력이 커야 하고, 목적지로 날아가기 위해서는 수평 방향에서 항력보다 추력이 커야 함. 이를 위해 비행기는 거대한 날개와 엔진을 장착하여 양력과 추력을 극대화하는 방법으로 작동하고 있음. 특히 비행기의 양력은 날개의 상부와 하부 간의 압력 차이로 생성되는 힘이므로, 날개가 없다면 항공기는 수직 방향으로 작동하는 힘을 거의 얻을 수 없음. 또한 비행기의 추력은 비행기 날개, 혹은 동체에 장착된 엔진의 힘으로 발생하는데, 비행기의 엔진은 비행기가 가고자 하는 비행 방향의 반대 방향으로 고압의 연소가스를 밀어내면서 앞으로 나감[뉴턴의 작용-반작용의 법칙 적용].

  로켓에도 비행기처럼 4가지 힘이 작용함. 다만 수평 방향의 힘과 수직 방향의 힘이 모두 중요한 비행기와 달리, 발사대에 수직으로 서서 발사되는 로켓이 우주로 힘차게 날아가기 위해서는 수직 방향의 힘이 가장 중요함. 로켓의 수직 방향 힘은 위로 올라가는 추력과 아래로 내려가는 중력과 항력이 있음. 따라서 로켓이 우주로 날아가기 위해서는 중력과 항력을 능가하는 추력이 작동해야 하는데, 로켓의 엔진이 바로 추력을 발생시키는 기관임. 로켓의 엔진도 비행기의 엔진과 마찬가지로 가고자 하는 비행 방향의 반대 방향으로 고압의 연소가스를 밀어내면서 하늘로 올라감(뉴턴의 작용-반작용의 법칙 적용).

  결론적으로 비행기의 양력과 로켓의 추력은 방향이 동일함. 다만 비행기의 양력은 날개 상부와 하부의 압력 차이로 발생하고, 로켓의 추력은 엔진의 연소가스가 배출하는 힘의 반대 방향으로 발생한다는 차이가 존재함. 또한 비행기와 로켓의 추력 발생 원리는 동일하지만, 비행기의 추력 방향은 일반적으로 수평 방향이고 로켓의 추력 방향은 일반적으로 수직 방향임.

우주로 날아가기 위한 도전의 역사

하늘을 정복한 인류는 이제 하늘 너머의 우주로 가기 위한 도전을 시작했다. 그런데 어디까지가 하늘이고, 어디부터가 우주인가? 먼저 하늘과 우주의 경계에 대하여 살펴보자. 그리고 21세기에도 여전히 적용되고 있는 우주로 날아가는 로켓의 이론적 방법을 제시한 선각자 한 분과 실제로 로켓을 만들어서 시험한 선각자 한 분을 만나보자.

1) 하늘에서 우주는 어디서부터 시작되는가?

일반적으로 우주宇宙는 행성, 별, 은하계 등 모든 천체를 포함하는 공간universe으로 정의할 수 있다. 또 질서 있는 통일체로서의 세계 cosmos라고 정의할 수 있으며, 지구 대기권 밖space, outer space으로 정의할 수도 있다.

지구에 살고 있는 우리 인류는 지구 대기와 우주 대기권 밖의 경계로 고도 100킬로미터 이상을 우주라고 부르고 있으며, 그 경계를 카르만 선Karman line이라고 한다. 헝가리계 미국인으로 항공우주학자이자 물리학자인 테오도르 폰 카르만Theodore von Karman이 20세기 중반에 지구 대기가 엷어지면서 항공기가 날지 못하는 높이를 계산하여 제시함으로 만든 개념이다. 하지만 각 기관이나 국가마다 우주가 시작되는

---

* 테오도르 폰 카르만은 1881년 5월 헝가리에서 태어나 독일 괴팅겐대학에서 박사학위를 받은 후 아헨공과대학에서 교수로 재직하다가 유대인 박해를 피해 미국으로 건너감. 캘리포니아 공과대학 학과장이자 구겐하임 항공연구소 소장을 역임하던 그는 중국 유학생 첸쉐썬(錢學森, 전학삼)을 박사과정 학생으로 받아줌. 이후 카르만 교수는 첸쉐썬을 제트추진실험실(지금 NASA JPL(Jet Propulsion Laboratory))의 핵심 연구원으로 채용하여 미국의 대형 로켓연구계획 참여뿐만 아니라, 1945년 패망한 독일의 V-2 생산공장을 방문하여 기술을 조사하는 로켓기술조사단의 일원으로까지 포함시킴. 특

고도의 기준은 달라지기도 한다.

미국 천체물리학자 조나단 맥도웰Jonathan McDowell은 우주에서 궤도를 돌고 있는 인공위성이 궤도를 벗어나 대기권에 진입하면서 공기를 만나게 되어 불타는 고도가 평균적으로 66킬로미터에서 80킬로미터까지라는 사실을 발견했다. 또한 인공위성이나 우주선이 고도 80킬로미터 이하로 떨어졌을 때는 다시 우주로 돌아갈 가능성이 매우 희박하며, 인공위성이 궤도를 유지하는 최소 고도는 70킬로미터부터 90킬로미터 사이라는 사실도 확인했다. 지구 대기에서는 고도 50킬로미터에서 80킬로미터 구간을 중간권이라고 분류하는데, 중간권에서는 대기의 화학적 조성이 크게 변하기 시작하기 때문에, 중간권 아래의 대기에서는 항공기가 양력으로 비행할 수 있다고 결론을 내렸다. 그래서 지구 대기와 우주의 경계로 고도 80킬로미터를 제시한 것이다.

2018년 기준으로 국제항공연맹Federation Aeronautique Internationale, 이하 FAI에서는 100킬로미터 이상부터 우주라고 하고 있다. 미국우주항공국National Aeronautics and Space Agency, 이하 NASA과 미 공군에서는 우주가 시작되는 고도로 80킬로미터를 제시했다.

참고로 지구 대기와 지구 대기권 밖인 우주 간의 경계를 정해야 하는 가장 큰 이유는 지구 대기인 고도에서는 국가 간의 영공으로 간주되어 법적 분쟁이 발생할 수 있기 때문이다.

히 유럽으로 다시 돌아가기 전까지 카르만 교수는 첸쉐썬에게 본인의 모든 학문적 경험뿐만 아니라 실험실까지 물려줄 정도로 애지중지하였음. 따라서 카르만은 '중국 로켓의 아버지'라고 지금도 추앙받고 있는 첸쉐썬을 실질적으로 키운 사람임

2) 우주여행 소설을 과학으로 바꾼 러시아의 콘스탄틴 치올콥스키

19세기 말까지 많은 국가에서 다양한 사람들이 하늘을 날아 우주로 가기 위한 비행체를 제작하여 비행을 시도했다. 한편, 실제로 비행체를 만들 능력이 없는 사람들은 공상과학소설을 쓰면서 우주에 대한 상상력을 자극했다. 그 대표적인 인물이 프랑스의 소설가 쥘 베른Jules Verne이다. 쥘 베른은 소설 『지구에서 달까지』에서 "정확하게 겨냥된 포탄이 초속 12킬로미터의 속도로 날아가면 달에 도달할 수 있다는 결론에 이르렀습니다"라며 구체적인 숫자까지 제시했다. 하지만 쥘 베른은 어디까지나 소설가였지, 우주과학자가 아니었다. 그렇다면 과학자로서 인류가 우주로 나아갈 수 있다고 수학적으로 제시한 사람은 누구였을까? 바로 러시아의 우주과학자 콘스탄틴 치올콥스키Konstantin Tsiolkovskii다.

치올콥스키는 1897년 로켓방정식을 통하여 지구 궤도에 머물 수 있는 궤도속도는 초속 8킬로미터가 필요하다는 것을 수학적으로 증명했다. 더욱이 라이트 형제가 인류 최초로 동력 비행을 성공한 1903년, 치올콥스키는 「반작용 추진 장치에 의한 우주공간 탐사」라는 논문을 발표했는데, 논문의 주요 내용은 크게 다섯 가지로 요약할 수 있다.

1) 우주여행은 정말로 가능하다.
2) 우주여행은 로켓엔진의 도움으로만 달성할 수 있다.
3) 화약 로켓은 충분한 에너지가 없어서 사용할 수 없다.
4) 어떤 액체는 로켓에 필요한 충분한 에너지를 지녔다.
5) 이상적인 로켓 추진제 조합으로 연료는 액체 수소, 산화제는 액체산소를 제시한다.

위와 같이 콘스탄틴 치올콥스키가 제안한 로켓에 대한 다양한 이론적 내용들은 액체로켓엔진으로 제작하여 연소시험이나 비행시험을 통해 그 유효성을 입증할 필요가 있었다. 하지만 치올콥스키 본인의 신체적인 핸디캡 때문인지, 아니면 당시 러시아의 상황이 시험을 할 수 있는 재료를 쉽게 구할 수 없는 상황이었는지는 알 수 없지만, 그는 로켓 제작까지는 진행하지 못했다. 아쉽게도 실제로 로켓을 만들어 발사하면서 로켓의 원리를 증명한 과학자는 소련이 아닌, 미국에서 탄생했다.

인류 로켓이론의 아버지,
러시아의 콘스탄틴 치올콥스키 1857년 9월 5일 ~ 1935년 9월 19일

"지구는 인류의 요람이다. 하지만 인류가 영원히 요람에서 머무를 수는 없다."
"The Earth is the cradle of humanity,
but mankind cannot stay in the cradle forever."

러시아의 우주과학자 콘스탄틴 치올콥스키는 1857년 9월 러시아 랴잔주 이제프스코예Izhevskoye에서 태어났음. 치올콥스키가 9살이 되었을 때 성홍열scarlet fever을 심하게 앓았고, 그 후유증으로 청력을 상실하는 큰 시련이 닥쳤음. 이 때문에 치올콥스키는 학교에서 공부하는 대신, 독학으로 학업을 시작했음. 주로 책을 읽으면서 대부분 시간을 보냈는데, 수학과 물리학에 관심을 갖게 되었고, 우주여행의 가능성에 매료되기 시작했음. 이후 치올콥스키는 모스크바 도서관에서 3년을 보내면서 쥘 베른의 소설을 통하여 우주여행과 로켓 추진기관, 우주비행, 우주엘리베이터 등에 대하여 영감을 받았음. 19살이 되었을 때 그의 아버지는 더 이상 모스크바 생활을 재정적으로 지원하기 어려워서 다시 고향으로 불러들였음. 이때부터 치올콥스키는 본격적으로 우주 연구를 시작하게 됨.

 1880년 치올콥스키는 고향인 칼루가주 보르프스크Borovsk에서 수학 교사로 근무를 시작함. 그러면서 우주 구조, 만유인력, 무중력 등에 관한 생각을 정리했음. 1892년부터는 본격적으로 지구에서 우주를 날아가는 로켓 설계 및 우주여행에 관한 연구를 수행하기 시작했고, 그 결과 오늘날 '우주엘리베이터'라고 불리는 '치올콥스키 탑'을 1895년에 제시했음. 1897년에는 이상적인 조건에서 로켓 운동을 설명하는 치올콥스키 로켓방정식Tsiolkovsky rocket equation을 발표하고, 1903년에는 「반작용 추진 장치에 의한 우주공간 탐사」 논문을 발표하면서 인류 로켓이론의 뼈대를 완성시킴. 다만 콘스탄틴 치올콥스키는 직접 로켓을 제작하여 본인의 이론을 실제로 증명하지는 못했음. 대신 로켓의 주요 개념을 처음으로 올바르게 계산한 우주과학자, 즉 인류 로켓이론의 아버지로 기억하고 있음.

3) 인류 최초로 액체로켓엔진을 제작하여 로켓을 발사한 미국의 로버트 고더드

일반적으로 로켓이 우주로 날아가기 위해서는 로켓 하부에 장착된 엔진의 힘, 즉 추력推力, thrust을 이용한다. 로켓엔진은 크게 2가지 종류로 나눌 수 있는데, 액체로켓엔진liquid rocket engine과 고체로켓엔진 solid rocket engine이다. 액체로켓엔진은 자동차나 비행기에 주유하는 기름처럼 액체 상태의 연료를 사용하는 엔진이고, 고체로켓엔진은 불꽃놀이에 사용하는 화약처럼 고체 상태의 연료를 사용하는 엔진이다. 앞서 치올콥스키는 액체로켓엔진만이 우주로 갈 수 있다고 논문에 발표했지만, 고체로켓엔진을 장착한 로켓은 20세기 중반부터 미국을 중심으로 본격적으로 사용되기 시작했으며, 21세기 현재에도 액체로켓엔진과 고체로켓엔진 모두 로켓에 장착해 사용하고 있다. 다만 지금은 재사용 로켓 시대에 접어들었기 때문에 경제적 관점과 환경적 관점에서 액체로켓엔진이 매우 앞서있는 것이 사실이다. 그렇다면 액체 추진제 liquid propellant를 사용하는 액체로켓엔진을 처음으로 제작한 사람은 누구였을까? 바로 미국의 로켓과학자 로버트 고더드Robert Goddard다.

고더드는 액체로켓엔진의 핵심 구성품이라고 할 수 있는 연소기, 노즐 등에 관한 다양한 연구를 진행하여 「극한 고도에 도달하는 방법 A method of reaching extreme altitudes」이라는 논문을 발표했다. 이 논문 하나로도 액체로켓엔진의 아버지라고 충분히 불릴 수 있을 정도로 논문의 완성도는 높았다. 새로운 도전을 두려워하지 않는 미국의 개척과 탐험 정신을 고더드가 물려받았는지 알 수는 없으나, 어찌 되었든 고더드는 자신의 이론에 따라 실제로 액체로켓엔진을 제작하여 로켓에 장착하였고, 실제로 로켓 발사까지 성공시켰다. 그래서 지금은 고더드를 '액체로켓엔진의 아버지'가 아닌 '로켓의 아버지'라 칭하는 데 아무도 이의를 제기하지 않는다.

고더드가 만든 첫 번째 로켓, 넬Nell을 잠시 소개하면, 길이 3.4미터, 무게 4.8킬로그램이었다. 장착된 액체로켓엔진의 추진제로 연료는 가솔린을, 산화제는 액체산소를 사용했다. 1926년 3월 16일 고더드의 넬 로켓은 2.5초 동안 고도는 12.5미터까지 상승했고, 발사한 곳으로부터 56미터 떨어진 곳에 낙하했다. 이후 1926년부터 1941년 사이에 34차례 로켓을 발사했고, 최종적으로 최고 고도 2.6킬로미터, 최고 속도 시속 885킬로미터에 도달하는 로켓 개발까지 성공했다.

다만 안타깝게도 고더드의 연구가 미국의 로켓 개발 발전으로 이어지지는 못했다. 특히 1941년 일본의 진주만 공격으로 인해 미국의 세계 제2차 세계대전 참전이 확정되었고, 이를 계기로 미국 해군은 액체로켓엔진 기반의 로켓 개발에 본격 착수했지만 정작 미국 정부는 고더드가 개발했던 엔진과 로켓의 가치를 이해하지 못했다. 오히려 고더드의 연구 결과는 독일의 오베르트와 폰 브라운에게 로켓 개발에 필요한 이론적 배경을 제시하게 되었고, 이것을 통해 결국 독일이 세계 최초로 V-2라는 현대 로켓 개발의 성공에 이르게 되었다는 것은 로켓 개발 역사의 아이러니입니다.

인류 액체로켓엔진의 아버지, 미국의 로버트 고더드
1882년 10월 5일 ~ 1945년 8월 10일

"불가능이 무엇인지 말하기 어렵다.
왜냐하면 어제의 꿈이 오늘의 희망이 되고 내일의 현실이기 때문이다"
"It is difficult to say what is impossible,
for the dream of yesterday is the hope of today, and the reality of tomorrow."

미국의 우주과학자 로버트 고더드는 1882년 미국 메사추세츠 주 우스터 Worcester에서 태어났음. 고더드는 어렸을 때 허약하여 건강이 좋지 않았으나 저 높은 하늘로 올라갈 수 있는 우주비행에 대한 꿈은 갖고 있었음. 고등학교 2학년 때 건강이 좋아지면서 본격적으로 공부를 시작하여 1904년 우스터공과대학교에 입학 후 물리학을 공부하여 학사학위를 받았고, 1910년에는 클라크 대학에서 석사학위를 받았음.

1914년 고더드는 미국 스미소니언협회로부터 과제 지원을 받아 액체로켓엔진 설계를 시작했음. 1919년에는 액체로켓엔진을 장착한 로켓을 이용하면 달까지 날아가는 것도 가능하다는 논문까지 발표했음. 하지만 미국의 유력 일간지 뉴욕 타임스 기자가 "진공 상태(우주)에서 '작용-반작용'을 추진할 만한 물질이 없으므로 우주비행은 불가능하다. 고더드는 고등학교 수준의 과학도 모른다"는 비난 기사를 게재했음. 이 기사로 인하여 크게 상처를 입은 고더드는 이후 거의 혼자 로켓연구를 진행하였고, 자신의 연구 결과도 대중에게 발표하지 않았음. 하지만 세월이 흘러서 소련과 미국이 우주로 인공위성과 사람을 성공적으로 보냄에 따라 뉴욕 타임스의 주장은 거짓임이 밝혀졌음. 미국이 인류 최초로 달에 사람을 보내던 1969년 7월 아폴로 11호 발사 전날, 뉴욕 타임스는 약 40년 전 고더드의 우주비행 이론을 반박했던 기사에 대한 철회 및 사과문을 공식적으로 게재하며 용서를 구하였음.

로켓이 우주로 날아가는 원리

21세기에서도 로켓은 크게 엔진과 구조체(동체)로 구성된다고 말할 수 있다. 물론 로켓이 날아가는 방향을 알려주는 관성항법장치, 로켓에 탑재된 위성을 보호하는 덮개인 페어링 등 다양한 구성품이 있지만, 로켓을 매우 간단하게 줄이면 결국 남는 것은 동체와 엔진이다. 특히 엔진은 로켓 하부에 장착되어 추진제의 화학적 반응을 통하여 추력을 아래로 발생시키면서 '작용-반작용 법칙'에 따라 로켓을 위로 밀어서 우주까지 이송하는 결정적인 역할을 하는 핵심이다. 따라서 로켓의 핵심은 엔진이고, 인류가 엔진을 제대로 만들기 시작하면서부터 본격적으로 우주로의 접근이 가능한 실마리가 풀렸다고 해도 과언이 아니다. 그렇다면 로켓과 액체로켓엔진의 주요 작동 원리를 한번 알아보자.

1) 치올콥스키가 제안하고, 고더드가 제작한 액체로켓엔진

지금과 같은 로켓엔진의 작동 원리를 처음으로 고안한 사람은 바로 러시아의 우주과학자 치올콥스키다. 치올콥스키는 1903년 지금과 유사한 원리인 '작용-반작용'법칙에 기반한 로켓 디자인을 발표했을 뿐만 아니라, 1914년과 1915년에는 액체산소와 액체수소, 심지어 액체탄화수소를 추진제로 사용하는 액체로켓엔진까지도 제안했다.* 다만 앞서 언급했듯 치올콥스키는 실제로 제작한 로켓이나 연소시험에 성공한 액체로켓엔진을 보여주진 못했다.

---

* 석유에서 파생한 모든 연료는 탄화수소(CH) 계열임. 휘발유, 케로신(등유)이 대표적.

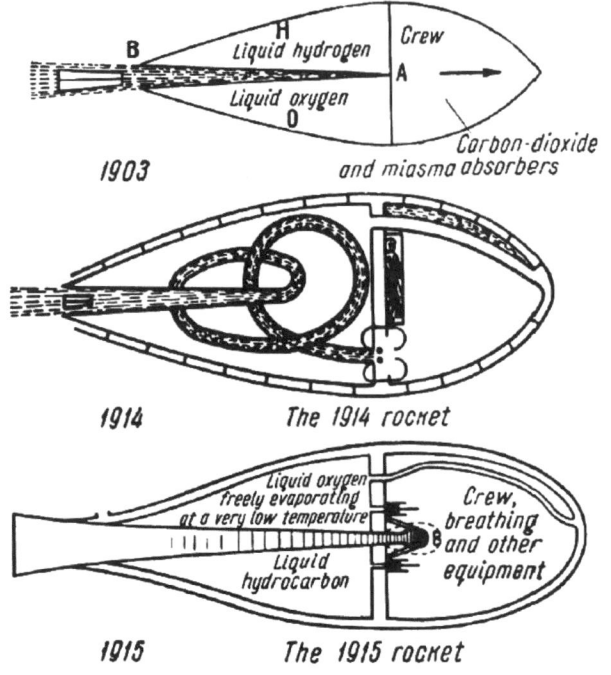

그림 1-1 | 치올콥스키가 제안한 로켓 설계

미국의 고더드는 20세기 초에 치올콥스키가 제시했던 액체산소(-183도에서 액체 상태)와 액체수소(-253도에서 액체 상태)를 추진제로 사용하는 액체로켓엔진 개발에 착수했으나, 당시에는 액체수소를 구하는 것이 무척 어려웠기에 구하기 쉬운 가솔린으로 연료를 변경했다. 1921년부터 본격적으로 액체로켓엔진 연소시험에 착수한 고더드는 5년 뒤인 1926년 세계 최초로 액체산소(산화제)와 가솔린(연료)을 추진제로 사용하는 액체로켓엔진 발사에 성공했다. 특히 고더드는 액체산소와 가솔린의 화학적 반응, 즉 연소가 일어나는 연소실은 물론, 연소된 추진제의 배기가스를 배출시키면서 로켓의 속도까지 생성하는 노즐까지 직접 설계하여 제작했다. 또한 로켓의 동체에는 추진제를 실을 수 있는 탱크도 만들었으며, 탱크에서 연소실까지 추진제를 확실하게 공급하기 위하여 탱크 내부에 고압의 가스를 충전하는 방식, 즉 가압식 액체 로켓엔진을 최초로 구현하여 로켓 발사까지 성공했다. 지금의 로켓에 비하면 매우 단순하다고 생각할 수 있겠지만, 그래도 인류 최초의 액체로켓엔진을 장착한 로켓이다.

2) 로켓에 필요한 궤도속도는 초속 8킬로미터가 아닌 10킬로미터다

러시아의 우주과학자 치올콥스키는 지구 궤도에 투입되었을 때 떨어지지 않고 궤도를 유지할 수 있는 궤도속도가 초속 8킬로미터 정도임을 수학적으로 증명했다. 그런데 우리가 로켓을 구성하고 엔진의 성능을 할당할 때는 초속 10킬로미터를 기준으로 한다. 왜 그럴까? 두 가지 큰 이유가 있다.

첫 번째는 바로 중력gravity이다. 지구에 있는 모든 물질에는 중력이 작용한다. 중력은 지구가 물체를 지구의 중심으로 끌어당기는 힘이다. 뉴턴의 만유인력 법칙에 따르면 질량을 가진 모든 물질은 서로 끌어당기는 힘을 갖는다. 다만 지구에서부터 멀어질수록 중력의 힘은 약해지고, 물질이 지구로 떨어질 때는 물질이 가진 무게와 상관없이 일정한 속도로 떨어진다. 따라서 로켓이 땅에서 출발하여 우주를 향하여 날아간 뒤 위성을 지구 궤도에 투입할 때까지 한순간도 중력의 영향을 벗어날 수는 없다. 우주로 날아가고자 하는 로켓을 지구는 중력이라는 힘으로 계속 아래로 끌어당긴다. 일반적으로 로켓이 날아가는 동안 중력으로 인하여 초속 1.7킬로미터 정도의 손실이 발생한다.

두 번째는 공기 저항drag이다. 공기 저항은 물체가 공기 중을 이동할 때 물체와 공기 사이에 생기는 마찰의 힘이다. 로켓에 작용하는 공기 저항의 크기는 발사체의 크기와 속력에 따라 달라진다. 일반적으로는 공기 저항이 아주 작으면 무시할 수 있지만, 물체가 정말 크거나 아주 빨리 움직이면 작은 면적만으로도 큰 항력을 만들어 그 물체의 운동에 영향을 미칠 수 있다. 궤도속도 초속 8킬로미터에 도달하고자 극초음속으로 날아가는 로켓이 바로 그러한 물체다. 그래서 로켓의 선두는 유선형으로 만들어 조금이라도 공기 저항을 줄이려는 것이다. 그럼에도 불구하고 로켓은 전체 비행 구간에서 공기 저항으로 인하여 초속 0.3킬로미터 정도의 손실이 발생할 수밖에 없다.

이제 두 가지 손실을 합하여 다시 계산을 해보자. 로켓엔진의 힘으로 초속 10킬로미터까지 가속하였으나, 중력으로 초속 1.7킬로미터, 공기 저항으로 초속 0.3킬로미터를 잃게 된다. 결론적으로 로켓의 최종 속도는 초속 8킬로미터의 속도가 된다.

단 여기에도 한 가지 변수가 있다. 대한민국의 경우 나로우주센터의 발사가 남쪽으로만 가능한 지리적 불리함이 있지만, 미국의 플로리다 케네디 우주센터에서는 동쪽으로 발사하는 것이 일반적이다. 로켓 발사를 동쪽으로 할 수 있다면, 적도 기준으로 지구의 자전속도인 초속 0.46킬로미터(시속 1,660킬로미터)를 더할 수가 있다. 이렇게 되면 중력과 공기 저항으로 잃어버린 손실을 크게 만회할 수 있는 장점이 있다. 우주센터를 가급적 남쪽, 특히 적도 인근에 두고 동쪽으로 발사할 수 있도록 건설하는 이유다.

3) 로켓 동체를 2단 이상으로 구성하는 이유

인공위성을 싣고 지구에서 발사하는 모든 로켓은 엔진의 힘(추력)으로 가속하여 목표 고도에 도달 후 초속 8킬로미터 전후의 속도로 인공위성이나 우주선을 지구 궤도에 투입하는 것이다. 하지만 여기에는 한 가지 문제가 있다. 치올콥스키가 최고의 로켓엔진용 추진제 조합으로 추천한 액체수소와 액체산소를 혼합하여 연소시켰을 때 엔진에서 배출되는 배기가스의 최대속도는 이론상으로 초속 5킬로미터를 넘지 못한다(실제로는 초속 4킬로미터 초반대). 나로호, 누리호 엔진에 사용했던 추진제 조합인 케로신(등유)과 액체산소를 연소시키면 초속 4킬로미터를 넘을 수가 없다(실제로는 초속 3킬로미터 초반대). 그런데 로켓이 인공위성이나 우주선을 지구 궤도에 투입하기 위해서는 초속 8킬로미터가 필요하다. 어떻게 이것이 가능할까? 이를 가능하게 하는 방법은 크게 두 가지다.

첫 번째는 로켓의 동체를 1단이 아닌 최소 2단 이상으로 구성하는 것이다. (지구 중력과 공기 저항으로 인한 감속 요소들을 모두 포함하여) 로켓 1단에서 초속 3~4킬로미터, 로켓 2단에서 초속 3~4킬로미터 가속한다고 하면, 로켓 3단은 엔진 점화 전에 이미 초속 6~8킬로미터의 속도로 날고 있으므로 충분히 초속 8킬로미터까지는 도달할 수 있을 것이다. 물론 1단과 2단만으로 초속 8킬로미터로 날아갈 수 있다면 2단형 로켓만으로도 충분하다. 앞서 비행기도 이론상으로는 우주로 갈 수 있다고 언급한 적이 있는데, 이와 같은 원리를 이용하면 제트 엔진을 장착한 비행기의 최대속도는 초속 0.6킬로미터이므로, 비행기 동체를 로켓처럼 16단 이상으로 구성하고, 각 단에서 제트 엔진으로 최대 초속 0.6킬로미터씩 가속하면 최종적인 16단에서는 충분히 지구 궤도에 인공위성을 투입할 수 있는 속도인 초속 8킬로미터(실제로는 초속 10킬로미터)에 도달할 수는 있다. 하지만 이를 기술적으로 구현하기란 불가능에 가깝다.

두 번째 방법은 먼저 첫 번째로 제시한 방법에는 언급하지 않은 중요한 과학적 사실을 추가하여 설명하겠다. (바로 이어지는 로켓 심화 과정에서 매우 자세하게 설명하겠지만) 치올콥스키의 로켓방정식에 따르면, 속도 증가분(델브이=Δv, 최종속도에서 초기속도를 뺀 값)은 엔진의 배기가스 속도와 비례할 뿐만 아니라, 로켓의 발사 전 중량을 로켓의 추진제가 소진된 최후중량으로 나눈 값에 비례한다. 즉 발사 후의 로켓 무게가 발사 전의 로켓 무게보다 가벼우면 가벼울수록 속도 증가분이 크다. 예를 들면 나로우주센터에서 발사하는 2단형 로켓의 성능을 할당하는 임무를 설계할 때 1단과 2단의 속도 증가분은 각각 초속 5킬로미터 내외로 할당한다(합이 초속 10킬로미터). 국내에서는 로켓의 추진제로 케로신과 액체산소를 사용하는 엔진을 장착하므로 엔진 연소를 통해서는 초속 3킬로미터의 속도 증가분밖에 얻을 수가 없다. 하지만 로켓 발사 시의 무게와 1단 연소 종료 시 무게의 비율까지 고려하여 계산하면 충분히 1단 비행 구간에서 초속 5킬로미터의 속도 증분(델브이)을 얻을 수 있다.

로켓 심화 과정
치올콥스키의 로켓방정식 (Tsiolkovsky's rocket equation)

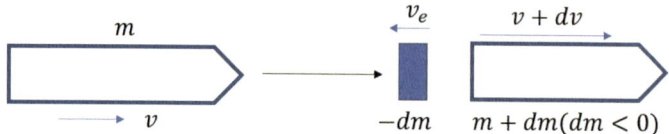

로켓의 운동은 일반적인 물체의 운동과 다르게 질량이 변화하면서 운동한다(추진제가 빠르게 소모되므로 시간이 지날수록 로켓의 질량이 줄어듦).

● 운동량 보존 법칙을 이용한 로켓 운동 설명

1. 처음 로켓의 운동량과 나중 로켓의 운동량의 합은 같음.
2. 운동량 : $P = m \times v$ (P: 운동량, m: 로켓의 질량, v: 로켓의 속도)
3. 처음 로켓의 운동량 : $P_{처음} = m \times v$
4. 나중 로켓의 운동량: $P_{나중} = m \times v =$
   추진제(배기가스)의 운동량 + 나중 로켓의 운동량
   $= (-dm \times v_{추진제}) + [(v+dv) \times (m+dm)]$
   $v_{추진제}$는 로켓 관점에서 바라본 추진제의 상대속도이므로 $v_{추진제} = v - v_e$.
5. 처음 로켓의 운동량 = 나중 로켓의 운동량이므로 $P_{처음} = P_{나중}$
   수식으로 나타내면 $mv = -vdm + v_e dm + mv + mdv + vdm + dmdv$
   정리하면 $mdv = -v_e dm (dm<0)$이다. (수식 중 $dmdv$는 값이 너무 작아 소거)
6. $mdv = -v_e dm (dm<0)$를 적분하면

$$\int_{v_1}^{v_2} dv = -v_e \int_{m_1}^{m_2} \frac{dm}{m} \rightarrow v_2 - v_1 = -v_e [\ln m]_{m_1}^{m_2} = -v_e \ln \frac{m_2}{m_1} = v_e \ln \frac{m_1}{m_2}$$

$v_2 - v_1$은 나중 속도에서 처음 속도를 뺀 속도의 증가분(Δv, 델브이)

$$\therefore \Delta v = v_e \ln \frac{m_1}{m_2}$$

이 식이 바로 러시아의 우주과학자 **치올콥스키의 로켓방정식**으로 발사체의 이상적인 속도 증분 Δv는 배출 속도 v_e와 로켓의 처음 무게 m_1과 로켓의 나중 무게 m_2의 비로 결정됨을 의미.

4) 로켓의 산화제로 액체산소를 사용하는 이유

로켓에서 추력을 만드는 핵심 시스템은 엔진이다. 일반적으로 액체를 사용하는 로켓엔진은 추진제를 연료fuel와 산화제oxidizer로 나눌 수 있다. 1905년 치올콥스키는 논문 발표를 통하여 액체로켓엔진의 연료는 액체수소, 산화제로는 액체산소를 최상의 조합으로 제시했다. 그런데 왜 공기 중에 포함된 기체산소가 아닌, 영하 183도 이하에서만 보관이 가능한 액체산소 사용을 제시했을까? 20세기 초에도 액체산소를 쉽게 구할 수 있었을까? 당시의 대한민국, 즉 조선은 일본의 침략으로 인하여 한일강제병합과 같은 가슴 아픈 역사적 시련을 겪고 있었는데, 서양에서는 21세기와 같은 수준의 과학적 진보가 일반적이었던가?

우선 액체산소liquid oxygen가 언제 발명되었는지 알아보자. 1820년대 영국의 물리학자이자 화학자인 마이클 패러데이Michael Faraday를 시작으로 유럽 전역의 화학자들이 기체를 냉각하고 압축하여 액체로 만드는 연구를 시작했다. 1823년 4월 폴란드의 화학자이자 물리학자인 로블레프스키Zygmunt Wróblewski는 동료 올세프스키Karol Olszewski와 공동으로 연구한 끝에 기체산소를 액체산소로 만드는 것에 성공했다. 따라서 20세기 초에 액체산소를 액체로켓엔진의 산화제로 사용하는 것은 전혀 이상한 제안이 아니었다. 그런데 왜 로켓의 연료로 보관이 쉬운 기체산소 대신에 극저온인 영하 183도 이하에서 보관이 가능한 액체산소를 제안했을까? 정답은 부피volume에 있다.

우주로 향하는 로켓의 최종 목적은 우주에서 위성을 분리하는 순간에 궤도속도인 초속 8킬로미터에 도달하는 것이다. 로켓이 초속 8킬로미터에 도달하기 위해서는 여러 가지 조건을 만족시켜야 하는데, 그중 하나가 로켓의 무게다. 로켓의 무게가 가벼울수록 유리한 것이 당연하다. 그런데 산소 1킬로그램을 대기압(1기압)에서 기체 상태로 보관하기 위해서는 750리터의 탱크가 필요하다. 이에 반하여 액체 상태로 보관하면 단 0.876리터의 탱크면 충분하다. 거짓말 조금 보태서 1.5리터 콜라 1병이면 2킬로그램의 액체산소를 보관할 수 있다는 뜻이다. 따라서 액체산소를 사용하면 기체산소와 비교했을 때 부피가 약 1천분의 1 수준까지 줄어들 수 있다. 결과적으로 액체산소를 보관하는 로켓의 추진제 탱크 크기를 작게 만들 수 있어서 최종적으로는 로켓 전체의 무게 감소, 제작비용 절감 및 일정 단축까지 달성할 수 있는 것이다.

2장

독일의 로켓 개발
A-1, A-2, A-3, A5, 그리고 A-4(V-2)

독일의 로켓 개발 :
A-1, A-2, A-3, A5,
그리고 A-4(V-2)

로켓이론을 완성한 치올콥스키, 로켓 제작을 성공한 고더드. 위대한 두 분의 로켓 선각자 덕분에 로켓연구가 더욱 활발해졌다. 특히 21세기에도 발사하고 있는 것과 거의 흡사한 로켓이 제2차 세계대전 중 나치 독일에서 완성되었는데, 바로 독일의 V-2 로켓이다. 패전국 나치 독일의 V-2 과학자, 제작자를 포함한 기술은 승전국 미국과 소련으로 넘어가게 되었고, 그 덕분에 본격적인 우주 경쟁, 즉 스페이스 레이스가 촉발되었다. 1차 우주 경쟁은 미국과 소련, 두 나라 중 인공위성을 지구 궤도에 투입할 수 있는 로켓, 즉 우주발사체 개발에 도전하는 레이스였다. 따라서 2장에서는 2차 세계대전 중 개발에 성공한 독일의 V-2 로켓, 2차 세계대전 후 승전국 미국과 소련이 V-2 로켓 개발을 주도한 로켓과학자들을 자국으로 데리고 간 페이퍼클립 작전Operation Paperclip과 오소아비아힘 작전Operation Osoaviakhim을 소개하겠다.

인류 최초 우주비행한 V-2 로켓을 만든 독일

이 책에서 독일이 언급되는 것은 2장이 처음이자 마지막이다. 그만큼 인류 로켓 개발사에서 독일은 아주 짧은 기간 동안에만 선두 자리를 차지했지만, 그 기간 동안 아주 강력한 임팩트를 남겼다.

독일은 지금으로부터 약 100년 전에 로켓 개발을 시작했다. 그리고 약 20년 남짓 로켓(미사일)을 활발하게 연구했다. 하지만 독일이 로켓을 개발한 이유는 제2차 세계대전을 일으킨 나치 독일의 승리를 위한 것이었기 때문에 2차 세계대전 패전국이 된 이후에는 더 이상 로켓연구를 주도할 수 없게 되었다. 그런데 매우 아이러니하게도 나치 독일 시대에 만든 V-2 로켓 기술들은 1세기가 지난 지금도 여전히 많은 로켓에 고스란히 사용되고 있다. 특히 인류 로켓 개발사에서 800회에 가까운 최다 발사 횟수를 매번 쏠 때마다 갱신하고 있는 러시아의 소유즈 Soyuz 로켓은 V-2 로켓에 적용한 엔진 기술을 여전히 고집스럽게도 사용하고 있다. 과연 독일은 V-1 미사일과 V-2 로켓을 어떻게 만들었고, 이때 적용한 기술은 무엇이었을까?

1) 크루즈(순항)미사일, V-1

독일 로켓 앞에 붙은 접두사, V의 의미부터 살펴보자. V는 독일어 'Vergeltungswaffe'의 앞 글자에서 왔다. 영어로는 'Vengeance Weapon', 한국어는 '보복 무기'라는 뜻이다. 보복이라는 뜻은 무언가로부터 공격을 당한 것에 대하여 복수한다는 의미를 포함하고 있는데, 그 당시 나치 독일은 무엇을 보복하고 싶었던 것일까?

1939년 9월 제2차 세계대전 초기, 나치 독일은 폴란드를 시작으로 유럽의 주요 국가를 빠르게 정복하기 시작했다. 전쟁 개시 후 1년이 지나기도 전인 1940년 6월에 인접 국가인 프랑스까지 점령한 것까지는 좋았으나, 바다 건너의 영국까지 진격하지는 못했다. 더욱이 1941년 12월 일본이 미국 하와이 진주만을 공습함에 따라 미국도 유럽에서 일어난 전쟁에 참여를 결정했다. 아직 나치 독일에 점령되지 않은 영국은 전열을 정비한 뒤 1942년 3월부터 폭격기를 동원해 독일 주요 도시에 대한 공습을 시작했고, 같은 해 8월에는 미국 공군까지 합류해 양국의 공군이 밤낮없이 독일 본토를 폭격했다. 특히 1943년부터는 나치 독일의 수도 베를린도 연합군의 폭격 대상이 되었는데, 이때 입은 물적·인적 피해는 매우 심각했다. 그래서 나치 독일은 폭격기 공습에 대한 보복 공격을 위하여 기존에는 없던 새로운 무기를 1944년 6월부터 영국 본토를 향하여 발사하기 시작했는데, 그것이 바로 보복 무기 1, 크루즈 미사일 V-1이었다. 그렇다면 V-1 개발은 언제부터 시작된 것일까?

V-1 개발은 1934년 독일군 내부에서 무인으로 먼 거리를 날아가서 폭격할 수 있는 무기 개발의 필요성이 언급되면서부터 이루어졌다. 항공기가 아닌, 무인기 개발을 꺼낸 이유는 제1차 세계대전의 패전국인 독일의 경우 1919년 6월 연합군과 체결한 베르사유 조약에 따라 항공기 개발은 엄격한 제약을 받았지만, 그 당시 존재하지도 않았던 미사일 개발은 상대적으로 자유로웠기 때문이다. 하지만 무인으로 수백 킬로미터를 비행해 적을 타격할 수 있는 무기를 개발하는 일은 기술적 난제가 많아 즉시 추진되지 못했다. 1939년 9월 1일 나치 독일이 폴란드 단치히 Danzig (지금의 폴란드 그단스크)를 침공하면서 전쟁이 시작되었다. 제2차 세계대전은 초반부를 넘어서면서부터는 공군력에서 앞서있었던 영국이 폭격기를 이용하여 독일 주요 도시를 공습하면서 도시의 주요시설 대부분이 파괴되었다. 특히 항공기 제작 기술에서는 미국과 영국 등 연합군보다 확실히 열세였던 독일이었기에, 도버해협 건너편의 영국을 공격할 수 있는 유일한 선택지는 무인기, 즉 크루즈미사일 개발밖에 없었다.

1939년 독일군은 우선 독일 북부 해안가의 페네뮌데Peenemunde 육군연구소에서 본격적으로 V-1 크루즈미사일 개발에 착수했다. 프로젝트 암호명은 영어로 '체리 스톤Cherry Stone'이었다. 개발이 시작되고 3년이 지난 1942년 12월 V-1 크루즈미사일은 첫 비행 발사를 시작했다. 이후 약 1년 반 뒤인 1944년 6월부터는 독일에서 도버해협을 건너 영국 본토까지 첫 공중 공격을 개시했다. 이때 날아간 보복 무기 1, 즉 V-1 미사일은 길이 7.73미터, 무게 2.2톤, 최고속도 시속 600킬로미터, 항속거리 약 370킬로미터에 달하는, 당시에는 매우 혁신적인 무기였다.*

다만 V-1은 공기와 연료를 혼합하여 연소하는 제트 엔진의 한 종류인 펄스제트엔진pulse jet engine을 장착하여 사용했기 때문에 현재 우리가 익히 알고 있는 로켓의 원리로 비행하는 무인기는 아니었다.**

제2차 세계대전 막판에 나치 독일에서 개발하여 전쟁의 역사 속에 등장했던 첫 번째 보복 무기 V-1 순항 미사일은 6,000기 이상 생산되었는데, 그중 2,000기 이상이 런던에 도달해 9,000여 명이 사망하고 수만 명이 부상한 것으로 집계되었다.

---

* 보복 무기 1(V-1)은 1930년대 초반부터 개발에 착수한 보복 무기 2(V-2)보다 시기적으로 늦게 개발을 시작했지만, 영국 본토 공격에는 1944년 6월부터 사용되었기 때문에 V-1이라는 명칭을 갖게 되었음. V-2는 1944년 9월부터 영국 본토 공습에 사용됨
** 로켓은 비행 중 공기를 흡수하지 않고 동체 탱크에 보관하고 있는 액체산소를 사용하여 날아감. 하지만 V-1은 연료만 동체 탱크에 보관하고 산소는 비행 중에 흡입하는 공기를 이용하여 날아가기 때문에 로켓이라 할 수 없음

독일 V-1 로켓에 장착된 펄스제트엔진 pulse jet engine

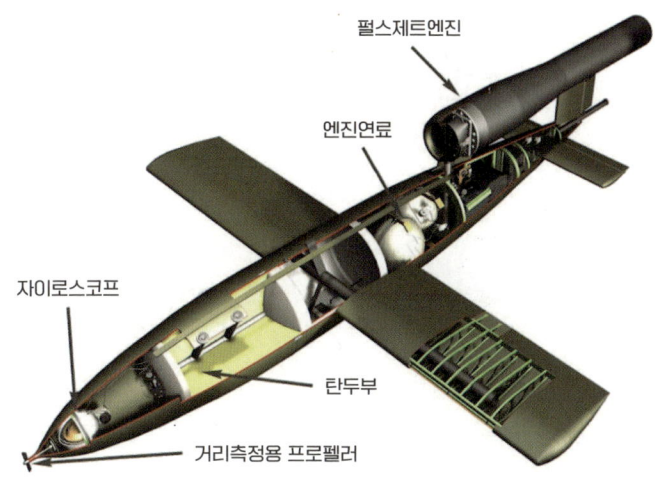

펄스제트엔진에서 펄스pulse는 의학용어로 맥박이라는 뜻임. 물리학에서는 짧은 시간 동안 흐르는 신호나 현상을 뜻함. 그렇다면 펄스제트엔진이라는 이름은 왜일까?

일반적으로 제트 엔진은 연속적으로 공기를 흡입하면서 연소하고, 연소 후 배기가스의 힘으로 앞으로 나아감. 하지만 펄스제트엔진은 일정한 양의 공기를 흡입하면 공기 흡입구를 닫고(공기 흡입을 멈춤), 연료를 혼합하여 연소 후 배기가스를 배출함. 그리고 다시 공기 흡입구를 열어서 위 과정을 반복함. 마치 심장 박동처럼 한번 세게 보냈다가 닫았다가 다시 보냈다가 닫았다가 하는 특징이 있어서 펄스제트엔진이라는 이름을 붙임.

다만 지상에서 정지한 상태에서 발사하는 보복 무기 1, V-1이기 때문에 펄스제트엔진의 점화를 위해서는 특별한 장치가 필요했음. 마치 지금의 항공모함에서 비행기를 세게 밀어서 발사시켜 주듯, 특별하게 고안된 레일 위에 V-1을 올려놓고 V-1 뒤쪽에서 화약을 폭발시켜 밀어 공기를 인위적으로 흡입하게 하여 펄스제트엔진을 점화하는 방법으로 발사할 수밖에 없었음.

2) 인류 최초 로켓 원리의 탄도미사일, A-1과 A-2

앞서 짧게 설명했지만, V-2 로켓은 V-1 미사일보다 먼저 개발에 착수했다. 다만 '보복 무기'라는 V의 명칭은 보복한 시점을 기준으로 명명되었다. 따라서 1944년 6월부터 영국으로 발사된 미사일이 V-1, 1944년 9월부터 발사된 로켓이 V-2로 불리게 되었다. V-2 로켓이 V-1 미사일보다 먼저 개발에 착수했으나, V-1이 먼저 개발될 수 있었던 이유는 V-2를 개발하기 위한 기술적 난이도가 높았기 때문이다. 전투기가 자유롭게 하늘을 날아다니던 1930년대 아니던가? 따라서 기존의 항공기 기술 기반으로 개발을 시작한 결과물이 V-1 미사일이었다면, V-2 로켓은 기존에 없던 새로운 결과물이기에 개발 기간이 더 소요될 수밖에 없었다. 그렇다면 어떻게 독일은 V-2 로켓을 개발할 수 있었을까? 왜 미국이나 소련이 아니고, 독일이었을까?

우선 V-2 로켓에 대한 설명에 앞서서 독일 로켓의 개발 역사를 잠시 살펴보자. VfR Verein für Raumschiffahrt(영어로 Association for Spaceflight)이라는 독일 아마추어 우주비행협회를 빼놓고는 설명할 수 없을 것이다. VfR은 1927년에 설립되어 3년간 로켓연구를 진행하였고, 고도 1킬로미터까지 도달하는 아마추어 로켓 제작에 성공했다. 이때 VfR에서 로켓 개발을 위하여 가장 많이 참고한 자료가 바로 미국의 고더드가 발표한 액체로켓엔진 관련 논문이었다. 특히 VfR 멤버 중에는 독일 로켓의 아버지이자 독일 최초의 우주 관련 서적인 『로켓을 이용한 행성 여행』을 집필한 헤르만 오베르트 Hermann Oberth, 향후 V-2 로켓 개발 책임자인 베르너 폰 브라운 Wernher von Braun도 포함하고 있다.

1932년 독일 육군은 로켓의 효용성을 알아보고 로켓 제작 및 발사에 대한 지원을 담은 계약을 VfR에 제시했다. 제안을 받은 VfR에서는 최종적으로는 계약을 거절했지만, 내부적으로는 해당 계약에 관심을 보인 사람들이 있었는데, 그중에는 베르너 폰 브라운도 있었다.

1932년 10월 베르너 폰 브라운은 독일 육군 병기국에서 근무하기 시작하면서 본격적으로 독일의 로켓 개발 프로그램에 참여하기 시작한다. 그때는 나치 독일이 등장하기 전이었지만, 얼마 지나지 않은 1933년 1월 히틀러의 나치 독일 정권이 출범하게 되었다. 폰 브라운은 나치 독일 아래에서도 로켓 개발을 멈추지 않았다. 본격적인 로켓 개발이 시작된 지 약 1년 반 정도 지난 1934년 첫 번째 로켓인 A-1[*] 제작이 완성되었다.

독일의 첫 탄도 미사일이자 로켓 기술이 적용된 A-1 로켓은 높이가 1.61미터, 지름 0.31미터, 무게 107킬로그램으로 제작되었다. 엔진은 아서 루돌프Arthur Rudolph[**]가 설계한 가압식 엔진[***]을 장착했으며, 추력은 0.3톤, 연소시간은 16초였다. 추진제는 알코올 75퍼센트와 물

---

[*] A는 독일어 'Aggregat'의 첫 글자. 영어로는 'Aggregate', 한국어로는 '합계, 총액, 집합'이라는 뜻이다. 요즘 말로 풀어서 번역하면 '시스템'이라고 할 수 있음. 각각 다른 기능을 하는 부품들을 모아 하나의 목적을 위한 시스템(로켓)으로 만든 '집합'으로 해석

[**] 아서 루돌프는 1906년 11월 태어난 독일 로켓과학자임. 그는 독일 V-2 로켓 개발에 참여 후 페이퍼클립 작전으로 미국으로 건너가 아폴로 프로그램의 새턴 5 로켓 개발까지 베르너 폰 브라운과 함께 활동하였음.

[***] 가압식 엔진은 연소기에 추진제를 공급할 때 추진제 탱크의 압력으로만 공급하는 가장 간단한 형태의 엔진 시스템임. 한국에서는 2002년 11월 항우연이 안흥 시험장에서 발사한 KSR-3 과학 로켓이 가압식 액체로켓엔진을 적용하였음. 다만 가압식 엔진은 효율이 낮아서 위성을 투입하는 로켓보다는 일정 고도까지 올라갔다가 내려오는 과학 로켓에 주로 사용함

25퍼센트를 섞은 연료와 액체산소를 산화제로 사용했다. A-1 로켓의 추진제 탱크는 요즘과 달리 연료 탱크 속에 산화제 탱크를 넣는 형태를 취했다.

하지만 당시 비행제어기술이 완벽하지 않았기 때문에 A-1 로켓은 비행 중에 동체가 회전했고, 그로 인하여 추진제 탱크에 원심력이 발생하여 원활하게 추진제가 연소기로 공급되지 못하는 단점이 있었다. 비록 A-1 로켓이 지상에서의 엔진 연소시험은 성공했으나, 1933년 12월에 진행된 1차 비행시험에서는 안타깝게도 발사 0.5초만에 폭발해버렸다. 폭발 후 A-1 로켓의 비행시험 데이터 분석 결과, 최초의 설계부터 문제가 있음을 확인하였기에 A-1 개발은 중단하고 바로 A-2 개발을 시작했다.

A-2 로켓은 A-1 로켓과 외형적으로 동일했으며, 같은 엔진을 장착했다. 둘의 가장 큰 차이는 산화제 탱크의 위치에 있었다. A-2 로켓은 기존에 연료 탱크 내에 위치했던 산화제 탱크를 바깥으로 빼서 연료 탱크 위에 독립적으로 배치했다. 항법장치인 자이로 휠도 동체 앞부분으로 위치시켜 로켓의 방향성을 높였다. 또한 연소기의 효율을 높이기 위하여 재생냉각채널regenerative cooling channel을 적용하여 연료인 에

---

* 독일 로켓 A-1, A-2, A-3, A5, 그리고 마지막 모델 A-4(V-2)는 산화제로 액체산소를, 연료로는 에탄올(75%)과 물(25%)을 혼합하여 사용했음. 로버트 고더드가 사용한 휘발유(케로신 포함)를 사용하지 않고 에탄올을 사용한 이유는 여러 가지가 있는데, 가장 큰 이유는 제2차 세계대전 중 독일 나치군이 항공기 운영에 필수적인 전략물자(연료 포함)는 눈치를 보면서 사용할 수밖에 없었기 때문에, 쉽게 구할 수 있으면서 다루기 쉬운 에탄올을 연료로 선택한 것임. 참고로 V-2 로켓 1기에 충전되는 에탄올을 생산하기 위해서는 감자 30톤이 필요했다고 함. 감자는 당분을 포함하고 있어서 효소로 발효시키면 알코올(에탄올)을 생성시킬 수 있음. 일례로 러시아에는 감자로 만든 보드카(알코올 40%)도 있음

탄올이 연소기로 유입되기 전에 미리 온도를 높일 수 있도록 했다. 이와 같은 업그레이드 덕분에 A-2 로켓 내부에 사용된 부품과 부품의 배치 등은 현대의 로켓과 매우 유사한 수준까지 올라선 것으로 평가받고 있다. 1934년 10월 A-2 로켓은 연소시험과 최종 조립을 성공적으로 마쳤고, 12월에는 두 차례 발사로 각각 고도 2.2킬로미터와 3.5킬로미터까지 도달했다.

---

* 로켓엔진은 연료와 산화제를 동시에 태워서 발생한 열에너지를 변환하는 장치로, 이때 발생하는 열은 연소실 내부를 3,000도 이상의 온도까지 올릴 수 있음. 연료와 산화제를 섞는 비율(혼합비)에 따라 온도가 올라가는데, 이때 연소실이 견딜 수 있는 온도 이내로 유지하기 위한 최적의 혼합비를 사용하지 못함. 이 경우에 재생냉각 채널은 연소실 벽에 작은 모세관 형태의 채널을 만들어 연료를 흘려줌으로써, 연소실에서 더 높은 온도가 발생하더라도 소재가 견딜 수 있게 하는 기술임

3) 크기를 훌쩍 키운 A-3와 A-4(V-2)의 축소형 A5

A-2 로켓 개발 성공으로 분위기를 탄 베르너 폰 브라운과 로켓과학자 동료들은 1935년 초부터 A-3 로켓 개발에 착수한다. 약 3년 뒤인 1937년 말까지 4기의 A-3 로켓 제작까지 완료한다. A-3 로켓은 높이가 6.74미터, 지름 0.67미터, 추진제를 모두 채웠을 때 최종 중량은 670킬로그램에 달했다. A-3 로켓은 기존의 A-2 로켓 대비 최소 4배 이상의 성능 향상을 목표로 개발되었다. 로켓 크기와 정밀도가 높은 신형 로켓을 성공적으로 개발하기 위해서는 로켓의 성능에 맞는 엔진도 동시에 개발해야 한다. 우선 신형 엔진은 추력 1.5톤으로 45초 동안 연소할 수 있는 성능으로 개발되었다. A-3 로켓엔진은 기존의 A-1, A-2 로켓에 사용된 엔진과 같은 추진제와 구동 방식을 채택했다. 특히 발터 리델Walter Riedel의 설계에 기반하여 연소기 위에 버섯 모양의 분사기를 별도로 설치하여 연료와 산화제가 연소기 내에서 효과적으로 혼합될 수 있도록 설계를 변경했다. 추가적으로 A-3 로켓은 원래의 목적인 영국을 포함한 연합군 도시를 정밀 타격하기 위하여 스스로 비행 궤도를 조정할 수 있는 관성항법시스템inertial guidance system도 새롭게 개발하여 장착했다.

A-3 로켓의 첫 시험 발사는 1937년 12월 초에 진행했으나 실패로 끝났다. 로켓 발사가 실패하면 충분한 시간을 가지고 데이터를 살펴보면서 실패의 원인을 찾는 것이 지금은 일반적이지만, 그 당시에는 실패의 원인을 철저하게 찾아서 분석하는 대신, 동시에 제작한 두 번째 로켓을 며칠 후에 재발사하는 것이 일반적이었다. 결론적으로 초도

---

* 발터 리델은 독일 페네뮌데 육군연구소 V-2 설계 사무소장이자 수석 설계자였음

로 제작된 A-3 로켓 4기는 모두 1937년 12월에 발사되었고 전부 목표 성능 도달에 실패했다. 네 번의 실패 후에야 폰 브라운과 그의 동료들은 A-3 로켓의 발사 실패 이유를 분석하기 시작했다. 분석 결과 첫 번째 원인으로는 처음으로 적용된 관성항법시스템의 완성도 부족이 거론되었다. 두 번째 원인으로는 로켓 동체 및 외부에 장착된 핀의 설계 오류 등으로 로켓의 동적 안정성이 떨어졌다고 규정했다. 결국 A-3 로켓의 4번에 걸친 발사 실패는 A-3 로켓 개발 프로젝트의 빠른 종료와 A-4(후에 V-2가 됨) 로켓 개발의 착수 지연으로 귀결되었다. 대신 A-3 개발 실패를 만회하기 위하여 폰 브라운과 그의 팀은 A-4 로켓 개발에서 A-3의 개량형인 A-5 로켓 개발로 개발 방향을 선회했다.

1938년부터 개발에 착수한 A-5 로켓은 축소형부터 제작하여 시험하면서 점점 크기를 키웠다. A-5 로켓은 A-3 로켓과 외형적으로 유사했다. A-5 로켓의 높이는 5.8미터, 직경 0.78미터, 이륙 중량은 900킬로그램이었다. 가장 큰 변화는 지멘스Siemens*에서 제작한 로켓 내부 제어시스템을 새롭게 납품받아 장착한 것이다. 엔진과 추진제는 A-3 로켓과 동일했다.

A-5 로켓은 1939년 10월부터 본격적으로 비행시험을 시작했으며, 1940년 4월부터는 탄도비행용 자이로와 전파시스템 등의 성능까지 점검했다. 1942년까지 A-5 로켓은 최대 고도 12킬로미터, 최대 거리 18킬로미터까지 도달하는 성능을 보여주었다.

A-5 로켓 개발의 성공은 폰 브라운과 동료들이 실패했던 A-3 로켓이 실제로 무인비행이 가능함을 나치 독일 정부 관계자에게 보여준 거

---

* 베르너 폰 지멘스와 요한 게오르크 할스케가 1847년에 독일에서 설립한 다국적 기술 기업

대한 성과였다. 특히 1941년 미국이 연합군 참전을 결정하면서 공군력에서 현저하게 연합군에게 밀릴 수밖에 없던 나치 독일에게는 영국 본토까지 무인으로 빠르게 날아가서 공격할 수 있는 탄도 미사일 A-4(후의 V-2 로켓) 개발을 본격적으로 착수할 수 있는 강력한 기술적 근거가 되었다.

독일 로켓의 아버지, 헤르만 오베르트

Hermann Oberth, 1894년 6월 25일~1989년 12월 28일

"큰 로켓 위에 작은 로켓이 얹어져 날아가는 중에 큰 로켓이 버려진다면,
작은 로켓은 점화하여 큰 로켓의 속도 위에 작은 로켓의 속도를 추가할 수 있다."
"If there is a small rocket on top of a big one, and if the big one is jettisoned
and the small one is ignited, then their speeds are added."

소련의 콘스탄틴 치올콥스키, 미국의 로버트 고더드와 함께 근대 로켓의 3대 아버지로 불리는 독일의 헤르만 오베르트는 1894년 6월 루마니아 시비우Sibiu에서 태어났음. 오베르트는 14살 때 성홍열에 감염되어 건강 회복을 위하여 이탈리아로 보내졌는데, 그곳에서 프랑스 소설가 쥘 베른의 「지구에서 달까지」를 읽고 큰 감명을 받아 스스로 작용-반작용에 기반한 새로운 로켓 개념을 제안할 정도였음. 1912년 오베르트는 뮌헨 대학 의대에 입학하였

으나 1914년 제1차 세계대전 발발로 인하여 1915년 독일 육군 군의관으로 입대하였음. 군의관 복무 중 여유시간에는 틈틈이 로켓을 연구하던 오베르트는 군을 제대한 뒤 1919년 로켓연구를 본격적으로 하기 위하여 물리학과에 다시 입학함.

　1923년 오베르트는 92페이지에 달하는 논문「행성 공간으로의 로켓」을 작성했으나, 독일 대학에서는 학위 논문으로 인정하지 않아 책으로 출판하게 되었고, 전화위복으로 이 책은 선풍적인 인기를 끌게 되어 많은 젊은 학생들(베르너 폰 브라운 포함)에게 우주에 대한 꿈을 심어주었음. 그 영향으로 1929년에는 확장판인「우주여행으로의 길」까지 출간함. 특히 오베르트는 1922년부터 미국의 고더드, 1925년부터는 소련의 치올콥스키와 본격적으로 교류하면서 로켓에 대한 최신 기술을 습득하게 되었고, 이는 독일이 V-2 로켓을 세계 최초로 개발할 수 있는 근간이 되는 VfR(독일 아마추어 우주비행협회)을 통한 본격적인 로켓 개발까지 이어지게 됨.

　이후 오베르트는 베르너 폰 브라운과 함께 나치 독일 정권 아래에서 V-2 로켓 개발에 참여했으며, 제2차 세계대전 후에는 이탈리아에서 로켓연구를 진행했음. 1955년부터 1958년까지는 폰 브라운의 초대로 미국으로 건너가 미국의 주피터 로켓 개발에 참여 후 1962년 다시 독일로 돌아왔음. 또한 아폴로 11호 발사를 직관하기 위해 미국을 다시 방문하기도 했음. 오베르트는 1989년 12월 독일 뉘른베르크에서 사망함.

독일 V-2 로켓의 아버지, 베르너 폰 브라운의 독일 시절 이야기
Wernher von Braun, 1912년 3월 23일 ~ 1977년 6월 16일

"한 번의 좋은 시험이 천 명의 전문가 의견만큼 가치가 있다."
"One good test is worth a thousand expert opinion"

1912년 3월 독일 비르지츠Wirsitz에서 태어난 베르너 폰 브라운은 어린 시절 우주를 동경하면서 로켓과학자의 꿈을 키운 평범한 소년이었음. 공상과학 소설을 읽으면서 우주를 동경하던 폰 브라운은 15살 때 헤르만 오베르트가 출간한 「행성 공간으로의 로켓」을 읽으면서 꿈을 더욱 구체화함. 18살에 알 베를린-샬로텐부르크 공과대학(현재 베를린공과대학)에 입학하여 기계공학을 본격적으로 공부하는 한편, VfR(독일 아마추어우주비행협회)에 가입하여 본격적으로 로켓 개발 활동을 시작함. 이후 독일의 육군 로켓연구소 소장 도른베르거Walter Dornberger 대위 휘하로 들어가 연구책임자가 되어 A-1, A-2, A-3,

A-5, A-4(V-2) 로켓 개발을 성공적으로 주도하면서 독일 V-2 로켓 개발의 아버지로 불리고 있음.

 베르너 폰 브라운이 독일 육군에서 마음껏 로켓을 연구할 수 있었던 원동력은 아이러니하게도 나치 독일 정부의 전폭적인 지원 덕분이었음. 1944년까지 V-2 로켓 개발비로 투입된 비용이 2조 달러(2,700조 원)에 육박한다는 말이 있을 정도. 이처럼 기술적 혁신은 결코 맨땅에서 일어나지 않음. 돈을 넘칠 정도로 쏟아부어야 세상에 없는 새로운 기술이 나올 수 있는 것임.

 제2차 세계대전 중 해군력, 공군력에서 연합군에 밀리던 나치 독일은 V-2 로켓을 이용한 공격만이 전세를 뒤집을 수 있는 마지막 게임체인저로 생각했기에 막대한 개발비를 투자하여 베르너 폰 브라운을 포함한 로켓과학자들의 연구를 지원했음. 각고의 노력 끝에 완성한 V-2 로켓(미사일)은 연합군의 심장부인 영국 런던으로, 벨기에 브뤼셀 등지로 날아가서 수많은 시민과 군인들을 죽인 살상 무기로 악명을 높였음. 즉 베르너 폰 브라운과 그의 동료 로켓과학자들은 나치 독일의 부역자였음. 하지만 그가 가진 너무나도 큰 기술적 능력은 제2차 세계대전이 연합군의 승리로 점점 확실시되던 1945년 초부터 미국, 소련 등이 접촉하여 오히려 서로 모시고 가려고 했음. 여러 가지 조건 속에서 고민하던 폰 브라운과 그의 동료들은 결국 1946년 독일을 떠나 미국으로 향함(추후 이야기는 이어짐).

3) 액체로켓엔진을 사용하는
탄도 미사일 A-4, V-2 로켓의 탄생

제1차 세계대전의 패전국인 독일은 연합국과 합의한 베르사유 조약에 따라 상당 기간 국내 산업, 특히 항공기 개발 및 제작에 관해 매우 엄격한 제약을 받았다. 이때의 공백으로 인해 제2차 세계대전 시작부터 나치 독일군은 공군력에서는 영국을 압도할 수 없게 된다. 특히 1941년 미국의 연합군 참전으로 독일 주요 도시에 밤낮 없이 폭격받는 상황이 시작되면서 나치 독일은 연합군의 폭격기를 능가할 수 있는 혁신적인 무기가 필요함을 인식했다. 그것이 바로 A-4라는 이름으로 개발을 시작한 V-2 로켓을 만들 수밖에 없었던 가장 강력한 동기였다. 앞부분에서 설명한 A-1, A-2, A-3, A-5 로켓은 모두 A-4 로켓, 즉 V-2 로켓을 만들기 위한 하나의 과정 중에 나온 소소한 결과물이라고 치부할 수 있을 정도다. V-2 로켓은 V-1 미사일과 마찬가지로 나치 독일에서 발사되어 영국을 포함한 연합군을 폭격하기 위하여 만든 장거리 미사일이지만, 인류 로켓 개발사에서는 V-2를 최초의 로켓이라고 모두 인정하고 있다. 로켓 기술에 있어서 퀀텀 점프를 이룬 V-2 로켓, 즉 A-4 로켓에 대하여 알아보자.

1942년 독일 육군과 폰 브라운 팀은 A-5의 성공을 기반으로 A-4 로켓, 즉 V-2 로켓 개발을 본격적으로 시작했다. 프로젝트 총괄 책임자는 당연히 베르너 폰 브라운이었다. V-2 로켓은 높이 14미터, 지름 1.65미터, 무게 13톤으로 당시 기준으로는 엄청나게 거대한 크기였다. 거대한 크기를 음속이 넘는 속도로 날아가게 하기 위해서는 당연히 새로운 엔진도 필요했다. 추진제는 기존과 똑같은 에탄올(물 25퍼센트 포함)과 액체산소를 사용하되, 무게는 가볍고 성능은 높은 엔진을 개발해야 했다.

이와 같은 혁신적인 로켓을 만들기 위해서는 기존의 A 시리즈 로켓엔진에서 사용한 가압식 방식과는 다른 방법으로 구동하는 엔진을 만들 필요가 있었다. 바로 터보펌프 방식으로 구동하는 가스발생기 사이클 엔진을 세계 최초로 개발한 것이다. V-2 로켓엔진은 우선 가스발생기에서 과산화수소와 촉매제를 혼합하여 배기가스를 만든 뒤, 배기가스가 터보펌프의 터빈을 구동하여 펌프를 회전시킨 후 바깥으로 배출하도록 하였다. 이와 같은 최신 기술을 적용한 V-2 로켓엔진의 성능은 추력 1.5톤, 비추력(진공)은 239초의 성능을 보여주었는데, 이와 같은 로켓엔진은 당시 다른 나라에 비하여 최소 20년 이상 앞선 기술이라고 평가받고 있다.

전장에서 싸울 병사의 숫자가 상대적으로 적은 나치 독일로서는 기술력으로 승부를 볼 수밖에 없었기에 V-2 로켓은 나치 독일군에게 남아있던 마지막 히든카드였다. V-2 로켓보다 먼저 실전에 배치된 V-1 미사일의 경우 최고 시속 640킬로미터에 불과했기에 영국 본토 상공에 도착한 V-1 미사일을 영국 공군 비행사가 전투기로 따라잡아서 V-1의 방향을 바꾸는 것이 가능했을 정도였다. 하지만 V-2 로켓은 대기권 바깥인 190킬로미터까지 올라갔다가 대기권으로 재돌입하면서 영국 본토에 진입하므로 최고 속도는 마하수 4, 시속으로는 5,760킬로미터에 육박했다. 따라서 당시 영국 본토에서는 V-2 로켓을 막을 방법이 전혀 없었다. 그만큼 나치 독일은 적어도 기술력에서는 다른 국가가 범접할 수 없는 수준이었다.

제2차 세계대전 당시 독일과 이웃 국가 간의 기술력 차이를 보여주는 또 다른 재밌는 예가 있다. 폴란드 그단스크를 침공한 독일군의 주력 탱크를 처음 목격한 폴란드군의 기마병이 움직이는 탱크 옆으로 말을 몰고 달리면서 창으로 탱크를 찔러보면서 거대한 쇳덩어리가 실제로 움직인다는 사실에 경악했다는 일화가 있다.

A-4 로켓은 1942년 10월에는 사정거리가 190킬로미터에 도달했다. 그러면서 이름도 A-4에서 V-2로 바꾸고 독일 북부 페네뮌데 공장에서 본격적인 양산을 위한 준비를 시작했다. 하지만 이 정보를 입수한 연합군은 1943년 10월 폭격기를 띄워 페네뮌데에 위치한 V-2 생산공장을 폭격했고, 공장은 크게 파괴되었다. 나치 독일은 연합군의 폭격기가 폭탄으로 파괴할 수 없는 비밀스러운 장소에서 V-2 로켓 생산 공장을 짓기로 마음먹고 장소를 물색했다, 고민 끝에 독일 중부 하르츠Harz 산맥 속 노드하우젠 근처의 미텔베르크Mittelwerk 지하에 V-2 로켓 제작 공장을 새롭게 건설하기 시작했다.˙ 나치 독일군 입장에서는 다행히도 미텔베르크 지하 공장에서 연합군 폭격기의 방해 없이 V-2 로켓의 양산이 순조롭게 진행되었으며, 약 2년 남짓한 기간인 제2차 세계대전 종료까지 생산된 V-2 개수는 약 6,000기 이상이었다.

1944년 9월 나치 독일은 영국 런던으로 V-2 로켓을 처음으로 발사했다. V-2 로켓은 최대 탄두 1톤까지 장착 후 시속 5,760킬로미터, 고도 190킬로미터, 거리 400킬로미터까지 날아갈 수 있었는데, 독일 북부 해안에서 발사하면 영국 런던까지 320초면 도달할 수 있었다. 특히 고도 190킬로미터까지 상승하기 때문에 인류 최초로 지구 대기를 벗어나 우주를 비행한 인공적인 물체(로켓)라는 타이틀도 획득했다. V-2 로켓은 발사 후 약 65초 동안 엔진의 추력으로 대기를 돌파하여 날아가지만, 이후에는 엔진이 꺼진 후 궤도를 따라 탄도비행을 하면서 목

---

* 미텔베르크 지하 V-2 로켓 생산공장에서는 최소 12,000명 이상의 노동자와 수용소 수감자가 로켓을 생산하는 데 동원되어 사망한 것으로 알려짐

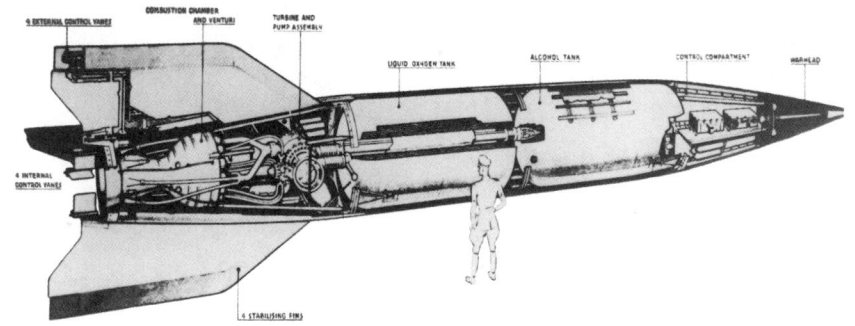

그림 2-1 | V-2 로켓

적지를 향하여 떨어지는 탄도 미사일이었다. 나치 독일은 이듬해인 1945년 3월 말까지 3,000기 이상의 V-2 로켓을 런던, 안트워프 등지의 연합군을 향해 발사했다. 이러한 V-2 로켓의 공격으로 최소 9,000명의 민간인과 군인이 사망했다고 알려져 있다.

비록 V-2 로켓은 연합군에게 상상을 초월하는 충격과 공포감을 안겨준 혁신적인 무기였지만, 연합군에게 유리한 전쟁 상황을 독일군으로 다시 되돌리기 위한 게임체인저가 되기에는 너무 늦은 1944년 9월에서야 실전 배치되었다. 그 당시 나치 독일군은 동부전선에서는 소련 침공 실패로 인하여 헝가리까지 전선이 밀려난 상황이었다. 또 서부전선에서는 연합군이 1944년 6월 프랑스 노르망디 상륙작전을 성공시키면서 서유럽 재탈환의 발판을 마련한 이후였다. 따라서 제2차 세계대전에서 나치 독일의 기세는 이미 꺾였다. 패배가 점점 명확해지기 시작한 시기에 나치 독일군의 V-2 로켓 발사 성공은 전쟁의 판도를 바꿀 수 있는 마지막 히든카드로 여겨질 수는 있었겠지만, 전쟁은 어디까지나 하늘이 아닌 땅을 정복하는 국가가 이기는 것이다.

결론적으로 제2차 세계대전에서 독일만이 유일하게 로켓 기술 기반의 탄도 미사일 V-2 로켓 개발에 성공했지만, 전쟁 승리는 연합군으로 귀결되었다. 독일이 인류의 로켓 개발사에 주인공으로 등장한 것은 V-2 로켓이 처음이자 마지막이었다. 독일은 인류 로켓 개발사의 첫 장을 화려하게 열었지만, 그것으로 끝이었다. 아무리 혁신적인 기술을 개발했더라도 최초의 개발 동기가 불순하면 결국 화려한 꽃을 피우기도 전에 사라지는 것은 만고의 진리다.

세계 최초 가스발생기 사이클 기반 액체로켓엔진, 독일 V-2 로켓 1단 엔진 소개

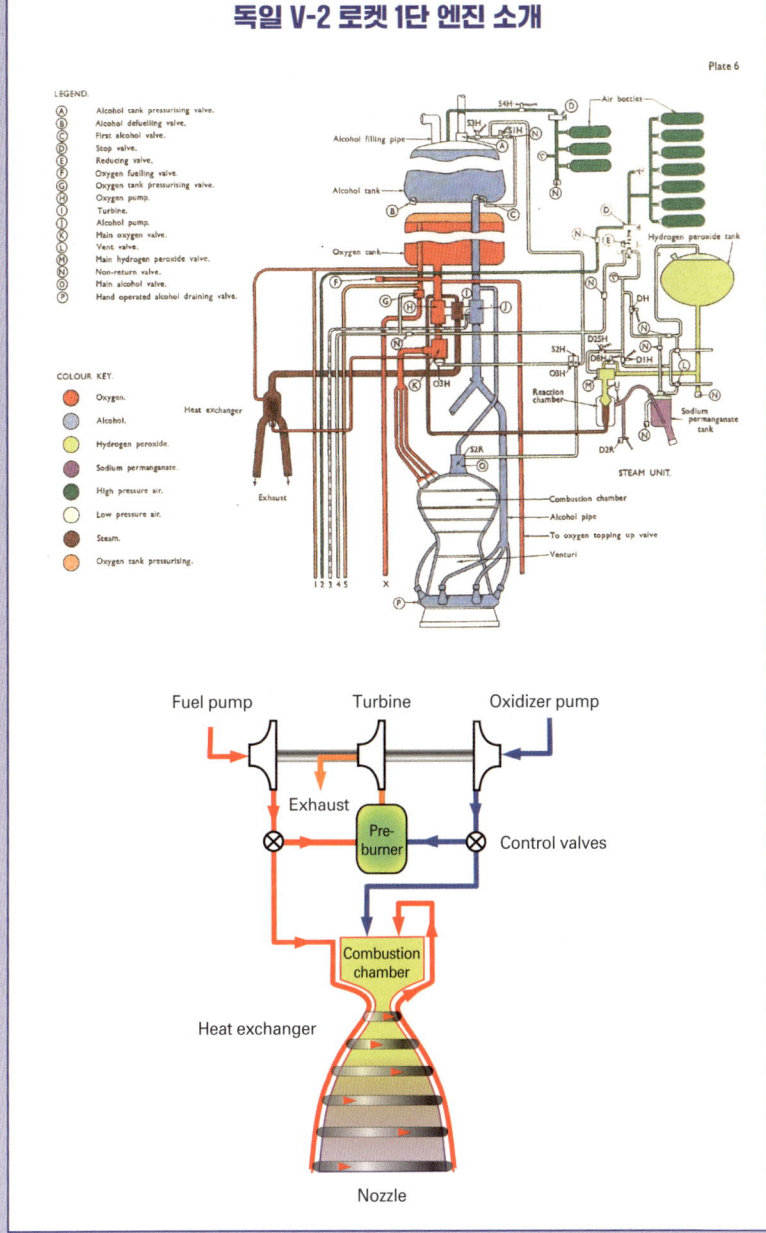

독일의 로켓개발 : A1, A2, A3, A5, 그리고 A4(V2)

일반적으로 로켓엔진은 연소기combustion chamber, 터보펌프(fuel pump, oxidizer pump, turbine 등으로 구성), 가스발생기gas generator, 밸브, 배관 등으로 구성됨. 로켓 추진제 탱크에 저장된 추진제(연료, 산화제)를 연소실에 공급하여 추력을 얻기 위해서는 높은 압력으로 많은 양의 추진제를 연소실에 공급하는 것이 중요함. 가장 쉬운 방법은 추진제 탱크 속의 추진제를 높은 압력으로 보관 하고 있다가 엔진 연소 시 공급하면 제일 좋겠지만(가압식 엔진), 로켓의 무게 가 늘어나서 효율적이지 못함. 그래서 추진제 탱크에서 저압으로 보관하던 추진제를 터보펌프로 고속 회전시켜 승압 후 연소기에 공급하는 방식의 터 보펌프식 엔진을 세계 최초로 적용한 것이 바로 V-2 로켓의 엔진 특징임.

터보펌프는 펌프들과 터빈, 샤프트 등으로 구성되어 있는데, 펌프를 회전 시키기 위해서는 터빈을 돌리고, 터빈과 연결된 샤프트가 돌면서 펌프를 회 전시키면서 추진제를 승압하는 것이 일반적임. 터빈을 회전시키기 위해서 는 외부에서 고압의 기체가 들어와서 터빈을 돌리게 되는데, V-2 로켓의 엔 진에서는 가스발생기에서 과산화수소(H_2O_2)와 촉매제를 활용하여 기체를 만 들어서 터빈을 구동시킨 뒤 엔진 외부로 버리는 방법을 채택했음. 이것이 바로 V-2 엔진이 최초로 적용한 가스발생기 사이클의 특징임(앞 페이지의 위 그림). 더욱 놀라운 사실은 70년이 지난 지금도 이와 같은 방법을 여전히 활 용하고 있는 로켓엔진이 있음. 바로 러시아의 소유즈 로켓의 1단과 2단에 장착된 RD-107 엔진과 RD-108 엔진임.

스페이스X의 팰컨 9 로켓의 1단 멀린 10 엔진, 한국의 누리호에서 사용하 는 75톤 및 7톤 엔진도 가스발생기 사이클 기반의 엔진임. 다만 과산화수소 대신에 로켓 추진제 탱크의 케로신과 액체산소를 이용하여 가스발생기에서 1차 연소시켜서 나오는 배기가스로 터보펌프의 터빈을 구동 후 엔진 외부로 배기한다는 점에서는 차이가 있음(앞 페이지의 아래 그림).

독일의 V-2 로켓 기술을 본국으로 이송하라

1945년 초 제2차 세계대전은 연합군의 승리가 점점 명확해지고 있었다. 연합군의 주축인 미국, 영국, 프랑스, 소련 등은 점점 독일 본토로 자국의 군대를 진격시켰는데, 소련은 독일의 동쪽 지역(동독)을, 미국 등은 독일의 서쪽 지역(서독)을 접수하기 시작했다. 단순히 영토만 점령한 것이 아니라, 독일 내 위치한 중공업 설비의 파괴와 자국 이전은 물론이고, 우수한 독일 과학자들을 자국으로 데리고 가기 위하여 다양한 작전을 펼쳤다. 특히 1944년 9월부터 나치 독일이 연합군 주요 도시를 향해 발사하기 시작한 탄도미사일 V-2 로켓은 절대로 독일에 남겨둬서는 안 될 핵심기술 중의 핵심이었다. 따라서 미국과 소련은 서로 V-2 로켓과학자들을 자국으로 데리고 올 작전을 구상했는데, 가장 먼저 움직인 국가는 미국이었다.

1) 독일 로켓과학자를 미국으로 이송한 페이퍼클립 작전

제2차 세계대전이 한창이던 1943년 나치 독일은 동쪽에서는 소련, 서쪽에서는 미국과 영국 등과의 전쟁에서 뚜렷한 승기를 잡기 힘들다고 판단했다. 그래서 나치 독일은 제2차 세계대전을 장기전으로 끌고 가기 위한 준비에 착수했다. 우선 부족한 군인들을 보충하기 위하여 최전방 전투로 보냈던 우수한 과학자, 기술자들을 다시 독일 본국으로 송환하기 시작했다. 이를 통하여 나치 독일군의 국방력 강화를 위한 새로운 전쟁 기술을 개발할 필요가 있었다. 그 당시 나치 독일의 국방 연구단을 이끌고 있던 오젠베르그Werner Osenberg는 체계적으로 관리하기 위하여 독일 내부의 과학자, 기술자를 목록으로 정리했다. 바로 오젠베르그 목록Osenberg List을 작성한 것이다.

1945년에 접어들면서 점점 나치 독일의 패배가 확실해짐에 따라 독일군은 핵심 군사 문서들을 연합군에 넘겨주지 않기 위하여 모두 파기하기 시작했다. 그런데 1945년 3월 독일 본 대학교Bonn University 화장실에서 폐기하다 남은 오젠베르그 목록 일부가 클립으로 묶여서 연합군에게 발견된 것이다. 해당 자료는 영국 정보부 MI6로 보내진 뒤, 결국 미국 전략사무국OSS, Office of Strategic Services(CIA의 전신)에까지 전송되었다. 자료를 확보한 미국은 즉각 분석에 들어갔고 V-2 로켓 개발의 책임자, 베르너 폰 브라운을 포함한 핵심 기술자의 명단을 확보할 수 있었다.

1945년 2월에 미국, 소련, 영국, 프랑스 등 연합군 4개국은 소련 얄타Yalta(지금의 크림반도 얄타)에 모여 얄타 회담을 개최했다. 얄타 회담에서는 독일을 4개의 지역으로 분할 후 통치하는 것을 합의했다. 서독과 동독이 탄생한 것이다. 나치 독일군의 뛰어난 성능의 전략 무기에 고전할 수밖에 없었던 연합군은 1946년 독일의 중공업 수준을 1938년 대비 50% 수준으로 낮추어 독일이 다시는 전투를 치를 생각조차 하지 못할 정도로 기존 중공업 설비를 철저히 파괴하는 것에도 합의했다. 이를 통하여 미국, 영국, 프랑스, 소련은 독일의 뛰어난 중공업 설비를 분해하여 자국으로 수송하여 이전하는 것에 집중했다. 특히 미국은 소련이 독일의 우수한 무기 기술을 기반으로 군사력을 키우는 것을 막기

---

* 여담이지만 소련이 미국보다 먼저 스푸트니크 위성을 R-7 로켓으로 지구 궤도 투입에 성공할 수 있었던 것은 세르게이 코롤료프라는 걸출한 인물이 있었기 때문임. 그런데 소련은 세르게이 코롤료프라는 사람을 절대로 공개하지 않았음. 그가 세상에 알려진 것은 소련이 해체된 이후였음. 그만큼 나치 독일이든 소련이든 핵심 과학자에 대한 정보는 탑 시크릿(T.S)으로 분류하고 관리하였음

위하여 독일의 우수한 과학자들을 포섭하여 자국으로 이주시키는 페이퍼클립 작전Operation Paperclip도 동시에 진행했다.

페이퍼클립 작전은 OSS의 주도로 1945년부터 1946년까지 진행되었는데, 주요 목표는 미국보다 실전에 앞서있는 전쟁 기술들을 보유한 과학자들을 미국으로 이송하는 것이었다. 당연히 V-2 로켓 개발을 주도한 베르너 폰 브라운과 그의 동료들도 접촉하여 설득했다. 고민하던 폰 브라운과 그의 동료들은 나치 독일에 협조하여 V-2 로켓을 개발한 것에 대한 어떠한 불이익도 없어야 한다 등의 단서들에 대하여 확답받은 후 결국 미국행을 결정했다.

페이퍼클립 작전을 통하여 미국으로 이송된 과학자는 1,600명에 달했는데, V-2 로켓과학자가 132명에 달할 정도로 단일 그룹으로는 최대였다. 또한 약 1,000기 이상의 V-2 로켓 하드웨어도 미국으로 가지고 왔다. 미국 정부 입장에서는 V-2 로켓의 핵심 인력과 하드웨어까지 소련에 넘기지 않고 모두 미국으로 송환했으니, 적어도 V-2 로켓과 유사한 로켓을 미국 내에서 제작하여 발사한다면 소련보다 훨씬 유리한 입장에서 로켓 개발을 시작할 수 있었을 것이다. 하지만 미국 내 현실은 그렇지 못했다. 독일 로켓과학자들은 처음 미국에 입국할 때는 여러 가지 미사여구로 환영을 받았으나, 결국 나치 독일의 부역자로서 연합군을 죽이기 위해 V-2 로켓을 만든 것에 대한 미국 내 여론이 좋지 않게 흘러갔다. 그래서 미국 정부는 베르너 폰 브라운을 포함한 로켓과

---

* 원래는 독일에서 미국으로 이송할 독일 과학자와 가족들이 함께 모여있던 캠프의 이름에서 유래된 오버캐스트 작전(Operation Overcast)이었음. 하지만 작전에 대한 소문이 지역에 퍼지면서 이름을 변경하기로 결정함. 새로운 이름은 미국으로 이송할 독일 과학자들에 대한 정보가 기록된 종이 묶음이 페이퍼클립으로 고정되어 있어서 페이퍼클립 작전(Operation Paperclip)으로 단순하게 변경됨

학자들을 미국의 로켓 개발 프로젝트에 투입하지 않았다. 대신 미국 남부 텍사스와 뉴멕시코 등지로 보내어 로켓 개발을 위한 예산 지원은 조금 했으나 구체적인 임무를 부여하진 않았다. 그냥 그렇게 편안한 시간을 보내도록 할 뿐이었다.

2) 독일 로켓과학자를 소련으로 이송한 오소아비아힘 작전

1945년 2월 얄타 회담으로 독일 동부지역을 통치하기 시작한 소련도 독일의 핵심 중공업 설비를 자국으로 옮기는 작전을 개시했다. 또한 1946년부터는 미국의 페이퍼클립 작전처럼 독일의 핵심적인 과학자들을 소련으로 송환하는 '오소아비아힘 작전Operation Osoaviakhim'을 시작했다.* 특히 V-2 로켓과 관련한 기술 및 로켓 전문가들을 확보하기 위하여 소련은 코롤료프Sergei Korolev, 글루시코Valentin Glushko 등 소련 내 최고의 로켓 전문가들을 소련이 점령하고 있던 독일 동부로 보내어 미텔베르크 지하 공장에 남아있던 V-2 로켓 제작공장 설비를 통째로 소련으로 이송했다. 또한 170명 이상의 독일 로켓과학자들도 함께 소련으로 데리고 왔다. 다만 소련 입장에서 가장 아쉬웠던 것은 독일 V-2 로켓의 핵심적인 과학자들은 대부분 미국으로 떠났기 때문에, 실제로 소련에 온 독일 로켓과학자들은 제작을 전문으로 하는 하급 기

---

* 오소아비아힘은 국방, 항공 및 화학 건설 지원 협회(Общество содействия обороне, авиационному и химическому строительству)의 약어임. 원래 오소아비아힘은 땅이 넓은 소련에서 비행기를 이용한 농사 방법 활성화를 위하여 소련 각 지역 곳곳에 비행클럽을 만들어서 남녀노소 상관없이 원하는 사람 모두가 비행기 조종훈련을 받을 수 있도록 육성 및 지원하고 관리하는 조직에서 출발했음. 특히 제2차 세계대전에서 나치 독일이 침공했을 때 비행클럽에서 항공기를 몰았던 남녀노소가 전부 독일군에 대항하여 전투기를 몰고 공중전을 벌였다고 함. 전후에는 소련 국방에 사용하는 첨단 기술을 지원하는 협회로서 항공과 화학 분야 연구 및 인력 양성이 주목적이었음

술자가 다수였다는 점일 것이다. 하지만 다행스럽게도 V-2 로켓의 유도시스템 개발을 담당한 헬무트 그뢰트룹Helmut Grottrup 같은 특급 로켓과학자도 일부 데려올 수 있었다. 참고로 소련의 오소아비아힘 작전을 통하여 독일에서 소련으로 이송된 과학자들은 4천 명에 이르며, 가족까지 포함하면 6천 명 이상으로 알려져 있다. 또한 독일 과학자들을 데려오기 위하여 소련 과학자보다 훨씬 높은 급여를 제공한다는 조건도 제시했다.

◆ 2장 요약 ◆

　세상에 없던 혁신적인 무언가를 만든다는 것은 상상 이상의 비용과 에너지가 필요한 일이다. 로켓도 그렇게 탄생했다. 제2차 세계대전을 일으킨 독일은 군사력의 열세를 극복하기 위하여 V-2 로켓(독일에서는 A-4)을 새롭게 발명한 것이다. 항공기 엔진 및 동체 기술 기반으로 지금의 장거리 드론과 유사했던 V-1 미사일과 달리, 초음속으로 대기권을 돌파한 뒤 지구로 다시 재돌입하여 수천 킬로미터 떨어진 목표지점을 타격하는 V-2 로켓은 당시로는 상상 속의 무기가 현실로 내려온 것이었다. 그만큼 위협적이었다. 다만 V-2 로켓은 너무 늦게 개발되었기 때문에 전황을 뒤집기에는 역부족이었다. 결국 나치 독일은 제2차 세계대전의 패전국이 되면서 모든 것을 잃게 된다.

　엄청난 위력의 V-2 로켓을 직접 목도한 연합군, 특히 미국과 소련은 제2차 세계대전 승전국의 자격으로 V-2 로켓 기술과 인력을 자국으로 데려오기 위한 페이퍼클립 작전과 오소아비아힘 작전을 각각 진행한다. 미국은 V-2 로켓 총괄 책임자인 베르너 폰 브라운을 포함하여 대부분의 핵심 연구 인력과 수천 기의 V-2 로켓을 만들 수 있는 부품을 미국 본토로 성공적으로 이송한다. 이에 반하여 미국보다 늦게 독일에 진군한 소련은 미국이 데려가지 않은 작업자들(일부 연구원들 포함)과 갖고 가지 않은 V-2 로켓 부품들을 챙겨서 소련으로 돌아온다. 로켓 개발의 시작점에서는 미국이 소련에 비하여 분명 한발 앞서서 출발했다고 해도 과언이 아니다. 하지만 로켓은 결국 하늘 너머의 우주로 성공적으로 발사하는 쪽이 이기는 것이다. 과연 어느 국가가 1차 우주 경쟁에서 이겼을까? 다음 장에서 살펴보자.

1차 우주 경쟁

인류의 첫 번째 인공위성

1차 우주 경쟁 : 인류의 첫 번째 인공위성

인류의 로켓 개발사에 화려하게 등장했던 독일은 제2차 세계대전의 패전국이 되면서 역사의 뒤안길로 사라졌다. 하지만 시대를 초월한 독일의 로켓 기술은 국적만 바뀌었을 뿐, 소련과 미국이 고스란히 이어받았다.

미국은 소련보다 먼저 독일에 진입하여 페이퍼클립 작전을 펼쳐서 베르너 폰 브라운 박사를 포함한 핵심 로켓과학자들과 남아있던 V-2 로켓 부품 대부분을 수거하여 미국 본토로 이송했다. 다만 미국 국내 여론이 좋은 것만은 아니었다. 미국 언론에서는 독일 로켓과학자들이 나치의 부역자라는 기사도 더러 있었다. 그래서 미국 정부는 그들을 미국의 로켓 개발에 참여시키는 정도로만 활용하고, 실제로 V-2 로켓 기반의 미국 로켓 개발은 미 국방부와 민간기업이 주도하면서 시작되었다.

소련도 오소아비아힘 작전을 통하여 미국이 남기고 간 일부 V-2 제작 설비와 부품, V-2 로켓 기술자들을 본국으로 데리고 돌아왔다. 공산국가 소련은 민간기업이 없었다. 그래서 정부 기관 주도로 V-2 로켓을 만든 경험이 있는 독일 기술자들을 기반으로 중앙 집중적인 소련의 로켓 개발을 개시했다. 그리고 그 전략은 적어도 로켓 개발 초기에는 멋지게 들어맞았다. 그 결과로 소련이 미국보다 먼저 인류 최초의 인공위성 '스푸트니크'를 지구 궤도에 투입할 수 있는 로켓 개발을 성공한 것이다. 어떻게 소련은 불리한 초기 조건에도 불구하고 상황을 역전시킬 수 있었을까? 이제 그 비밀을 한번 파헤쳐 보자.

인류 최초의 인공위성을 지구 궤도 투입에 성공한 소련

소련은 지금의 러시아, 우크라이나, 벨라루스, 발트 3국(에스토니아, 라트비아, 리투아니아), 코카서스 3국(아제르바이잔, 아르메니아, 조지아), 중앙아시아국가(카자흐스탄, 우즈베키스탄, 키르기즈스탄, 타지키스탄 등) 등을 모두 포함했던 소비에트 연방공화국의 약어다. 당시 소련은 광대한 영토와 함께 다양한 민족들이 어울려 살고 있었다. 제2차 세계대전에서 연합군의 편에서 한 축을 담당하던 소련은 우크라이나를 넘어 모스크바로 진격하던 나치 독일의 군대를 스탈린그라드(지금의 볼고그라드) 인근의 전투에서 치열한 공방전 끝에 격퇴하면서 연합군이 전쟁의 승기를 잡는 데 결정적 공헌을 한다.

1945년 2월 얄타 회담에서 독일 영토의 동부지역과 수도 베를린의 동쪽 지역에 대한 통치권을 보장받은 소련은 독일이 두 번 다시 전쟁을 일으킬 생각조차 하지 못하도록 1930년대 수준의 농업 국가로 만든다는 합의된 명분 아래 독일 내 중공업 시설과 설비를 자국으로 이전하기 시작했다. 한편으로는 1946년부터 오소아비아힘 작전을 펼쳐서 V-2 로켓 하드웨어와 기술 사료, 로켓과학자와 기술자 등도 소련으로 이송했다. 다만 미국에 비해 약 1년 정도 늦게 시작했기 때문에, 상대적으로 낮은 등급의 기술 자료와 로켓과학자들을 데려올 수밖에 없었다. 하지만 놀랍게도 미국보다 먼저 V-2 로켓에 기반한 우주발사체

(로켓) R-7을 개발하여 인류 최초의 인공위성 '스푸트니크-1'을 지구 궤도에 투입하는 놀라운 성과를 보여준다. 이제 그 성과의 비밀을 살펴보자.

1) 소련의 독자적인 로켓연구소 RNII

소련 로켓과학자들은 독일의 V-2 로켓 관련 기술을 갖고 오기 전부터 모스크바와 레닌그라드(지금의 상트페테르부르크)에 있는 연구소 중심으로 자체적인 로켓 개발을 시작했다. 제일 먼저 로켓연구를 시작한 곳은 1921년 레닌그라드에 설립된 기체역학연구소GDL, Gas Dynamics Laboratory다. 설립 초기 GDL은 로켓 관련 연구는 없었으나, 1929년 로켓엔진 기반의 우주여행을 주제로 학위 논문을 발표한 발렌틴 글루시코Valentin Glushko가 GDL에서 근무를 시작하면서 본격적으로 액체로켓엔진 연구를 시작한다. 1933년에는 GDL에 근무하는 연구원을 최대 200명까지 늘리면서 소련 최초의 액체 추진제를 사용하는 엔진인 ORM(시험용 로켓 모터)-1 개발을 시작으로 다양한 액체로켓엔진 개발까지 성공한다.

레닌그라드의 라이벌 도시이자 소련의 수도 모스크바에서는 1931년 반작용연구그룹GIRD, Group for the Study of Reactive Motion이 설립된다. GIRD도 설립 초기에는 로켓연구를 하지 않았으나, 중앙공력연구소Tsentralny Aerogidrodinamichesky Institut, TsAGI에서 근무하던 세르게이 코롤료프Sergei Korolev가 GIRD에 합류하면서부터 본격적으로 로켓연구를 진행하여, 소련 최초의 하이브리드 추진제 로켓 GIRD-09 개발과 소련 최초의 액체추진제 로켓인 GIRD-X 개발까지 성공한다.

소련의 GDL과 GIRD가 가시적인 로켓 개발 성과를 낼 수 있었던 가장 큰 이유는 소련 정부의 지속적인 예산 지원 덕분이었다. 그 결과로 소련 정부는 로켓의 군사적 활용 가능성을 인지하기에 이르렀고, 로켓연구의 효율성과 조직 운영의 편리성을 위하여 소련 정부는 레닌그라드의 GDL과 모스크바의 GIRD에 하나의 조직으로 통합할 것을 요구하기 시작했다. 거의 모든 예산을 정부자금으로 로켓 개발을 하고 있었던 GDL과 GIRD는 정부의 요구를 받아들일 수밖에 없었다.

  1933년 9월 모스크바에 반작용과학연구소Reactive Scientific Research Institute, RNII가 만들어지고, GDL과 GIRD는 통합된다. 이후 소련 로켓에 관한 모든 연구는 RNII에서 총괄 주도하면서 다양한 액체로켓엔진 개발뿐만 아니라 군사적인 목적의 크루즈미사일용 엔진, 나치 독일의 침략에 대응하기 위한 다중 로켓 발사기 개발까지 주도한다. 하지만 1937년 소련의 독재자 스탈린의 대숙청* 기간 중 RNII에서 액체로켓엔진과 로켓연구를 주도하던 글루시코, 코롤료프 등을 포함한 상당수의 로켓과학자가 반국가행위로 의심받아 체포되어 감옥으로 가거나 강제노역으로 타지로 보내지면서 로켓연구는 거의 중단되고 말았다. 다행히 발렌틴 글루시코와 세르게이 코롤료프는 여러 사람의 도움으로 사면 복권되어 항공기용 엔진 연구 등을 다시 진행하게 되었지만, 1939년 이후부터 제2차 세계대전이 끝날 때까지 소련의 로켓연구개발

---

* 소련 공산당 서기장 스탈린이 1937년부터 1938년까지 저지른 정치적 탄압과 박해사건. 공식적으로는 반혁명분자, 적으로 의심받은 사람을 기소하는 것이었으나, 실질적으로는 스탈린의 정치적 정적과 독재에 불만을 품고 전복하려는 사람을 제거함. 나치 독일의 공작원이나 정보원을 색출하는 것이라고 선전하기도 했으나 군대 장성, 고위 정치인이 주요 대상이었고, 심지어 부유한 농민, 전문직 종사자도 숙청 대상이었음. 전체적인 통계로 살펴보면 공식적으로는 68만 명 이상, 비공식적으로는 120만 명이 죽거나 강제노역 중 사망한 것으로 추정하고 있는데, 공식적인 사망자 숫자를 기준으로 산정하더라도 하루 평균 1,000명이 사망한 것임

은 암흑기로 평가되는 것이 일반이다.

연합군이 나치 독일군을 무찌르고 제2차 세계대전의 승전국이 되자, 연합군 편에서 많은 희생을 치르면서 전쟁을 치른 소련은 승전국의 자격을 얻어 당당한 목소리를 낼 수 있었다. 그 대표적인 것 중 하나가 바로 오소아비아힘 작전이었다. 나치 독일의 V-2 로켓을 담당한 로켓과학자와 기술자를 본국으로 데리고 오면서 소련의 로켓 개발은 대전환기를 맞이한다.

---

* 세르게이 코롤료프는 스탈린 대숙청이 한창이던 1938년 발렌틴 글루시코의 고발로 국가자원 낭비라는 죄목으로 징역 10년을 선고받고 시베리아 강제 수용소에 보내짐. 이곳에서 코롤료프는 이빨이 모두 빠지는 등 여러 가지 병에 걸려 건강이 매우 좋지 않았으나, 다행히 8년으로 감형되고 모스크바에 있는 강제 수용소 내 연구소로 이송되어 그곳에서 전투기 개발을 글루시코 등과 함께 연구하게 됨. 다만 후에 코롤료프는 글루시코가 본인을 고발한 사실을 알게 된 뒤 죽을 때까지 불신함

소련 로켓의 아버지이자 탁월한 프로그램 리더, 세르게이 코롤료프

Sergei Korolev, 1907년 1월 12일 ~ 1966년 1월 14일

"해결할 수 없는 문제는 없다."
"There is no such thing as an unsolvable problem"

  소련의 우주 프로그램을 진두지휘한 세르게이 코롤료프는 1907년 1월 소련 키이우(현재 우크라이나) 인근의 지토미르Zhitomir에서 태어났음. 1913년 코롤료프는 에어쇼를 볼 기회가 있었는데, 그때 비행기의 매력에 빠지게 되었음. 학창 시절 코롤료프의 선생님들 기록에 따르면, 코롤료프는 기억력이 좋고, 특히 수학과 작문 등에 소질이 있었다고 함. 1923년 코롤료프는 흑해의 휴양도시 오데사Odesa에서 첫 번째 비행 교육을 받았고, 1924년에는 스스로 K-5라 이름 붙인 글라이더까지 설계함. 이때 그의 나이 17살이었음.

코롤료프는 모스크바 주콥스키 아카데미에서 본격적으로 항공기 공부를 하고 싶었으나, 입학 기준에 미달하여 키이우 공과대학에 입학함. 1924년 9월부터 키이우 공대에서 2년 동안 수학 후, 1926년 7월 모스크바 바우만 기술학교 3학년으로 편입함. 그곳에서 안드레이 투폴레프(Andrey Tupolev(나중에 소련의 Tu 시리즈 항공기를 설계한 설계국 소장)) 교수를 스승으로 모시면서 본격적으로 항공기 설계 공부를 시작함. 졸업 후 잠시 항공기 설계연구소에서 일하기도 했으나, 로켓엔진의 항공기 적용 연구를 위해 1930년부터 모스크바 인근 주콥스키에 위치한 TsAGI(중앙공기유체역학연구소, 짜기)에서 주임 엔지니어로 일하면서 조종사 자격증을 취득하여 개발 중인 TB-3 폭격기를 직접 몰아보면서 항공기가 비행할 수 있는 고도 너머에 대한 궁금증을 품기 시작함. 특히 1931년 코롤료프는 우주여행을 꿈꾸는 로켓과학자 프레드리히 잔데르(Friedrich Zander)와 의기투합하여 모스크바에 GIRD(반작용연구그룹)를 설립하여 리더로 일하며 1933년 11월 소련의 첫 번째 액체 추진 로켓인 GIRD-X 발사까지 성공시킴.

　1930년대 후반 코롤료프는 스탈린 대숙청 기간 중 글루시코의 모함으로 시베리아 강제 노역을 살다가 1940년대 초반에 감형된 뒤 글루시코가 설계한 로켓엔진을 비행기에 적용하는 연구소에서 근무하기 시작함. 다행히 1944년 코롤료프는 '소련 최고 간부회의' 이름으로 방면되면서, 그의 죄는 모두 사라짐.

　제2차 세계대전 승전국의 자격으로 독일의 분할통치 권한을 득한 소련은 V-2 로켓에 대한 정보를 수집하기 위해 1945년 하반기 코롤료프를 포함한 항공전문가들을 독일로 파견함. 코롤료프는 독일 내 남아있던 모든 자료, 설비 등을 소련으로 가지고 1947년 귀국함. 그리고 1947년부터 V-2 로켓의 역설계 모델인 R-1 로켓 개발 책임자로 임명되며 본격적으로 소련의 탄도미사일(로켓) 개발 책임자 역할을 시작함.

2) V-2 로켓의 소련 역설계 생산 로켓(탄도 미사일), R-1과 R-2

1946년 5월 소련 스탈린 정권은 본격적으로 로켓(탄도미사일) 개발을 선언했다. 해당 결의안에 따라 로켓을 전문적으로 연구하는 기관인 과학연구소NII-88(현재는 쯔니마쉬TsNIIMash)이 모스크바 교외에 설립되었다. NII-88은 소련 과학자들로 구성한 특별설계국, 독일에서 데리고 온 V-2 로켓과학자인 헬무트 그뢰트룹Helmut Grottrup이 이끄는 V-2 로켓 역설계국, 그리고 로켓 제작국 등 총 3개의 부서로 구성했다. 각 부서에는 1명의 책임자인 국장을 임명했는데, 특별설계국 국장으로 세르게이 코롤료프가 임명되었다. 그리고 소련의 이 선택은 미국과의 초기 우주 경쟁에서 소련이 지속적으로 승리할 수 있는 신의 한 수가 된다. 역시 인사人事가 만사萬事다.

V-2 로켓 역설계 연구 초기 단계부터 세르게이 코롤료프는 독일에서 가지고 온 V-2 로켓 관련 도면과 로켓 부품을 기초자료로 삼고, 헬무트 그뢰트룹과 그의 동료들을 적극 활용하여 V-2 로켓보다 더 높은 성능의 로켓 개발을 주장했다. 하지만 그 계획은 너무 급진적이었기에 허가를 받을 수 없었다. 그래서 최종 합의한 소련의 로켓 개발 순서는 먼저 독일과 소련 과학자들이 V-2 로켓을 함께 역설계한 뒤 소련 내 갖춰진 로켓 관련 설비와 시설 등을 이용하여 하드웨어를 우선 제작하고, 조립 완료된 로켓을 우주센터에서 발사하여 시험 비행까지 빠르게 진행하여 로켓 개발의 전체 과정을 한번 경험하는 것이었다. 이와 같

---

* 헬무트 그뢰트룹(1912년 2월 12일 ~ 1981년 7월 4일)은 독일의 로켓과학자임. 베르너 폰 브라운과 V-2 로켓 개발에 참여했고, 1946년 오소아비아힘 작전으로 소련에 합류해 5년 동안 세르게이 코롤료프와 함께 소련 로켓 프로그램에 참가. 1953년 12월 다시 서독(2차 세계대전 후 독일은 동독과 서독으로 분단된 상태였음)으로 돌아와 데이터 처리 시스템을 개발하고 컴퓨터 과학의 초기 상업적 응용에 기여함

은 개발 절차로 소련 최초의 장거리 탄도미사일이자 로켓, R-1 개발이 시작되었다.

R-1 로켓은 소련 드네프르Dnepr(현재 우크라이나 드니프로Dnipro)에 위치한 OKB-586 설계국(현재 우크라이나 유즈노예Yuzhnoye 설계국 및 유즈마쉬Yuzhmash 제작소의 통합 조직)에서 설계와 제작을 주도했다. R-1 로켓의 길이는 약 14.6미터, 지름 1.65미터이고, 무게는 대략 13.5톤이다. 1단 하부에 장착되는 액체로켓엔진은 발렌틴 글루시코가 모스크바 힘키Khimki에 설립한 OKB-456 설계국(지금은 러시아 에네르고마쉬Energomash)에서 제작한 RD-100을 장착했다. RD-100은 V-2 로켓엔진처럼 가스발생기 사이클을 기반으로 하고, 추진제로 에탄올과 액체산소를 사용하는 추력 27톤급 엔진이었다. R-1 로켓의 발사는 스탈린그라드(지금은 볼고그라드) 인근에 새롭게 건설한 카푸스틴 야르Kapustin Yar 발사장에서 1947년 가을부터 준비되었다. 발사 준비 착수 후 약 1년 정도 지난 시점인 1948년 9월 V-2 로켓과 거의 흡사한 모습의 소련 최초의 장거리 탄도미사일 R-1이 785킬로그램의 탄두를 싣고 270킬로미터나 떨어진 거리의 목표물을 명중시키면서 소련 로켓 개발의 서막을 알렸다. 그렇다면 미국은? 미국은 소련의 R-1 로케트보다 5년 늦은 1953년이 되

---

* 탄도 미사일(ballistic missile)은 로켓엔진의 힘으로 발사된 뒤 하늘 너머의 우주로 날아가지만, 엔진의 추진제가 모두 소진되면 전체적으로 포물선을 그리면서 다시 지상의 목표지점으로 떨어지는 탄도비행을 함. 이에 반하여 로켓은 특정 궤도(예. 고도 300킬로미터)에 위성을 투입하기 위하여 특정 속도(예. 초속 8킬로미터)에 도달하는 것이 목적임
** 러시아 엔진 이름은 숫자로 되어있는데, 숫자 앞에는 RD라는 인덱스가 있음. 러시아어로 Русский Двигатель, 영어로는 Russian Engine으로 번역함. 편의상 앞 글자만 따서 РД라고 쓰는데, 이를 영어로 바꾸면 RD가 되는 것임
*** 모스크바-드네프르-스탈린그라드는 지도상으로 연결하면 삼각형의 꼭지점에 각각 위치. 각 도시 간의 거리는 약 1,000킬로미터에 달함

어서야 V-2 로켓의 미국 모델인 레드스톤 로켓 발사에 성공한다.

R-1 로켓 개발을 성공한 코롤료프는 결코 여기서 만족하지 않았다. 그에게는 탄도 미사일 개발을 넘어, 우주개발에 대한 원대한 꿈이 있었다. 우선 독일에서 데리고 온 로켓과학자들을 모두 배제한 뒤, 오직 소련 과학자들과 설비를 이용하여 R-1 로켓의 성능을 능가하는 새로운 로켓인 R-2 개발 승인을 소련 정부로부터 이끌어냈다.˙ R-2 로켓의 목표는 탄두 무게는 최대 1톤까지 높이고 사거리는 최대 600킬로미터까지 늘이는 것으로 설정했다.

R-2 로켓 설계는 독일 로켓과학자들의 이주로 기능 축소가 확정된 NII-88 특별설계국에서 독립한 코롤료프의 OKB-1 설계국에서 담당했다. R-2 로켓의 제작은 R-1 로켓을 제작한, 소련 드네프르에 있는 국영제작소인 유즈마쉬에서 진행했다. 소련에서 새롭게 설계하여 제작한 R-2 로켓은 길이 약 17.6미터, 지름 1.65미터, 무게는 약 19.6톤이었다. R-2 로켓 1단에 장착한 엔진은 글루시코의 OKB-456에서 새롭게 만든 엔진인 RD-101이었다. RD-101 엔진도 RD-100 엔진과 마찬가지로 가스발생기 사이클 기반으로 에탄올과 액체산소를 추진제로 사용하며, 추력은 35톤이다. R-2 로켓도 R-1 로켓을 발사한 카푸스틴 야르 발사장에서 발사를 시작했는데, 몇 차례 실패 끝에 1951년 11월 처음으로 발사에 성공한다. 독일의 도움 없이 자체 로켓까지 개발한 소련과 아직 독일에서 갖고 간 V-2 로켓의 복제품도 발사하지 못한 미국 간의 로켓 기술 격차는 더욱 벌어지게 된 것이다.

˙ 독일 과학자들로부터 필요한 정보를 모두 얻어낸 소련은 R-2 로켓 개발 초기부터는 독일 과학자들을 배제하면서 독일 본국으로 돌아갈 것인지, 소련에 머물 것인지에 대한 선택권을 줌. 독일로 돌아가길 원하는 과학자들은 약 1년 반 동안 연구와 떨어져 지내도록 한 뒤 귀국을 허락함

소련 액체로켓엔진의 아버지, 발렌틴 글루시코의 인생 전반기

Valentin Glushko, 1908년 9월 2일 ~ 1989년 1월 10일

"좋은 엔진을 빗자루에 달면, 빗자루도 날 수 있다"
"Even a broomstick will fly if you attach a (good) rocket engine to it"

　러시아 로켓엔진의 아버지, 발렌틴 글루시코는 1908년 9월 2일 우크라이나의 휴양도시 오데사에서 태어났음. 어린 시절 프랑스의 공상과학 소설가 쥘 베른의 『지구에서 달까지』라는 소설을 읽으면서 우주에 대한 꿈을 키우기 시작했음. 1923년 글루시코는 치올콥스키에게 편지를 보낸 적이 있을 정도로 우주에 대한 호기심이 높았음. 오데사 고등학교 시절에는 판금 제작 훈련도 받고, 유압장치 피팅 공장에서 견습공으로 일하면서 배관공 교육까지 받았는데, 이것이 그가 나중에 로켓엔진을 개발하는 데 많은 도움이 되

R-1 로켓 탄도 미사일

었음(액체로켓엔진은 수많은 배관이 구성품 사이를 연결해 추진제를 공급함).

 1929년 21살에 레닌그라드 국립대(현재 상트페테르부르크 종합대학교)에 입학하여 물리학과 수학을 공부했지만 그다지 흥미를 느끼지 못했음. 대신 로켓을 이용한 우주여행에 관한 논문을 발표했고, 그 덕분에 GDL에 취업하여 본격적으로 액체 추진제 엔진과 전기 엔진 관련 연구를 시작함. 그리고 1931년부터는 GIRD와 합병으로 탄생한 모스크바의 RNII에서 연구를 계속함.

 1938년 스탈린 대숙청에 휘말린 글루시코는 8년 형을 선고받지만, 체포된 다른 과학자들과 소련 항공기 및 로켓엔진 연구 프로젝트에 참여하여 연구를 계속할 수 있었음. 1944년 완전히 석방된 글루시코는 1945년 제2차 세계대전 패전국 독일로 파견되어 V-2 로켓의 엔진 관련 자료를 수집한 뒤, 1946년 소련으로 귀국 후 자신의 설계국인 OKB-456(현재의 NPO 에네르고마쉬)의 수석 설계자로서 본격적으로 소련 로켓 역사에 등장함.

 OKB-456 설계국에서는 소련이 독일 과학자들과 함께 역설계한 R-1 로켓

R-2 로켓 탄도 미사일

에 장착한 RD-100 엔진을 필두로 소련 자체 로켓인 R-2용 엔진인 RD-101부터 R-5 로켓용 엔진인 RD-103까지 설계와 제작을 담당함. 더 무거운 페이로드를 탑재할 R-7 로켓을 위하여 높은 추력을 원하는 코롤료프의 요구에 따라 개발한 RD-105 엔진 개발이 실패하면서 다음 엔진인 RD-107과 RD-108 엔진은 설계만 담당하게 됨. 이때부터 연료를 둘러싼 갈등이 본격화되었음. 코롤료프는 무독성의 케로신을, 글루시코는 독성이 있으나 상온에서 보관이 가능한 추진제를 각각 선호했기 때문임.

3) 세계 최초의 중거리 탄도미사일, R-5 로켓

　소련의 스탈린 정부는 지금까지 개발한 로켓, 즉 탄도 미사일의 사거리를 대서양 너머에 있는 미국까지 날아갈 수 있도록 늘리고 싶었다. 즉 스탈린은 대륙간 탄도미사일Inter-Continental Ballistic Missile, 이후 ICBM을 원했다. 하지만 1953년 3월 스탈린이 죽으면서 그는 끝내 ICBM의 완성을 볼 수 없었다. 스탈린 사후 소련 공산당 내부에는 권력 투쟁이 촉발되었고, 이 투쟁 끝에 니키타 흐루쇼프Nikita Khrushchyov가 소련의 새 서기장 자리에 올랐다. 흐루쇼프도 스탈린의 정책을 이어받아 재래식 무기 대신, 미사일에 의존하는 국방정책을 더욱 공고히 하길 원했다. 덕분에 소련의 로켓 개발은 계속해서 전폭적인 정부 지원을 받을 수 있었다.

　소련의 로켓 개발 총괄 책임자 세르게이 코롤료프는 ICBM 개발을 위해서는 기존보다 강력한 1단 액체로켓엔진이 필요하다는 것을 명확하게 알고 있었다. 그래서 엔진의 연료를 에탄올보다 높은 열량을 가지고 있는 케로신으로 바꿀 것을 제안했다. 새로운 엔진에 맞는 새로운 로켓인 R-3 개발도 착수했다. 하지만 안타깝게도 당시 소련의 기술력으로는 고성능 엔진을 제작하는 것이 불가능했다. 고성능 엔진 제작을 위해서는 높은 열과 압력에 견딜 수 있는 새로운 소재로 로켓엔진을 제작할 필요가 있었는데, 1950년대 초반에는 재료 기술이 여전히 부족했기 때문이다. 그래서 다시 에탄올을 연료로 사용하는 엔진을 1단에 장착하는 중거리 탄도미사일Medium Range Ballistic Missile, 이하 MRBM인 R-5 로켓 개발로 방향을 전환한다.

　R-5 로켓의 전체적인 설계는 코롤료프의 OKB-1 설계국에서 주도하였고, 제작은 유즈마쉬에서 진행했다. 1단 엔진은 글루시코의 OKB-

그림 3-1 | R-5 로켓 탄도 미사일

456에서 새롭게 만든 엔진인 RD-103을 장착했다. 기존의 R-2 로켓에 사용한 RD-101 엔진은 추력 35톤이었는데, RD-103 엔진은 추력을 43톤까지 높인 것이 특징이다. 이 덕분에 높이 20.7미터, 지름 1.65미터, 무게 29톤의 거대한 크기의 R-5 로켓이 탄생한 것이다. R-5 로켓은 1956년 5월 최대 1.5톤의 탄두를 싣고서 1,200킬로미터 거리에 있는 목표물을 명중시키는 시험을 성공적으로 완료했다. 또한 같은 달에 핵탄두를 탑재할 수 있는 R-5M 로켓도 발사 성공했다. 이로써 소련은 본격적인 핵탄두 미사일을 실전에 배치하기 시작했다.

R-5 로켓은 R-5A라는 과학 로켓으로도 개발하였는데, 1958년 2월부터 4차례에 걸쳐 고도 400킬로미터까지 우주개space dog를 탑승시켜 9분 동안의 무중력 실험까지 진행했다. 바로 뒤에 설명하겠지만, 인류 최초의 인공위성 '스푸트니크Sputnik-1'을 실은 R-7 로켓이 1957년 10월 발사에 성공했기 때문에 그 후속으로 사람을 우주에 보내는 프로젝트의 선행 사업으로 R-5A 로켓을 이용하여 미리 실험한 것이다.

4) 세계 최초의 대륙간 탄도미사일, R-7 세묘르카

로켓 성능의 90퍼센트를 결정하는 것은 로켓 1단 하부에 장착하는 엔진이다. 오죽하면 OKB-456을 설립한 발렌틴 글루시코가 '만약 벽(담장)이 로켓엔진에 걸려도, 벽은 로켓과 함께 날아간다!'라는 명언을 남길 정도로 소련에서는 로켓엔진의 중요성을 일찌감치 인지하고 있었다. 지금부터 설명할 소련 최초의 ICBM이자 우주발사체인 R-7 로켓, 일명 세묘르카Semyorka는 70년이 지난 지금도 러시아에서 소유즈 로켓이라는 이름으로 발사하고 있을 정도다. 그만큼 인류 로켓 개발사에서 유래가 없을 정도로 압도적인 명품이라 할 수 있다.˙ 그리고 명품 로켓 R-7 세묘르카 로켓에는 명품 엔진 RD-107과 RD-108이 장착되어 있다.

소련의 우주개발 프로그램을 책임지고 있던 세르게이 코롤료프는 R-5 개발 초기부터 액체로켓엔진 전문가들에게 케로신을 연료로 사용하는 강력한 엔진 개발을 요구했지만, 이를 쉽게 만들 수는 없었다. 여기서 '강력한 엔진'의 의미는 이전보다 더 많은 탄두를 싣고서 더 멀리 날아갈 수 있는 로켓으로 만들어 줄 수 있는 신형 엔진을 의미한다. 특히 서방으로부터 몰래 가져온 기술을 토대로 소련에서 직접 개발을 완료한 핵탄두의 경우 서방의 핵탄두에 비하여 중량이 무거웠기 때문에, 핵탄두를 탑재할 수 있는 ICBM은 힘이 센 엔진, 전문적인 용어로는 추력thrust과 비추력specific impulse이 모두 높은 엔진이 필요했다. 그래서 R-7 로켓용 엔진 개발은 무조건 케로신을 연료로 사용하는 것을 최우선 과제로 삼았다.

˙ R-7 세묘르카는 러시아어로는 Р-7 Семёрка(세묘르카)임. 러시아어로 숫자 7이 Семь(셈)인데, 구어로 말할 때 숫자 뒤에 '카'를 붙여서 '세묘르카'라고 말하기도 함

글루시코의 OKB-456에서는 신형 엔진 RD-105를 설계했다. R-5 로켓에 장착했던 RD-103 엔진은 추력 43톤이었는데, RD-105는 64톤까지 높였으며, 비추력(진공)도 302초까지 향상시켰다. 하지만 이 엔진은 연소시험 중에 발생한 연소기 연소 불안정 문제를 끝내 해결하지 못하여 개발에 실패하고 말았다. 액체로켓엔진의 구성품인 연소기의 연소 불안정성은 결코 계산으로 예측할 수가 없어서 실제로 연소기 연소시험을 통해서만 해당 현상을 확인할 수 있다. 연소 불안정이 일어난 연소기는 연소기 내부에서 추진제가 분사되는 분사기injector의 형태를 바꾸거나 분사기를 그룹으로 나누는 배플baffle을 추가로 설치하여 다시 연소시험을 진행하면서 문제를 해결할 수밖에 없다. 따라서 액체로켓엔진의 연소 불안정은 해결될 수도, 안될 수도 있는 것이다. 그래서 로켓의 엔진 개발은 신의 영역에 도전하는 것이라고 흔히들 말하는 것이다. 안타깝게도 RD-105 엔진 개발에서는 연소기 연소 불안정 문제를 끝끝내 해결하지 못하였고, 개발 프로젝트는 취소되었다.

비록 RD-105 엔진 개발에는 실패했으나, 케로신을 연료로 사용하는 엔진 개발을 포기할 코롤료프와 글루시코가 아니지 않은가. 이들은 R-7 로켓에 맞는 새로운 RD-107 엔진 개발을 시작했다. 엔진의 설계

---

* 추력은 엔진이 내뿜는 힘으로, 추력 64톤 엔진으로는 대략 중량 53.3톤의 로켓까지 발사할 수 있음. 왜냐하면 실제로 로켓이 이륙하기 위해서는 로켓 중량의 최소 1.2배의 추력이 필요. 비추력(Specific Impulse)이란, 항공/우주 분야에서 어떠한 엔진이 얼마나 효율이 좋은지 나타내는 지표임. 즉 단위 질량의 추진제로 단위 추력을 몇초동안 발생시킬 수 있는가를 나타내는 지표로 단위는 초(s)를 사용. 이는 엔진이 연소할 때 노즐로 배출하는 배기가스의 속도로 생각할 수도 있음. 단 중력가속도를 곱해야 함. 그래서 302초의 비추력은 초속 2,959.6미터임. 결국 비추력이 높다는 것은 배기가스 속도가 빠르며, 이는 같은 양의 추진제를 연소시켰을 때 비추력이 높은 엔진을 장착한 로켓이 더 멀리 날아갈 수 있음을 의미함

그림 3-2 | RD-107 엔진

는 글루시코의 OKB-456에서 맡았지만, 제작은 모스크바에서 동쪽으로 1,000킬로미터 떨어진 사마라의 항공기 엔진 제작회사 쿠즈네초프Kuznetsov에서 담당했다. 성공적으로 개발을 완료한 RD-107 엔진 성능은 추력 100톤, 연소압 58.8바, 비추력(진공) 313초을 달성했는데, 감히 다른 나라에서는 흉내조차 낼 수 없을 정도로 초고성능 엔진이었다. RD-107 엔진에 적용한 사이클은 V-2 엔진처럼 과산화수소에 촉매제를 사용하여 발생한 기체로 터보펌프를 구동하는 가스발생기 사이클이었다.

그런데 왜 RD-107 엔진은 RD-105 엔진처럼 케로신을 연료로 사용한 엔진이었음에도 연소 불안정이 발생하지 않았을까? 그 이유는 글루시코의 OKB-456에서 최초 설계를 할 때 100톤의 추력을 낼 수 있는 연소기 1개를 사용하는 대신, 25톤짜리 연소기 4개로 나누어서 100

톤의 추력을 발생하도록 설계한 덕분이었다. 즉 연소기의 크기를 작게 만들어서 연소 불안정을 피하고자 했고, 결과적으로 그 방법이 멋지게 들어맞은 것이다. RD-107 엔진을 기반으로 2단 엔진 RD-108도 개발했는데, 추력을 96톤으로 낮춘 대신에 버니어 엔진을 25톤 연소기 옆에 각각 하나씩, 총 4개 장착한 것이 특징이다(RD-107 엔진에는 버니어 엔진이 2개만 장착되어 있음). R-7 로켓 개발의 가장 큰 난관이었던 1단과 2단 엔진 개발에 성공한 덕분에 로켓의 다른 부분 개발은 일사천리로 진행이 되었고, 1957년 5월 소련 바이코누르 우주센터Baikonur Cosmodrome(현재 카자흐스탄 바이코누르)에서 첫 발사까지 성공한다.

R-7 로켓은 높이 37미터, 1단 하부 지름은 10.3미터다. 1단은 부스터 개념으로 4기의 RD-107 엔진과 추진제 탱크를 동서남북 방향으로 장

그림 3-3 | R-7A ICBM 발사 장면

착했고, 2단은 1단 내부의 코어 개념으로 가운데에 1기의 RD-108 엔진과 추진제 탱크 등으로 동체를 구성하여 장착했다. R-7 로켓은 이륙 시 RD-107와 RD-108이 동시 점화되고, 부스터 분리 후 RD-108이 계속 연소한다. 이러한 방법으로 약 5톤 내외의 탄두를 탑재하고 8,000킬로미터 이상의 거리를 날아가서 목표물을 명중시킬 수 있는 성능을 보유하게 되었다.

참고로 R-7 로켓 기반으로 업그레이드한 소련의 첫 ICBM인 R-7A 로켓은 러시아 본토에서 발사하여 대서양 너머의 미국 본토까지 한 번에 날아가서 명중시킬 수 있는 성능을 1959년 12월 첫 발사에서 보여준다.

5) 인류 최초의 인공위성 스푸트니크, R-7 로켓으로 우주에 가다

인공위성은 러시아어로 '스푸트니크Спутник'라고 한다. 소련에서 제작하여 인류 최초로 지구 궤도에 투입된 인공위성 이름이 바로 '스푸트니크'였기 때문이다. 첫 이름이 고유명사가 된 것이다.

1957년 10월 소련 바이코누르 우주센터에서는 무게 83.6킬로그램, 지름 58센티미터의 '스푸트니크-1' 위성을 탑재한 소련의 R-7 로켓이 조용히 발사되었다. 이때 발사된 R-7 로켓은 탑재한 위성 이름에 따라 'Sputnik 8K71PS'로 지어졌다. 발사 후 고도 215킬로미터에서 초속 8킬로미터의 속도로 궤도에 투입된 '스푸트니크-1' 위성은 96.2분마다 신호를 지상으로 보냈으며, 이 신호를 지상의 수신국에서 성공적으로 수신하면서 공식적으로 소련이 인류 역사상 최초로 인공위성 발사 성공을 인정받게 된다.

소련이 미국보다 먼저 인공위성을 지구 궤도에 성공적으로 투입한 이 사건은 미국인에게 엄청나게 큰 충격을 주었다. 이때 탄생한 단어가 바로 '스푸트니크 쇼크Sputnik shock'다. 소련의 성공은 왜 미국에게 그토록 큰 충격이었을까?

제2차 세계대전 중 미국과 영국은 소련과 함께 연합군을 구성하였고, 소련의 항공 기술 수준을 두 눈으로 확인할 수 있었다. 그 당시 소련의 항공기 제작 수준은 미국에 비하여 상당히 떨어졌다. 그래서 제2차 세계대전 종전 후 미국을 중심으로 한 자본주의와 소련을 중심으로 한 공산주의가 서로 대립하면서 냉전 시대cold war가 시작되었어도 소련의 항공 기술이 미국을 공격할 수 있을 정도가 아님을 확신하였기에 그다지 개의치 않았다.

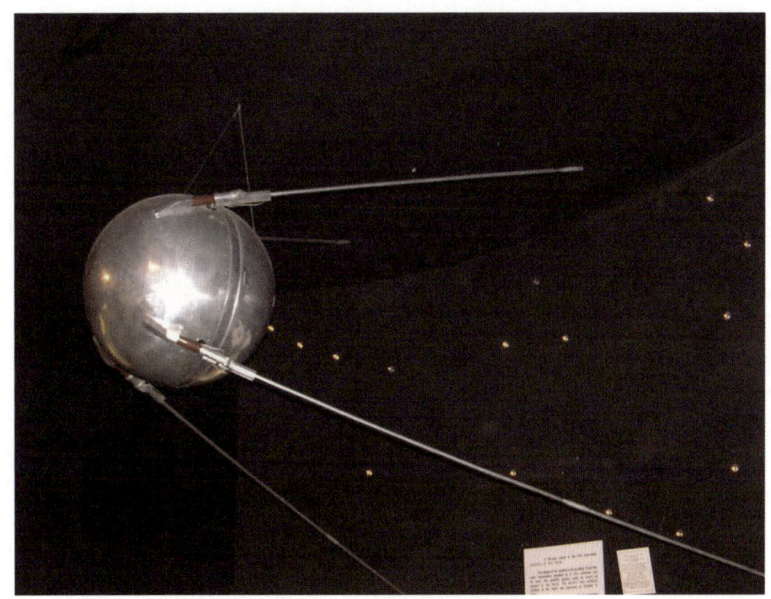

그림 3-4 | 인류 최초의 인공위성 스푸트닉 1

더구나 미국은 1948년 6월부터 1949년 5월까지 이어진 소련의 베를린 봉쇄Berlin blockade 기간 동안 서베를린 시민들에게 막대한 양의 생필품을 이송하는 데 성공한 적이 있다. 이 기간 동안 미국의 수송기들은 공중에서 수송기 간에 150미터 높이를 두고 4단으로 무리를 지어 비행하며 서베를린 공항에 성공적으로 물자 공급을 하였고, 이를 통해 소련의 도시 봉쇄가 압도적인 공군력을 보유한 국가 앞에서는 무용지물임을 몸소 증명한 것이다.

하지만 우주개발 분야에서 소련이 미국보다 먼저 R-7 로켓을 개발하여 '스푸트니크-1' 인공위성까지 지구 궤도에 성공적으로 투입했다는 소식이 전해지자, 미국은 처음에는 도저히 믿을 수 없었다. 특히 소련이 인공위성을 이용하여 우주에서 미국 본토로 군사적 공격을 감행한다면 미국 내에서는 이를 막을 수 있는 수단이 전혀 없다는 사실에 미국은 크게 근심하기 시작했다. 결국 미국 본토의 안전 문제에 대한 근심으로부터 미국과 소련 간에는 우주 경쟁, 즉 스페이스 레이스space race가 본격적으로 촉발되기 시작했다.

시작은 화려했으나, 결국 소련에 훨씬 뒤처지는 미국의 로켓 개발

미국은 1941년 대서양 너머에 있는 유럽까지 날아와 영국, 프랑스 등 연합군과 합세하여 제2차 세계대전에 참전하여 결국 나치 독일의 항복을 받아냈다. 전쟁 승전국의 특혜로 나치 독일이 발사하지 못하고 지하 창고에서 보관 중이던 V-2 로켓 100기 이상을 찾아내 미국으로 이송했다. 특히 미국 정부는 나치 독일을 위하여 일했던 부역자임에도 불구하고 능력이 뛰어난 과학자들을 접촉하여 미국으로 이송하는 페이퍼클립 작전을 진행했다. 그 결과 V-2 로켓의 아버지인 베르너 폰 브라운을 포함한 다양한 분야의 과학자들을 미국으로 데리고 올 수 있었다. V-2 로켓 개발 헤리티지heritage 확보 관점에서 보면, 미국은 분명 소련보다 로켓 개발을 시작하기에는 훨씬 좋은 조건에 있었음은 분명하다. 하지만 아무리 좋은 참고서가 많고 좋은 선생님이 곁에 있다고 해도 적절하게 활용하지 못하면 좋은 시험 결과를 얻을 수 없는 것처럼, 미국의 초기 로켓 개발도 그러했다. 세계에서 제일 먼저 액체로켓 엔진을 개발한 로버트 고더드의 나라, 미국은 왜 1차 우주 경쟁에서 소련에 뒤쳐지게 되었을까? 미국의 로켓 개발 초기 이야기를 살펴보자.

1) V-2 로켓의 미국 자체 역설계 로켓, RTV-A-2 Hiroc

미국은 제2차 세계대전을 통하여 소련의 공군력이 미 공군과 비교했을 때 어느 정도 뒤떨어진다는 사실을 확인했다. 비록 소련이 승전국으로서 독일의 비행기 제작 기술자와 설비를 이용하여 본국에서 새로운 항공기를 만든다고 하더라도 소련에서 출발하여 미국 본토까지 날아와서 폭격한 뒤 다시 소련으로 되돌아가는 성능을 보유한 항공기는 만들기 어려울 것으로 판단했다. 다만 미국이 한가지 확실히 염려하고 있었던 것은 소련으로 넘어간 독일 V-2 로켓 기술이었다. 소련도 오소아비아힘 작전을 통하여 V-2 개발 로켓과학자와 기술자뿐만 아니라 로켓 관련 시설까지 본국으로 이송했으므로, 이를 이용하여 소련에서 발사하여 미국 본토까지 무인으로 날아가 폭격할 수 있는 ICBM 개발에 성공한다면 이는 미국 안보에 심각한 위기가 될 것이 자명했다. 그래서 미국 정부는 자국 방어를 위하여, 즉 소련이 ICBM을 갖고 있더라도 미국 또한 ICBM을 보유하고 있다면 미국으로 발사하지는 못할 것이란 생각에, 본격적인 ICBM 개발을 착수했다. 다만 그 방법이 소련과는 사뭇 달랐다.

1946년 미 공군은 컨베어$_{Convair}$라는 회사와 ICBM 개발 계약체결을 한다. 프로젝트 이름은 MX-774, 로켓 이름은 RTV-A-2 Hiroc$_{High\text{-}altitude\ Rocket}$. 이때 미 공군은 큰 실수를 저지르는데, 독일에서 데리고 온 V-2 로켓과학자들의 도움 없이 자체적으로 프로젝트를 시작한 것이다. 이와 같은 판단을 한 이유는 여러 가지가 있겠지만, 독일에서 가지고 온 V-2 로켓 부품, 도면 등이 충분히 있었기 때문에 V-2 로켓과 유사한 로켓을 만드는 것은 전혀 문제가 없다고 판단했을 수 있다.*

충분한 기술 자료와 부품 덕분에 컨베어는 빠른 기간 내 높이 9.6미터, 지름 0.76미터의 Hiroc 로켓(미사일) 3기를 제작할 수 있었다. Hiroc 로켓에 장착된 엔진은 V-2 로켓엔진을 기반으로 미국의 리액션 모터$_{Reaction\ Motors}$에서 제작했는데, 추력이 0.9톤인 엔진 4기를 클러

---

* 1945년 여름 독일에서 미국으로 건너온 V-2 과학자들은 미 육군과 체결한 근로 계약에 따라 메릴랜드주 애버딘의 성능 시험장에서 V-2 관련 기술문서 정리를 시작함

스터링하여 총 3.6톤 정도의 추력만 발생시킬 수 있을 정도로 힘이 약했다. 추진제는 당연히 V-2 엔진과 똑같이 알코올과 액체산소를 사용했다. 결과적으로 1946년에 발사한 3기의 Hiroc 로켓은 모두 목표 성능에 도달하지 못했고, 해당 프로젝트는 대규모 예산 삭감으로 1947년에 중단될 수밖에 없었다.

1948년 컨베어는 미 정부에 Hiroc 로켓 프로젝트를 위한 예산을 재신청한다. 하지만 미 정부는 공군의 Hiroc 로켓 프로젝트 대신에 해군의 바이킹Viking 로켓(미사일) 프로젝트 예산을 지원하기로 결정했다. 이유는 바이킹 로켓이 더 뛰어난 성능과 결과를 보여줬기 때문이었다. 다만 여기서 우리는 미국 정부의 로켓 개발 정책을 확인할 수 있다. 로켓 개발 초기에 하나의 전담 조직을 만들어서 집중적으로 예산을 투자하여 로켓을 개발하는 정책을 취했던 소련과 달리, 미국 정부는 공군은 물론 해군, 육군까지 각자 독자적인 로켓 개발 프로젝트를 추진하며, 서로 경쟁하도록 유도하여 더 나은 결과를 도출하는 곳에 예산을 지원하는 정책을 펼쳤다. 하지만 결과적으로 미국의 초기 우주개발 정책은 틀린 것이었으며, 이러한 산발적인 정책으로 인하여 미국은 스푸트니크 쇼크를 당하게 된다. 물론 이를 타개하기 위하여 미국 정부는 정부 조직 내 우주개발 전담 기구인 NASA를 설립하기에 이르지만, NASA가 발족하는 1958년까지는 끊임없는 우주개발 주도권 싸움이 지속된다.

---

* 미 정부로부터 추가적인 예산 지원을 못 받았던 컨베어는 미국 정부의 푸대접에도 불구하고 로켓 개발 팀을 해체하지 않고 유지했고, 이는 결국 미국 최초의 ICBM이 되는 B-65/SM-65 아틀라스 로켓 개발 성공을 만드는 기틀이 되었음. 아무리 어려운 기술개발이라도 포기하지 않고 끊임없이 투자하고 연구한다면 결국은 달성할 수 있는 것임

2) 베르너 폰 브라운이 미국에서
   참여한 첫 번째 프로젝트, 에르메스

　1944년 11월 제2차 세계대전 중 독일이 V-2 로켓을 영국 런던으로 발사한 지 3개월이 지난 시점에 미 육군은 V-2 로켓에 맞설 수 있는 로켓, 즉 장거리 미사일을 개발할 목적으로 에르메스Hermes 프로젝트를 시작했다. 미 육군 병기부대ordnance corp가 제너럴 일렉트릭General Electric, GE과 계약을 체결했는데, 미사일 테스트는 텍사스주 화이트샌즈White Sands의 성능 시험장proving ground에서 진행하는 것으로 되어 있었다.

　1945년 여름 제2차 세계대전의 승리로 미국은 독일에서 약 100기의 V-2 로켓을 제작할 수 있는 부품을 화이트샌즈 성능 시험장으로 이송했는데, 그 양이 열차 객차로 약 300대 분량이었다. 독일에서 V-2 로켓 부품이 도착함에 따라 에르메스 프로젝트의 목적도 갑작스럽게 바뀌게 되었다. 즉 기존에는 V-2 로켓에 맞먹는 새로운 미사일을 개발하는 것이었는데, 새로운 계약 내용은 V-2 로켓 부품을 수리 후 조립하여 V-2 로켓을 미국 영토 내에서 발사하는 것으로 변경되었다. 또한 탄두를 장착하는 미사일 개발이 아닌, 특정 고도까지 로켓이 올라갈 수 있는지 성능을 확인하는 과학 로켓 개발이었다.

　에르메스 프로젝트의 목적이 미국 영토 내에서 독일에서 가지고 온 부품을 이용하여 V-2 로켓을 발사하는 것으로 변경됨에 따라 베르너 폰 브라운과 그의 동료들도 미국 동부에서 미국 남부 텍사스주 엘파소El Paso 인근의 화이트샌즈에 위치한 성능 시험장으로 옮길 수밖에 없었다. 독일에서 태어나고 자란 로켓과학자들에게 사막 인근에서의 근무는 낯선 환경으로 인하여 무척 견디기 힘든 시간이었다.

에르메스 프로젝트로 재조립된 V-2 로켓의 첫 발사는 1946년 4월 이었는데, 그때 도달한 고도는 고작 5킬로미터였다. 그래도 12월에 진행한 V-2 로켓의 17번째 발사에서 최대 고도 183킬로미터까지 도달했다. 에르메스 프로젝트라는 이름으로 미국 영토 내에서 마지막으로 발사한 V-2 로켓은 1951년 10월에 발사되었고, 그것이 58번째 발사였다. 미 육군은 에르메스 프로젝트를 통하여 로켓 제작 및 발사와 관련한 전체 과정에 대한 경험할 수 있었던 것이 가장 큰 수확이었다.

에르메스 프로젝트의 초기 목표 중에는 이동 차량에서 램제트 ramjet 엔진을 사용하는 순항 미사일을 개발하는 에르메스 B가 포함되어 있었다. 곧 V-2 엔진 부품이 화이트샌즈에 도착하자 에르메스 프로젝트는 V-2 로켓을 재조립하여 발사하는 1단계와 이동 차량에서 발사할 수 있는 램제트 엔진을 사용하는 순항 미사일을 개발하는 2단계로 전체적인 목표가 수정되었다. 이에 따라 에르메스 B는 에르메스 II로 이름이 변경되었고, 1945년 12월, 에르메스 II 순항 미사일 개발은 베르너 폰 브라운과 그의 동료들에게 할당되게 되었다. 하지만 폰 브라운과 그의 동료들은 램제트 엔진을 개발한 경험이 없었다. 이는 세계적인 장거리 육상 선수에게 높이뛰기를 해보라는 것과 비슷하다고 할 수 있다. 그래도 그와 그의 동료들은 1946년 1월 설계안을 담당 소장에 제출할 정도로 열심히 개발에 임했다. 특히 에르메스 II 개발이 한창일 때는 125명의 독일 로켓과학자, 400명의 군 관계자, 175명의 GE

---

* 램제트 엔진은 로켓용 엔진이 아닌, 마하 2부터 5까지 속도 구간에서 사용이 최적화된 극초음속 항공기 혹은 미사일을 위한 엔진임. 로켓엔진과 가장 큰 차이는 산소(산화제)를 동체에서 보관하던 탱크에서 공급받는 것이 아닌, 비행 중 흡수하는 공기를 압축하여 연료를 혼합하여 연소하기 때문에, 외부 공기가 희박한 곳에서는 사용이 불가함

연구원 등 총 800명 이상이 근무할 정도였다. 에르메스 II 순항 미사일은 1947년 5월 첫 발사를 시작으로 1950년 11월 마지막 발사까지 개발했으나, 목표 달성에 실패하고, 결국 1953년 프로젝트는 폐기되었다.

그렇다면 베르너 폰 브라운과 그의 동료들도 에르메스 프로젝트를 끝까지 참여했을까? 아니다! 1950년 6월 한반도에서 한국 전쟁 발발 후 얼마 지나지 않아 한국 전쟁에 참가하는 미 육군에게 맞는 무기 개발을 위해 이들은 알라바마주 헌츠빌Huntsville에 있는 미 육군 탄도미사일국US Army Ballistic Missile Agency, ABMA 레드스톤 병기창Redstone arsenal으로 이동 명령을 받게 된다.

3) 베르너 폰 브라운이 미국에서
만든 첫 번째 로켓, 레드스톤

ABMA 레드스톤 병기창에서 베르너 폰 브라운과 그의 팀에게 할당한 첫 번째 임무는 이동식 발사대에서 발사할 수 있는 사거리 300킬로미터의 미사일 개발이었고, 프로젝트 이름은 레드스톤Redstone이었다. 원래 레드스톤 미사일 개발 계획은 미국 GE 주도로 사거리 3,000킬로미터 이상을 날아갈 수 있는 미사일을 개발하는 것이었다. 하지만 잇단 개발 실패와 미 육군의 한국전 참전으로 인하여 한국 지형에 맞는 기술 요구사항으로 개발 목적이 변경되면서 목표가 축소된 것이다.

1953년 8월 폰 브라운 주도로 개발한 레드스톤(정식 이름은 PGM-11 Redstone) 미사일의 발사가 처음으로 성공했다. 독일 V-2 로켓 기반으로 미국 크라이슬러Chrysler에서 제작한 레드스톤 로켓은 높이 21.1미터, 지름 1.8미터의 크기로 최대 323.5킬로미터까지 날아갈 수 있었다. 레드스톤 로켓 하부에 장착한 엔진은 노스 아메리칸 항공North American Aviation의 자회사인 로켓다인Rocketdyne Division에서 제작한 추력 34톤의 A-7 엔진을 사용했다. 가스발생기 사이클 기반으로 액체산소와 알코올(물 25퍼센트 포함)의 혼합물을 사용했는데, V-2 로켓에서 사용한 것과 매우 유사했다.*

우리에게는 매우 가슴 아픈 역사인 한국 전쟁은 독일에서 미국으로 온 베르너 폰 브라운과 그의 팀에게 미국 로켓 개발에서 주도적으로 레드스톤 미사일(로켓) 개발을 할 기회를 줬다.** 그리고 폰 브라운은 그

---

* 나중에 레드스톤 로켓의 추진제는 액체산소와 하이딘(Hydyne: 60%의 UDMH (Unsymmetrical DiMethylHydrazine) 과 40%의 DETA (DiEthyleneTriAmine)로 구성)으로 바뀜
** 한국 전쟁은 북한이 소련으로부터 탱크 같은 전쟁 무기를 지원받지 못했다면 결코

역할을 멋지게 수행하면서 다시 미국 로켓 개발사의 변방에서 중심으로 진입하게 된다.

그림 3-5 | PGM-11 Redstone 로켓

일어나지 못했을 것임. 따라서 소련의 무기 지원 속에서 북한이 휴전선을 넘어 남한 매우 가슴 아픈 같은 민족 간의 전쟁이었다는 것에 이의를 제기할 수 없음. 다만 한국 전쟁으로 미국 망명 후 자리를 잡지 못하여 로켓 개발의 변방에 머물던 독일 로켓과학자들에게는 미국 로켓 개발의 중심으로 진입할 수 있는 계기를 마련해주었음

4) 미국 최초의 과학 로켓, 주피터-C

레드스톤 미사일 개발에 성공한 폰 브라운과 그의 팀은 1954년부터 중거리 탄도미사일 주피터Jupiter-A 개발에 착수한다. 주피터-A는 레드스톤 로켓에서 파생된 첫 번째 프로젝트였다. 하지만 미 육군과 폰 브라운 주도로 개발을 시작한 주피터-A 미사일은 시작부터 미 공군의 비난과 갈등에 직면한다. 주피터-A는 실험용 탄도미사일이었지만, 후속 계획된 실전형 주피터(MRBM)의 사거리가 약 2,400킬로미터에 달했기에, 미 공군이 개발 중이던 중거리 미사일 '토르Thor'와 영역이 겹친다고 공군이 강하게 반발했다. 결국 미 정부는 갈등 중재에 나섰고, 1957년 초 주피터-A 미사일 개발은 미 육군이 아닌, 미 공군이 주도해야 한다고 결론을 내렸다. 결국 주피터-A 미사일은 PGM-19 주피터로 프로젝트 이름이 변경되면서 관리 주체도 미 공군으로 변경된다.

미 공군의 간섭 속에서도 미 육군과 폰 브라운은 레드스톤 로켓의 두 번째 파생 모델인 주피터-C 로켓 개발을 진행했다. 그리고 1956년 9월 발사에 성공한다. 주피터-C는 미사일이 아닌, 과학 로켓으로 개발되었다. 주피터-C 로켓은 총 3단으로 구성되었는데 높이 21.3미터, 지름 1.8미터였다. 엔진을 제외한 로켓 동체 제작은 크라이슬러가 담당했다. 주피터-C 로켓의 1단 엔진은 로켓다인에서 레드스톤 로켓의 1단에 장착했던 A-7 엔진의 추력을 기존의 34톤에서 43.3톤으로 업그레이드하여 제작한 엔진을 장착했다. 2단과 3단 엔진은 제트추진연구소JPL에서 제작한 고체로켓엔진을 장착했다. 주피터-C 로켓은 총 3기가 제작되어 발사되었는데, 발사를 통하여 항법 시스템의 성능 검증 등을 진행했다.

5) 미국 최초의 인공위성 익스플로러 1, 주노-1 로켓으로 우주에 가다

1957년 10월 소련은 R-7 로켓에 탑재된 인공위성 '스푸트니크-1'이 성공적으로 지구 궤도에 투입됐다고 발표했다. 이 소식은 미국에서 '스푸트니크 쇼크'라고 부를 정도로 그 충격의 정도가 컸다고 알려졌지만, 실제로 당시 미국 대통령 아이젠하워Dwight D. Eisenhower는 크게 신경 쓰지 않았다고 한다. 왜냐하면 미국 정부는 소련의 R-7 로켓이 ICBM으로 사용될 수 없는 성능이라고 판단했기 때문이다. 대신 미국 정부는 해군에서 마틴Martin Company과의 계약을 통하여 개발 중이던 뱅가드Vanguard 프로젝트를 집중적으로 지원하고 있었다. 하지만 미국 내 시민과 정치권은 소련의 우주개발 성과에 대한 미 정부의 안일한 대응에 점점 더 소리 높여 불만을 표출했다. 특히 소련이 1957년 11월 무게가 502킬로그램이나 되는 캡슐 속에 강아지 '라이카'를 탑승시킨 '스푸트니크-2' 발사까지 성공시키자 미국 언론의 아이젠하워 정부를 향한 우주개발 압박은 상상을 초월하게 된다. 이를 타개하기 위하여 미국 아이젠하워 정부는 해군이 주도하던 뱅가드 로켓 발사를 서둘러 진행했지만, 발사 후 2초 만에 공중 폭발되고 말았다.

뱅가드 로켓의 개발이 실패함에 따라 미국 내에서는 우주개발의 무게 중심이 레드스톤 로켓 발사 성공 경험이 있는 베르너 폰 브라운과 그의 팀 중심으로 다시 옮겨가기 시작했다. 결국 아이젠하워 정부는 미국의 첫 번째 인공위성 '익스플로러Explorer-1'을 지구 궤도에 투입할 우주발사체로 주노JUNO-1 로켓 개발 프로젝트를 승인할 수밖에 없었다.

주노-1 로켓이 미 정부로부터 개발 승인을 받은 핵심 가치는 빠른 발사와 확실한 성공이었다. 이를 위하여 폰 브라운과 그의 팀은 주노-1

로켓 개발을 맨땅에서 시작하는 것이 아니고, 기존의 로켓 기술을 최대한 활용하기로 마음을 먹었다. 우선 폰 브라운에게는 레드스톤 로켓의 두 번째 파생형 로켓으로 발사까지 성공한 주피터-C 과학 로켓이 있었다. 주피터-C 로켓을 개량하여 위성을 탑재할 수 있는 주노-1 로켓을 빠르게 개발하자는 것이 그의 전략이었다. 다만 기존의 주피터-C 로켓이 총 3단으로 구성된 것에 비하여, 주노-1 로켓은 총 4단으로 구성했다. 인공위성을 지구 궤도에 초속 8킬로미터의 속도로 투입하기 위해서는 당시 미국이 보유한 엔진 기술 수준으로는 3단형 로켓이 불안했다.* 따라서 고체로켓엔진을 추가한 4단형 주노-1 로켓만이 유일한 해답이었다.**

1958년 1월 미국 플로리다주 케이프 커내버럴Cape Canaveral 공군기지에서 주노-1 로켓이 성공적으로 발사되었다. 미국에서 최초로 인공

---

* 당시 소련의 R-7 로켓은 OKB-456에서 새롭게 개발한 신형 액체로켓엔진인 추력 100톤급 RD-107 엔진과 추력 98톤급 RD-108 엔진으로 구성한 2단형 로켓으로 대략 초속 8킬로미터의 속도로 '스푸트니크-1' 위성을 가볍게 지구 궤도 투입에 성공했음을 기억한다면 그 당시 미국의 로켓엔진 기술은 소련보다 많이 뒤떨어져 있음을 부인하긴 힘들 것임. 더욱이 미국의 액체로켓엔진 기술은 그 뒤로도 계속 소련에 뒤처지며 결코 따라잡을 수 없게 됨. 오죽하면 90년대에 소련 개방 후 미국 민간 우주기업이 소련 시절 제작한 엔진을 미국으로 갖고 와서 미국 로켓의 1단 엔진으로 사용했겠는가? 심지어 러시아 에네르고마쉬가 개발한 RD-180 엔진은 미국의 아틀라스 V 로켓 1단으로 사용하고 있음. 하지만 중요한 사실은 아무리 성능이 뛰어난 제품을 가지고 있다고 해도 경쟁에 꼭 이기는 것이 아니라는 것임

** 1장에서 설명했던 델브이 개념이 여기에 적용됨. 델브이(Δv)는 로켓의 각 단에서 얻는 속도 증분을 의미하는데, 대략 초속 8킬로미터를 2단형 로켓으로 만든다면, 각 단은 델브이 요구조건을 나눠서 속도 증분을 가져야 하므로 고성능 엔진이 꼭 필요함.(위도와 발사 위치에 따라 델브이는 조금씩 달라질 수 있음, 우리나라의 경우 지구 저궤도에 위성 발사 시 10킬로미터 내외) 하지만 단을 늘일수록 각 단에서 만들어야 하는 델브이가 낮아지므로, 3단형 주노-1 로켓보다는 4단형 주노-1 로켓이 위성을 지구 궤도에 투입할 수 있는 확률이 높아짐

위성을 페이로드에 탑재하고 성공적으로 발사한 로켓이자 우주발사체의 등장이다. 총 4단으로 구성된 주노-1 로켓의 높이는 21미터, 지름은 1.8미터였으며, 제작은 크라이슬러에서 담당했다. 주노-1 로켓의 1단 엔진은 레드스톤 로켓에서 사용한 로켓다인의 A-7 엔진을 장착했다. 엔진의 추진제는 하이딘과 액체산소를 사용했다.

4단에 탑재된 미국 최초의 인공위성 '익스플로러-1'은 미 육군 알라바마 탄도미사일국ABMA과 제트추진연구소JPL가 공동으로 제작했는데, 위성의 지름은 15.2센티미터, 길이는 203센티미터, 무게는 13.8킬로그램으로 매우 작았다. 가느다란 화살 모양의 위성은 뒷부분의 절반은 고체 연료 로켓이 차지하고 있었고, 앞부분의 절반은 3개의 계기와 2개의 전파 송신기가 차지하고 있었다. 그리고 4개의 전선 안테나가 위성 밖으로 뻗어 있었다. 위성의 임무는 우주의 환경을 조사하는 것으로, 작은 운석이나 우주선cosmic ray에 의한 충돌을 측정하는 계기와 온도 기록계를 장착하고 있었다. 비록 소련에 뒤진 첫 인공위성 발사였지만 미국 최초의 위성 '익스플로러-1'은 태양과 은하에서 날아오는 하전입자들의 진로를 방해하는 지역인 밴 앨런대Van Allen belt를 발견하는 등 나름의 업적도 있었다.

◆ 3장 요약 ◆

　인류 최초로 인공위성을 지구 궤도에 투입한 나라는 로켓이론의 아버지, 치올콥스키의 나라, 소련이다. 1920년대부터 자체적인 로켓연구를 시작했다. 레닌그라드의 글루시코와 모스크바의 코롤료프가 대표적인 인물이다. 그리고 두 사람은 1946년 대표단으로 선발되어 독일 전역을 샅샅이 뒤져서 독일 영토 내 남아있던 V-2 로켓 관련 모든 설비, 부품, 기술진까지 모두 소련으로 갖고 왔다. 비록 수집한 기술문서나 V-2 로켓 부품 등은 미국에 비하여 현저히 부족했지만, 코롤료프가 이끄는 국가기관이 중심이 되어 하나의 조직 아래에서 독일의 기술진들과 소련의 기술진들이 합심하여 V-2 로켓의 소련 버전인 R-1 로켓 발사를 성공시킨 후 바로 소련 기술진만으로 R-2 로켓 발사까지 일사천리로 성공시켰다. 이후 소련은 기존의 V-2 로켓에서 탈피하여 글루시코를 중심으로 자체적인 액체로켓엔진 개발에 성공하면서 중거리 탄도미사일 R-5 로켓까지 개발했다. 마지막으로 1957년에는 대망의 대륙간 탄도미사일과 동일한 성능을 보유한 R-7(세묘르카) 로켓(우주발사체)까지 성공적으로 개발하면서 인류 최초의 인공위성 '스푸트니크'를 지구 궤도에 성공적으로 투입하면서 미국에게 '스푸트니크 쇼크'를 안겼다.

　액체로켓엔진의 아버지, 고더드의 나라, 미국은 제2차 세계대전에서 소련에 비하여 압도적인 항공력을 보여주었다. 또한 소련보다 먼저 나치 독일의 V-2 로켓 개발에 참여한 핵심 과학자와 기술자뿐만 아니라 100기 이상의 온전한 V-2 로켓까지 고스란히 미국 본토로 가지고 온 덕분에 V-2 로켓의 미국 영토 내 제작은 매우 쉬워 보였다. 하지만 독일 과학자와 제작자를 제외하고 미 국방부 내 육군, 공군, 해군이 각각의 민간기업들과 손을 잡고 서로 경쟁적으로 로켓 개발을 추진하면서부터 역량이 분산되기 시작했다. 결국 '스푸트니크 쇼크'를 받은 이후에야 미국은 제정신을 차리게 되었다.

그때부터 미국 정부는 V-2 로켓 개발 성공 경험이 있는 독일 과학자와 기술자를 중심으로 로켓 개발 프로그램을 다시 추진하게 되었다. 이미 미국 내에서 최초의 과학 로켓 주피터-C를 성공적으로 개발한 경험이 있는 폰 브라운은 빠른 개발을 위하여 기존의 주피터-C 과학 로켓을 기반으로 주노-1 로켓을 개발하는 것으로 결정했다. 그리고 1958년 1월 주노-1 로켓은 미국 최초의 인공위성, 익스플로러-1을 성공적으로 지구 궤도에 투입한다.

이렇게 소련과 미국의 첫 번째 우주 경쟁인 우주발사체(인공위성의 지구 궤도 투입)는 소련이 1957년 10월 R-7 로켓을 이용하여 '스푸트니크-1' 위성으로 먼저 지구 궤도 투입에 성공함에 따라, 1958년 1월 미국이 주노-1 로켓으로 '익스플로러-1' 위성 발사에 성공한 것과 비교했을 때 약 3개월 정도 빨랐다. 따라서 1차 우주 경쟁은 소련의 완벽한 승리였다. 더욱이 로켓의 성능까지 고려한다면 미국으로서는 완벽한 패배였다. 다만 '스푸트니크 쇼크'는 무방비 상태에서 한 방 맞은 것과 비슷했다. 소련이 그렇게 빨리 우주발사체를 개발한다고 전혀 생각지 못했기 때문이다. 이제 패는 모두 알려진 상황이다. 따라서 진정한 미국과 소련 간의 우주 경쟁은 인류 최초의 인공위성이 아닌, 인류 최초의 우주인을 어느 나라에서 먼저 탄생시키느냐부터다. 2차 우주 경쟁은 바로 우주인이다.

4장

2차 우주 경쟁

인류 최초로 우주에 사람을 보낸 국가

2차 우주 경쟁 : 인류 최초로 우주에 사람을 보낸 국가

인류의 모든 기술개발은 이어져 있다. 지구 궤도에 인공위성을 투입할 수 있는 로켓을 먼저 만든 국가가 인류 최초의 우주인도 빨리 탄생시킬 수 있는 것이다. 따라서 소련이 미국보다 3개월 먼저 인공위성을 지구 궤도에 투입했으므로 사람도 먼저 보낼 수 있다고 생각하는 것은 매우 합리적인 추론이다. 더구나 소련의 스푸트니크 위성을 탑재한 R-7 로켓이 지구 저궤도에 500킬로그램의 페이로드를 투입할 수 있었지만, 미국의 익스플로러 위성을 탑재한 주노-1 로켓은 11킬로그램까지만 탑재할 수 있었다. 로켓의 성능 관점에서 보면 어마어마한 차이였고, 소련이 미국보다 먼저 ICBM 개발을 거의 완료했음을 알리는 시금석이기도 했다. 특히 미국 내에서는 만약 소련이 우주에서 인공위성을 이용하여 미국 본토를 공격한다면 과연 그 공격을 막을 수단이 있는가에 대한 걱정도 제기되기 시작했다. '스푸트니크 쇼크'로 자존심에 상처를 입은 미국의 아이젠하워 정부는 인류 최초의 우주인을 소련보다 먼저 배출하기 위하여 기존에는 없었던 새로운 방법으로 준비하기 시작한다. 바로 국가항공우주국 NASA의 설립이었다. 미국과 소련 간의 본격적인 2차 우주 경쟁의 서막이었다.

소련도 가만히 미국이 따라오기만 기다리고 있지 않았다. 미국보다 앞선 우주발사체 기술로 인류의 첫 번째 인공위성을 투입한 여세를 몰아서 인류의 첫 번째 우주인 탄생을 위한 준비를 차곡차곡 시작하고 있었다. 소련 공산당 서기장 흐루쇼프는 인공위성 프로그램 책임자 코롤료프를 우주인 프로그램 책임자로 다시 임명하면서 미국보다 무조건 먼저 우주인을 탄생시키겠다는 확실한 목표가 있었다. 당연히 국가적 차원의 일관된 지원은 말할 필요조차 없었다. 그렇다면 과연 어느 나라가 2차 우주 경쟁의 승자였을까?

인류 최초의 우주인을 배출한 소련

김이 빠진 콜라 같은 결론이지만, 소련이 미국에 앞서서 인류 최초의 우주인, 유리 가가린을 배출했다는 이야기는 우주에 조금이라도 관심이 있는 분이라면 익히 알고 있는 사실이다. 다만 대부분의 사람들은 어떻게 소련이 미국보다 먼저 사람을 지구 궤도에 보낼 수 있었는가에 대해서는 알지 못한다. 이제부터 그 비밀을 한번 파헤쳐 보자.

1) 지구에서 제일 먼저 우주를 경험한 생명체, 라이카

1957년 10월 프로그램 책임자 세르게이 코롤료프와 OKB-456 설계국 국장이자 엔진 전문가인 발렌틴 글루시코, 그리고 OKB-456 설계국이 중심이 되어 개발한 R-7 로켓은 인류 최초의 인공위성 '스푸트니크-1'을 성공적으로 궤도에 투입했다. 그리고 소련은 한 달이 조금 지난 시점인 11월에 R-7 로켓을 이용하여 두 번째 인공위성 '스푸트니크-2' 발사를 준비한다. 로켓을 제작할 때는 보통 2기에서 3기 정도를 동시에 만드는 것이 일반적이므로, 1달 뒤 같은 로켓을 발사하는 것은 그리 어렵지 않다. 하지만 이번 2번째 발사의 목적은 인공위성이 아닌, 인공위성 속에 살아있는 생명체를 실어서 우주에 보내는 것이었다.

첫 발사에서 R-7 로켓의 3단 무게는 5톤이었다. 비행시험 결과 데이터를 확인한 코롤료프는 3단 무게를 7.8톤으로 높이면서 위성의 무게도 83.6킬로그램에서 500킬로그램으로 증가시켰다. 무게가 약 6배 이상 증가한 이유는 생명체가 탑승할 위성, 즉 우주선이었기 때문이다. 로켓 상단 페어링 내부에 위치하는 위성의 경우 로켓의 진동, 페어링 내부의 온도와 습도 조건 등만 맞으면 궤도에 투입되었을 때 정상적으로 작동한다. 하지만 살아있는 생명체가 탑승하게 된다면 이것만으로는 부족하다. 우선 로켓 비행 중 산소를 공급할 수 있는 시스템이 필요하다. 로켓의 진동, 온도와 습도 조건 등도 위성보다 생명체가 훨씬 까다롭다. 무엇보다 실제 사람이 탑승하게 된다면 만일의 사태에 대비하여 비상탈출장치도 필수적으로 추가되어야 하므로, 그만큼 우주선의 무게는 늘어날 수밖에 없다.

지구에서 태어난 생명체 중 스푸트니크-2 위성에 탑승할 첫 번째 생명체로 선정된 것은 바로 '라이카Лайка, Laika'라는 이름의 개였다. 우주인이 아닌 우주견 '라이카'는 태어날 때부터 우주견을 위한 모든 조건을 갖고 태어난 개가 아니었다. 모스크바 길거리에서 음식물 쓰레기를 주워 먹으면서 돌아다니던 떠돌이 개였는데, 길에서 우주로 보낼 개를 찾고 있던 관계자에게 붙잡혀서 갑자기 우주로 올라갈 훈련을 받게 된 것이다. 그렇다면 왜 소련은 개를 우주로 보낼 결정을 했을까? 이미 소련은 R-5 로켓의 파생형인 R-5A 과학 로켓을 이용하여 몇 마리의 개를 지구 저궤도에 보내고 회수하는 비행시험까지 성공한 경험이 있었다. 그래서 사람이 타고 갈 우주선에도 개를 이용한 시험을 진행한 것이다.

그림 4-1 | 라이카의 모습

    길거리에서 픽업된 라이카는 이미 로켓 탑승 경험이 있는 개들과 몇 개월 동안 우주비행과 관련한 훈련을 받았으며, 최종 후보 두 마리 중 하나로 선정되었다.˙ 최종적으로 스푸트니크-2 위성에 탑승할 우주견으로 라이카가 선택되었다. 라이카가 선택된 이유는 훈련 과정에서 다른 개들에 비하여 가장 영리하면서 침착했기 때문이었다고 한다.

---

* 살아있는 생명인 개를 우주에 보낼 때도 여러 후보견 중 최상의 한 마리를 선택하는데, 하물며 사람을 우주로 보내는 것은 이보다 더 신중에 신중을 더하는 것이 당연한 원칙임. 지금도 모든 우주비행사를 최종 선정할 때는 항상 예비 우주인을 선발하는 것이 원칙임. 스페이스X에 탑승하는 우주인도 항상 3명의 우주인과 3명의 예비 우주인이 대기하고 있음. 대한민국도 2000년대에 진행한 우주인 사업에서 우주인 이소연과 예비 우주인 고산, 2명을 선발했었음

1957년 11월 R-7 로켓의 두 번째 발사가 진행되었다. 발사는 성공적이었고, 라이카가 탑승한 스푸트니크-2 위성도 무사히 지구 궤도에 투입되었다. 하지만 스푸트니크-2 위성에 탑승한 우주견 라이카는 R-7 로켓 발사 시 발생한 엄청난 진동과 소음, 위성 내부의 열악한 단열 기술에 의한 우주선 내부 온도 제어 실패 등으로 인하여 비행 7시간만에 죽음을 맞이하게 된다. 하지만 라이카의 희생 덕분에 소련은 사람을 우주로 보내기 위하여 우주선에 필수적으로 갖춰야 하는 다양한 핵심 항목들에 대하여 확실히 파악할 수 있었으니, 우주과학적 관점에서는 임무 성공이었다.

2) 업그레이드한 R-7 로켓으로
인류 최초의 달 탐사선 '루나'

1957년 11월 우주견 '라이카'를 우주에 보낸 것까지 성공시킨 소련은 사람을 우주에 보낸 뒤 지구로 무사히 귀환시키기 위해서는 더 큰 우주선이 필요하다는 사실을 확인했다. 하지만 지금의 R-7 로켓의 성능으로는 더 무거운 우주선을 탑재하고 발사할 수 없었다. 그래서 코롤료프는 R-7 로켓의 업그레이드부터 추진했다. 즉 R-7 로켓의 페이로드 투입 중량을 늘리는 연구를 시작했다. 일반적으로 로켓의 궤도투입 성능을 높이는 방법은 2가지가 있다. 첫째로는 기존보다 높은 성능의 엔진을 사용하는 것이다. 두 번째는 단Stage을 추가하는 것이다.* 코롤료프는 두 가지 방법을 모두 사용하여 R-7 로켓의 궤도투입 성능을 높이기로 했다.

1958년 코롤료프는 기존의 2단형 로켓에서 3단형 로켓으로 업그레이드될 R-7 로켓 프로그램 '루나Луна, Luna(러시아어로 '달'이라는 뜻)'를 소련 정부로부터 승인받았다. R-7 로켓의 첫 번째 개량형은 소련 최초의 달 탐사선 프로그램에 사용될 예정이라는 뜻이다. R-7 로켓 개량형의 1단 역할로는 RD-107 엔진 4기, 2단 역할로는 RD-108 엔진 1기로 기존과 같았다. 그리고 추가된 3단에는 새로운 엔진, RD-0105를 개발하여 장착하기로 했다.**

R-7 로켓의 1단과 2단 엔진을 설계한 OKB-456에서 3단 엔진도 설

---

* 치올콥스키의 이론에 따르면, 로켓의 단이 많으면 많을수록 각 단에서 필요한 속도 증분(델브이)이 낮아지므로. 엔진 성능을 업그레이드하지 않아도 페이로드 투입 중량을 높일 수 있음

** RD-0105 엔진은 OKB-154에서 개발했으며, 앞서 언급했던 글루시코의 OKB-456에서 개발하고자 했던 64톤급 RD-105 엔진과는 다른 엔진임

계할 것으로 예상되었으나, 로켓 상단에 장착될 새로운 엔진 설계는 경쟁 끝에 세묜 코스베르그Semyon Kosberg가 이끄는 OKB-154(현재 카베하KB KhA)가 담당했으며, 엔진 제작은 OKB-154와 같은 도시에 있는 보로네즈Voronezh 기계공장에서 맡았다. 엔진의 총 개발 기간은 9개월이 소요되었다고 하는데, 이는 21세기에서도 상상도 할 수 없는 초단기간 개발이었다. 참고로 나로호 개발 당시 러시아 전문가들은 새로운 엔진 개발에는 최소 10년 정도의 시간이 필요하다고 늘 말해왔었는데, 1950년대 말의 소련의 로켓엔진 개발은 불가능을 가능으로 만들던 시대였다.

RD-0105 엔진의 성능을 살펴보면, 추력(진공)은 5톤, 비추력은 316초였다. 추진제로는 케로신과 액체산소를 사용했으며, 가스발생기 사이클을 채택했다. 다만 기존의 V-2 로켓용 엔진이나 R-7 로켓의 RD-107과 RD-108 엔진이 채택한 가스발생기 사이클과 다른 점이 있었다. RD-0105 엔진은 가스발생기에서 촉매제가 아닌 추진제인 액체산소와 케로신을 연소시켜서 터보펌프 터빈을 구동한 최초의 액체로켓엔진이었다.** 참고로 OKB-154는 러시아 엔진 설계국 중 새로운 기술 개발 시도를 두려워하지 않는 기관으로도 유명하다. 예를 들면 러시아

---

* 세묜 코스베르그(1903년 10월 ~ 1965년 1월)는 소련의 항공기 및 로켓 엔지니어. 모스크바항공대학교 졸업 후 2차 세계대전 중에는 항공기 설계를 담당했으며, 전쟁 후에는 OKB-154 설계국 국장으로 지명되어 1965년 죽기 전까지 역할을 수행함. OKB-154에서도 초기에는 항공기 엔진을 설계했으며, 이를 기반으로 액체로켓엔진 설계까지 영역을 넓힘

** 21세기 로켓 중 가스발생기 사이클 엔진은 모두 RD-0105처럼 추진제를 사용하여 가스발생기에서 연소 후 배기함. 미국 스페이스X의 멀린 엔진, 한국의 누리호 75톤 및 7톤 엔진도 동일함. 다만 R-7 로켓의 계승자인 소유즈 로켓은 70년이 지난 지금도 여전히 촉매제를 이용한 과산화수소로 가스발생기에서 배기가스를 만들어 터보펌프 터빈을 구동함

최초의 메테인 엔진을 개발한 곳도 바로 OKB-154다. 또한 OKB-154에서 설계한 엔진의 경우 러시아 엔진 이름인 숫자 앞에 0을 붙이는 것도 특징이다.

새로운 단인 3단을 추가하고 새로운 엔진인 RD-0105를 장착하여 업그레이드된 R-7 로켓은 새로운 임무에 따라 새로운 로켓 이름도 받았다. 달 탐사 프로그램 우주선을 탑재한 로켓이므로 러시아어로 달을 뜻하는 루나가 되었다. 루나 로켓 시리즈는 1958년 9월부터 1960년 4월까지 총 9번 발사되어 3번의 성공, 1번의 부분 성공이라는 성과를 달성했다.

성공한 3번의 발사와 성취를 살펴보면, 첫 번째 성공은 1959년 1월 4차 발사였고, 우주선 이름은 루나 1이었다. 인류 최초로 달 근처까지

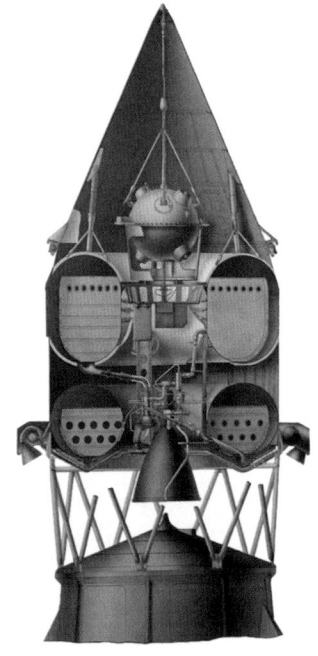

그림 4-2 | 루나 로켓의 도면

날아간 달 탐사선이었다. 2022년 대한민국의 달 궤도선인 다누리가 보여준 것과 유사한 퍼포먼스를 소련은 거의 60년 전인 1959년에 보여준 것이다. 두 번째 성공은 1959년 9월 6차 발사였는데, 우주선 이름은 루나 2였다. 루나 2는 달 표면에 최초로 착륙한 무인 우주선이었다. 세 번째 성공은 1959년 10월 7차 발사였는데, 달 뒤쪽을 처음으로 촬영에 성공한 탐사선이었다.

3) 인류의 첫 유인 우주선 로켓, 보스토크 시리즈

R-7 로켓 기반으로 1차 업그레이드한 루나 로켓은 약 1년 반이라는 짧은 기간 동안 9차례 발사를 했으며, 그중 3차례만 성공했다. 코롤료프의 OKB-1 설계국 엔지니어들은 '루나' 로켓 발사 실패에서 파악한 문제점에 대한 수정 작업에 들어갔다. 로켓의 완성도 향상은 결국 발사를 통한 도전이 유일한 방법이다. 따라서 로켓 발사 실패를 거듭하면 할수록 점점 로켓 자체의 완성도는 높아질 수밖에 없는 아이러니한 특징이 있다. 그래서 로켓 개발은 돈과 시간이 많이 필요하며, 이것은 로켓 개발의 숙명이기도 하다. 이러한 과정을 통하여 R-7 로켓의 2차 업그레이드인 보스토크Восток(동방) 로켓 시리즈가 탄생했다. 그런데 보스토크 로켓은 초기 버전인 보스토크-L 로켓과 최종 버전인 보스토크-K 로켓으로 나뉜다.

먼저 개발된 보스토크-L 로켓은 1단, 2단, 3단에 루나 로켓과 같은 엔진을 장착했다. 다만 보스토크-L 로켓 3단 페이로드로는 무게 4.5톤의 '우주선-스푸트니크Korabl-Sputnik'을 탑재했다. '우주선-스푸트니크'는 지구에서 탑승한 우주인을 지구 궤도까지 이송했다가 지구를 선회한 뒤 대기권에 진입하여 다시 지구로 귀환할 수 있는 캡슐 장치까지 갖춘 인류 최초의 유인 우주선이었다. 소련 로켓과학자들이 유인 우주선 개발에서 만난 가장 큰 난관은 지구 궤도에서 대기권 재돌입 시 필수적으로 발생하는 플라즈마plasma에 의한 초고온을 견딜 수 있는 단열재와 우주선 동체 개발이었다.* 이때 소련 로켓과학자들에게 가

---

* 일반적으로 플라즈마는 기체가 초고온 상태로 가열되어 전자와 양이온으로 분리된 상태를 말함. 우주선의 경우 지구 궤도에서 초속 8킬로미터 이상의 속도로 대기권 재

장 큰 동기부여가 된 것은 다름 아닌 미국의 새로운 우주 프로그램 발표였다. 1958년 미국은 소련보다 먼저 인간을 우주로 보내기 위한 유인 우주 프로그램인 머큐리를 발표했다. 이 소식을 들은 소련에서는 적어도 우주 분야에서는 미국에 질 수 없다는 자존심 싸움이 본격 시작되었다. 즉 소련과 미국 간의 2차 우주 경쟁이 촉발된 것이다, 소련의 과학자들은 불철주야 다양한 연구와 실험 끝에 완전한 구 형태의 캡슐로 최종 형상을 결정했다. 그 이유는 우주선이 구 형태로 대기권 재돌입 시 동력학적인 안정을 위한 자세제어가 정밀할 필요가 없고, 우주선 표면의 고열로 인하여 발생하는 구조적 스트레스가 가장 낮고, 외형상 부피 대 표면적의 비가 가장 커서 우주선 내부 공간 이용이 좀 더 편했기 때문이다.

보스토크-L 로켓은 1960년 5월부터 1960년 12월까지 약 8개월 동안 4차례 발사되었고, 3차례 성공적으로 임무를 수행했다. 특히 3번째 발사인 1960년 8월에는 '우주선-스푸트니크 2'에 우주견 '벨카Белка, Belka'와 '스트렐카Стрелка, Strelka'를 태워서 무사히 지구 궤도까지 보냈으며, 살아서 지구로 귀환시킬 수 있었다. 이는 '라이카'의 죽음을 극복하는 기술의 진보였으며, 결국 다음에 탑승할 인류 최초의 우주인에 대한 지구 귀환 기술 확보를 알리는 청신호가 되었다. 그리고 보스토크-L 로켓은 보스토크-K 로켓에게 바톤을 넘겨준다.

보스토크-K 로켓 첫 발사는 1960년 12월에 진행했으나 아쉽게도

돌입 시 우주선 주위의 공기는 최소 1,500도 이상으로 가열되어 공기끼리 서로 충돌하면서 이온화가 진행됨. 이때 공기는 전자와 양이온으로 분리되는데, 이러한 현상이 바로 플라즈마임. 2024년 3월 스페이스X의 스타십 우주선의 3차 발사에서 지구의 대기로 재돌입하면서 플라즈마에 의한 동체 표면의 높은 온도를 자체 카메라로 생방송으로 보여준 적이 있음

실패했다. 다행히 두 번째 발사는 1961년 3월 초순에 바이코누르 우주센터에서 성공적으로 발사 후 무사히 귀환했다. 드디어 소련은 인류 최초의 유인 우주 프로그램 보스토크의 실행을 위한 최종 리허설까지 무사히 통과한 것이다.

4) 소련의 유인 우주 프로그램, 보스토크

소련의 우주개발 프로그램의 이름은 프로그램 자체에 사용될 뿐만 아니라 프로그램 로켓과 우주선에도 적용되었다. 이러한 정책 덕분에 소련의 우주인 프로그램 이름도, 사용된 로켓, 우주인이 탑승할 우주선도 모두 보스토크로 결정되었다.˙

보스토크 프로그램의 목표는 명확했다. 소련의 기술로 소련 땅에서 소련인을 우주로 보냈다가 무사히 귀환시키는 것. 다만 이때 소련은 미국과 어느 나라가 먼저 우주인을 배출하는가에 대한 2차 우주 경쟁이 한창 진행 중이었기에 철저한 준비와 시험을 통한 점진적 개발보다는 빠른 발사를 통한 성능 검증을 우선시했다. 이 같은 개발 방식은 급진적이고 과격하지만, 가장 빠르게 미지의 분야를 정복할 수 있는 비결이기도 하다.

보스토크 프로그램의 첫 번째 보스토크-K 로켓 발사는 우주인이 탑승하기 전에 R-7 로켓의 2번째 업그레이드 모델인 보스토크-K 로켓과 우주선의 성능을 점검할 목적으로 1960년 12월에 진행했다. 우선 보스토크-K 로켓에 대하여 설명하면, 1단과 2단 엔진은 기존의 보스토크-L 로켓과 같았다. 다만 3단 엔진은 RD-0105에서 RD-0109로 교체했다. 그 이유는 OKB-154에서 처음 설계한 로켓용 액체로켓엔진인 RD-0105가 너무나도 짧은 기간에 개발이 완료되어 전체적인 엔진의 기술적 완성도가 높지 않아 자그마한 문제가 계속 발생했기 때문이다. RD-0105 엔진의 기술적 결점들을 보완하여 성능을 업그레이드한 엔진이 바로 RD-0109이다. RD-0109 엔진은 추력(진공)을 기존의 5톤에

---

* 보스토크 프로그램은 가가린의 유인 우주비행이 성공한 뒤 세상에 알려진 이름이고, 실제 보스토크라는 용어는 발사 성공 전까지 기밀정보로 취급되었다고 함

서 5.5톤으로 높였고, 비추력(진공)도 316초에서 324초까지 늘렸다. 이 덕분에 보스토크-K 로켓은 지구 저궤도 투입 중량을 기존의 4.5톤에서 4.7톤으로 증가시킬 수 있었다. 하지만 보스토크-K 로켓의 1차 발사는 실패로 끝났다.

첫 번째 발사 실패 후 코롤료프와 소련의 로켓과학자들은 사고 원인을 파악하고 수정한 후 약 3개월이 지난 1961년 3월 초순에 두 번째 보스토크-K 로켓 발사를 진행했다. 이번에는 우주인 대신 사람과 같은 무게의 마네킹과 함께 우주견 '체르누슈카Чернушка, Chernushka', 기니피그, 쥐 등이 마네킹과 함께 탑승한 지구 생물체였다. 보스토크-K 로켓에 탑재된 보스토크 우주선은 지구 궤도 투입 후 지구를 한 바퀴 선회한 뒤 지구 귀환을 위하여 42.5초간 역추진로켓을 작동시켜 속도를 줄였다. 그 후 탄도비행으로 대기권 재돌입에 들어갔다. 높은 속도와 온도를 견디는 재돌입 구간이 끝난 후, 우주견을 포함한 생명체들은 낙하산에 의해 감속되는 우주선 캡슐로 안전하게 지상에 착륙할 수 있었다. 비록 활용되지는 못했지만, 우주선 캡슐에는 비상 상황이 발상할 경우를 대비하여 비상탈출 장치도 추가했다. 예를 들어 대기권에서 속도를 줄이기 위한 역추진 엔진이 고장난다면 우주선 캡슐과 공기 간의 저항만으로 고도를 낮출 수 있는 궤도에 진입하여 2~7일 후 지상에 착륙할 수 있도록 했다. 또한 늘어나는 기간 동안 탑승한 우주인이 생명을 유지할 수 있는 산소, 물, 음식 등도 우주선 내부에 실어놓았다.

사람이 탑승하기 전 마지막 리허설인 세 번째 보스토크 프로그램의 시험 비행은 1961년 3월 하순에 진행되었다. 한 달 내 두 번째 발사였다. 보스토크-K 로켓은 보스토크 우주선을 성공적으로 지구 궤도에 투입했다. 분리된 보스토크 우주선은 지구를 한 바퀴 돌고서 성공적으로 지구 대기권 재돌입 후 지상으로 귀환했다. 로켓 발사에서 우주선의 지구 귀환까지 소요된 시간은 105분이었다. 이제 보스토크 프로그램에서 남아있는 단계는 프로그램의 목적인 실제로 우주인이 탑승한 후 우주로 날아가는 것뿐이었다.

5) 인류 최초의 우주인, 유리 가가린

지구에서 태어난 사람 중 제일 먼저 우주에 다녀온 사람, 우주인宇宙人, spaceman. 2차 우주 경쟁의 승부는 소련과 미국 중 어느 나라가 먼저 우주인을 탄생시키는가에 달려있었다. 소련은 1959년 1월 우주인 프로그램인 보스토크를 시작했고, 미국은 1959년 4월 머큐리 프로그램을 시작했다. 결론적으로 1961년 4월 12일 소련의 인류 첫 우주비행사 유리 가가린이 처음으로 우주로 날아갈 때까지 소련의 보스토크 프로그램은 미국의 머큐리 프로그램보다 뒤처진 적이 없었다. 그만큼 당시 소련의 우주기술은 미국보다는 앞서있었다고 봐도 무방하다. 그 험난했던 소련의 우주인 탄생 과정을 한번 살펴보자.

1957년 10월 R-7 로켓으로 스푸트니크-1 위성을 지구 궤도 투입에 성공한 소련은 1959년 1월 유인 우주인 프로그램 보스토크를 본격적으로 준비하기 시작했다. 보스토크 프로그램의 시작은 소련의 우주인 후보를 선발하는 것이었다. 보스토크 프로그램 책임자 세르게이 코롤료프는 첫 우주인의 조건으로 성별은 남자, 나이는 25세~30세(나중에 34세까지 허용), 키는 175센티미터 이상, 몸무게는 72킬로그램 이하를 조건으로 내세웠다. 1959년 말까지 공군 비행사들 중심으로 인터뷰, 체력 테스트 등을 진행하여 20명의 후보자를 선정했다. 특히 미국 NASA가 머큐리 프로그램을 위한 우주인으로 단 7명의 우주인을 선발했다는 소식을 들은 코롤료프는 미국보다 소련의 우주인 후보가 많아야 한다고 주장하여 미국보다 3배나 많은 20명의 후보자를 선발한 것이다. 더구나 소련 우주인이 탑승할 보스토크 우주선은 당시 미국의 우주선보다 자동화 기능이 훨씬 많이 포함되어 있어서 많은 비행 경험이 우주인 선발의 필수조건도 아니었다.

1960년 1월 소련 정부는 우주인 훈련센터 건설을 승인했으며, 우주인 후보자 20명이 소집되어 별도의 장소에서 훈련받기 시작했다. 하지만 당시에는 훈련시설이 충분하지 않았다. 특히 모스크바 인근 주콥스키 비행연구소 리LII에 설치된 우주선 시뮬레이터 훈련은 최대 6명까지만 가능했다. 그래서 1960년 5월 20명의 우주인 후보 중에서 우주선 시뮬레이터 훈련을 받을 6명을 선발했는데, 그들을 선발대 6인(아방가르드 식스Avant-Garde Six)로 불렀다. 그리고 6명 중에는 당연히 유리 가가린도 포함되어 있었다.

선발대 6인은 1961년 1월에 진행된 우주인 최종 시험을 모두 성공적으로 통과했다. 이제 누가 최종 우주인 후보 2인으로 선발되느냐가 관건이었다. 유리 가가린은 최종 2인 중 1인으로 선발되는데, 이와 관련하여 공개된 한 가지 에피소드가 있다. 선발대 6인은 모두 첫 번째 우주인이 탑승할 보스토크 우주선에 앉을 기회를 얻게 되었다. 그런데 6명 중 유리 가가린만이 신발을 벗고서 우주선 내부로 들어갔다고 한다. 가가린은 신발에 붙어 있던 먼지가 혹시 우주선의 청정도 유지에 방해가 될 수도 있다는 생각에 그러한 행동을 했는데, 이 사소한 행동이 코롤료프에게 큰 울림을 주었다고 한다. 또한 가가린은 훈련 과정 내내 타인을 배려하는 모범을 보였다고 한다.

소련의 국가 우주위원회는 1961년 4월 8일 개최되었다. 국가 우주위원회에서 최종 2인의 후보 중 유리 가가린을 보스토크 로켓 및 우주선 비행사로 선정했다. 1961년 4월 12일 R-7 로켓의 개량형인 보스토크-K 로켓은 바이코누르 우주센터에서 발사 준비를 마쳤다. 관제소에 있던 코롤료프는 보스토크 우주선에 탑승한 유리 가가린에게 여러 가지 상황에 대하여 질문했고, 로켓을 포함한 모든 장비는 발사할 준비

그림 4-3 | 1961년 4월 12일 보스토크 로켓 발사 장면

가 마쳤음을 알렸다. 이때 유리 가가린이 코롤료프에게 다음과 같이 외쳤다.

"빠예할리Поехали!"*

유리 가가린이 탑승한 보스토크-K 로켓은 발사 후 300초 동안 1단 RD-107 엔진 4기와 2단 RD-108 엔진 1기를 정상 연소 후 동체로부터 분리했다. 발사 후 676초가 지나자 3단 RD-0109 엔진까지 성공적으로 연소한다. 그리고 엔진 작동이 멈춘 후 보스토크 우주선은 3단과 분

---

* 러시아어에서는 이동 수단 탑승 후 '출발'이라고 외치는 단어가 바로 '빠예할리'. 함께 걸어가자고 할 때는 '빠슬리(Пошли)!'라고 표현함

우주를 향한 질주

그림 4-4 | 보스토크 우주선에 탑승한 유리 가가린

리되어 성공적으로 지구 궤도에 진입한다. 인류 역사상 처음으로 지구에서 태어난 사람이 우주로 나간 것이다. 그는 우주에서 지구를 직접 목도한 첫 번째 사람이었다. 궤도 진입 후 가가린은 교신을 통하여 코롤료프에게 기분이 좋다고 보고했으며 창밖의 풍경도 설명했다. 그는 자신이 정상적으로 먹고 마실 수 있으며, 생리적으로도 어려움이 없다고도 보고했다. 이번 비행은 무중력 상태가 비행사에게 어떤 영향을 줄지 모르는 상황이라서 우주선은 우주인의 조종 대신에 완전 자동 비행으로 설정해 놓았기 때문에 가가린은 특별히 할 일이 없었다. 이후 지구 대기권 재돌입을 위한 역추진 로켓 작동을 위해 보스토크 우주선은 자세를 잡았고, 역추진 로켓이 성공적으로 점화되었다. 그리고 유리 가가린은 약 1시간 48분, 즉 108분의 우주비행을 마치고 무사히 지구(지금의 카자흐스탄 평원으로)로 귀환했다. 그의 무사 귀환 소식을 들은 바이코누르 우주센터에서는 팽팽했던 긴장감이 풀어졌고, 보스토크 프로그램 책임자 세르게이 코롤료프도 기쁨의 눈물을 감출 수 없었다.

유리 가가린의 첫 번째 비행을 포함하여 소련은 1963년 6월까지 총 6번에 걸쳐서 지구에서 태어난 사람을 우주로 보내는 보스토크 프로그램을 지속한다. 특히 1961년 8월 보스토크-K 로켓의 2번째 비행에 탑승한 게르만 티토프Gherman Titov는 인류 최초로 25시간 10분 동안 지구를 17바퀴 선회하면서 우주에 머물렀으며, 보스토크 프로그램의 마지막인 1963연 6월의 6번째 비행에서는 인류 최초의 여성 우주인 발렌티나 테레쉬코바Valentina Tereshkova까지 배출한다.

인류 최초의 우주인, 소련의 유리 가가린

Yuri Gagarin, 1934년 3월 9일 ~ 1968년 3월 27일

"멀리서 지구를 바라보니, 갈등이 일어나기에는 너무 작고,
협력하기에는 충분히 크다는 것을 깨닫게 됩니다"
"Looking at the earth from afar you realize it is too small for conflict
and just big enough for co-operation."

소련 시절 우주 3대 영웅 중 한 명인 유리 가가린은 1934년 3월 소련 스몰렌스크주 클루시노Klushino(현재 러시아 동쪽 벨라루시 국경 인근)에서 태어났음. 1941년 10월 고향 클루시노가 독일 나치군에 함락되어 독일군 치하에서 힘들게 지내다가 1943년 7월부터는 폴란드로 보내어져 노예노동까지 하게 됨. 다행히 폴란드에서 탈출 후 소련군에 발견되어 소련군을 돕다가 2차 세계대전이 끝난 후에야 집으로 무사히 돌아올 수 있었음.

2차 우주 경쟁 : 인류 최초로 우주에 사람을 보낸 국가

1950년, 16세의 가가린은 직업학교를 다니면서 제철소에서 주조공으로 견습생활을 시작했고, 1951년에는 우등생으로 졸업 후 사라토프Saratov 산업기술학교에서 추가 교육을 받았음. 이때 가가린은 주말에 지역 비행 클럽에서 비행기 조종 훈련을 받으며 본격적으로 공군 조종사의 꿈을 키우기 시작했음

　1955년, 21세의 가가린은 오렌부르크Orenburg에 있는 공군 조종사 학교에 입학하여 MIG-15 훈련을 마친 후 1957년 11월부터 소련 공군의 중위로 임관하여 전투기 조종사로서의 삶을 시작함. 1959년 11월 소련의 우주인 프로그램 보스토크의 책임자 코롤료프는 우주인 후보자의 조건으로 신체적 능력이 뛰어난 공군 조종사 중 우주인 후보자 20명을 선발했는데, 가가린도 포함되었음. 결국 정신적 육체적 지적 능력과 인성이 가장 훌륭했던 가가린이 첫 번째 우주인으로 선발되어 1961년 4월 보스토크 우주선을 이용하여 인류 최초로 우주를 다녀오게 됨.

　아이러니하게도 이것이 유리 가가린의 첫 번째이자 마지막 우주비행이었음. 왜냐하면 1967년 소유즈 로켓의 첫 번째 발사 때 가가린은 예비 조종사로 선정되었지만, 폭발로 인하여 탑승 우주인이 죽으면서 소련 정부는 인류 최초의 우주인 가가린을 보호한다는 명분으로 그에게 더 이상 우주선 탑승을 승인하지 않았음. 하지만 운명의 장난처럼 가가린은 1968년 3월 27일 정규적인 MIG-15 비행훈련 중 갑작스러운 추락으로 사망하게 됨. 가가린의 시신은 화장 후 모스크바 크레므린 성벽에 안치되어 있음. 그의 사망은 여전히 여러 음모와 추측만이 난무하고 있을 뿐, 명확한 사고 원인은 아직 밝혀지고 있지 않음

6) 인류 최초의 우주 유영 프로그램
: 소련의 보스호드

1957년 스푸트니크 쇼크로 촉발된 소련과 미국의 우주 경쟁의 결과는 최종적으로 어느 나라가 먼저 달에 사람을 보내느냐에 따라 갈릴 터였다. 당연하지만, 달에 사람을 보내기 위해서는 먼저 사람을 우주로 보낼 수 있는 기술이 필요했다. 그런데 사람을 우주로 보낼 수 있는 기술을 확보한 이후 달에 사람을 보내기 전 통과해야 하는 또 하나의 관문이 있었다. 바로 우주 유영extravehicular activity, human spacewalk이다. 사람이 공기가 없는 우주에서 활동할 수 있어야 달에 착륙했을 때 달 표면에 발을 딛을 수 있을 것이기 때문이다. 인류의 첫 우주 유영을 위하여 소련은 보스호드Восход, Voskhod(일출) 프로그램을, 미국은 제미니Gemini(쌍둥이자리) 프로그램을 개시했다.

소련 공산당은 당연히 세르게이 코롤료프를 보스호드 프로그램의 총괄 책임자로 임명했다. 1964년에 흐루쇼프가 실각되고, 브레즈네프Leonid Brezhnev가 공산당의 수장이 되었어도 코롤료프는 전폭적인 당의 지원을 보장받았다. 코롤료프는 소련이 미국보다 먼저 우주 유영을 성공시키기 위해서는 이전보다 성능 좋은 로켓을 빨리 개발할 필요가 있음을 알고 있었다. 우주 유영을 위해서는 탑승한 우주인이 우주선 바깥으로 나갔다가 되돌아올 수 있는 추가 모듈이 필요하기에 우주선의 무게가 기존보다 무거울 수밖에 없기 때문이다. 신규 로켓은 늘어난 무게를 충분히 지구 궤도까지 운반할 수 있어야 했다. 이를 현실화하기 위하여 코롤료프는 R-7 로켓 기반인 소련 ICBM의 파생형 로켓인 몰니야Молния(번개)를 기반으로 보스호드 로켓 설계 및 제작에 돌입했다.

보스호드 로켓은 총 3단으로 구성했다. 1단과 2단은 보스토크 로켓과 동일하지만, 3단에는 OKB-154에서 제작한 RD-0107(이후 RD-0108, RD-0110으로 업그레이드) 엔진을 장착했다. RD-0107은 추진제로 액체산소와 케로신을 사용하는 가스발생기 사이클 엔진인데, 추력은 30.4톤, 비추력은 326초였다. 이는 보스토크 로켓의 3단에 장착한 RD-0109 엔진의 추력 5.5톤에 비하여 약 5.5배 이상 높은 추력이었다.

보스호드 프로그램은 한 번에 2기의 보스호드 로켓과 우주선을 만들었다. 동일 로켓과 우주선을 2기씩 만든 이유는 비용적으로 각각 1기씩 만드는 것보다 동시에 2기를 만드는 것이 저렴한 부분도 있겠지만, 신뢰성 확보 차원으로 해석하는 편이 맞을 것이다. 코롤료프는 그가 책임자로 임명된 모든 프로그램에서 사람의 생명을 최우선으로 고려했다. 우선 1차로 무인 발사를 진행하여 로켓과 우주선의 신뢰성을 확보한 후, 2차에서는 실제로 우주인이 탑승해도 안전한 임무 수행을 보증할 수 있다는 믿음을 줄 수 있기 때문이다.

첫 번째 제작된 보스호드 1 로켓 2기는 1964년 10월에 6일 간격으로 코스모스 47과 보스호드 1이라는 이름으로 발사되었다. 코스모스 47은 보스호드 로켓의 성능, 보스호드 우주선의 기능 등을 무인으로 확인하는 테스트 비행이었다. 6일 뒤 발사된 보스호드 1에서는 3명의 우주인 블라디미르 코마로프Vladimir Komarov, 콘스탄틴 페오크티초프 Konstantin Feoktistov, 보리스 예고로프Boris Yegorov가 우주선에 탑승하여 1일 17분 3초 동안 지구 주위를 비행 후 무사 귀환하면서 3명 이상의 우주인이 동시에 우주비행이 가능함을 인류 최초로 증명하였다.

두 번째로 제작된 보스호드 2 로켓 2기는 1965년 2월과 3월에 코스모스 57, 보스호드 2 이름으로 진행했다. 무인으로 1965년 2월에 먼저 발사한 코스모스 57의 목적은 우주선에 처음으로 장착된 에어락

airlock의 성능을 확인하는 것이었다.* 하지만 우주선이 지구 궤도에서 임무 수행 중 폭발하는 사고로 지상과의 교신이 중단되었다. 이미 미국이 1965년 5월 우주 유영을 시도한다는 정보를 접한 코롤료프는 이보다 두 달 빠른 3월에 보스토크 2를 발사하기로 결정했지만, 100퍼센트 안전이 보장되지 않은 우주선에 2명의 우주인인 파벨 벨랴예프Pavel Belyayev와 알렉세이 레오노프Alexei Leonov를 선뜻 탑승시킬 수가 없었다. 발사 전날까지 고민하던 코롤료프에게 알렉세이 레오노프와 파벨 벨랴예프는 본인들이 반드시 탑승하겠다는 의견을 강력하게 전달했다. 고심 끝에 코롤료프는 탑승을 허가했다. 그렇게 발사된 보스호드 2 로켓과 우주선은 성공적으로 발사되었고, 알렉세이 레오노프는 인류 최초의 우주 유영까지 진행한 후 무사히 지구로 귀환한다.**

보스호드 프로그램을 통하여 인류 최초의 우주 유영 타이틀까지 확보한 소련은 추가 4회에 걸쳐서 보스호드 로켓과 우주선을 발사하고자 했으나, 보스호드 로켓 제작 지연 및 미국 제미니 프로그램의 빠른 성과 등으로 줄줄이 취소되면서 프로그램은 종료하게 된다. 대신 안정적인 발사와 운영에 초점을 맞춘 소유즈Soyuz 프로그램으로 전환을 선택한다. 물론 미국보다 먼저 달에 사람을 보내기 위한 프로그램은 별도로 진행하고 있었다.

---

* 에어락은 우주인이 우주선 바깥으로 나가기 전에 머무는 공간으로, 우주선 바깥으로 나갈 때에는 에어락 모듈은 공기를 모두 빼서 진공으로 만들어 우주공간과 똑같은 환경으로 만들어 주고, 우주공간에서 임무를 마친 우주인이 다시 우주선 안에 들어오기 위해서 에어락 모듈에 들어왔을 때는 우주선 내부와 같은 공기로 채워주는 공간임

** 소련의 우주 유영 관련 이야기가 궁금하신 분들은 2017년 개봉한 러시아 영화, 스페이스 워커(Space walker)를 꼭 보시기 바람. 특히 영화 속 나오는 소련 로켓 공장이나 발사 시설들은 지금과 거의 차이 없이 사용되고 있음

인류 최초로 우주 유영에 성공한 소련 우주인, 알렉세이 레오노프

Alexei Leonov, 1934년 5월 30일 ~ 2019년 10월 11일

"우주에서 지구를 보기 전까지 '둥글다'는 단어가 무엇을 의미하는지 몰랐다."
"I never knew what the word 'round' meant until I saw Earth from space."

인류 최초로 우주 유영에 성공한 우주인, 알렉세이 레오노프는 1934년 5월 소련 시베리아 리스트비앙카Listvyanka에서 태어남. 1936년 스탈린 대숙청 기간 중 아버지가 반국가 혐의로 체포되어 어려운 유년 시절을 보냈음.

2차 세계대전 후 소련 정부는 칼리닌그라드로 이주를 격려했고, 1948년 레오노프 가족도 그곳으로 이주함. 한때 직접 그림을 그려서 팔면서 가족 생계에 보탬이 되었던 레오노프는 라트비아 리가Riga에 있는 예술 아카데미에 지원했으나, 높은 등록금으로 인해 입학을 포기함. 대신에 우크라이나 크레멘추크Kremenchuk 예비 비행학교에 진학하여 1955년 첫 단독 비행 성공,

1957년 10월 우수한 성적으로 졸업 후 키예프에 있는 항공연대 중위로 임관하여 본격적인 군 생활을 시작함.

　1960년 알렉세이 레오노프는 유리 가가린과 함께 소련 우주인 훈련 프로그램 후보자 스무 명 중 한 명으로 선정되면서 본격적인 우주비행 훈련을 받기 시작함. 인류 최초의 우주인 가가린을 성공적으로 탄생시킨 소련은 인류 최초의 우주 유영도 미국보다 먼저 진행하기 위하여 1965년 3월 미국보다 2개월 먼저 보스호드 로켓을 발사했고, 보스호드 우주선에 탑승했던 알렉세이 레오노프가 우주공간에서 12분 9초 동안 성공적으로 우주 유영에 성공함. 특히 어렸을 때부터 미술에 관심이 있었던 레오노프는 인류 최초로 우주에서 그림까지 그린 후 무사히 지구로 귀환했으며, 그의 작품은 지금도 가가린 박물관에 전시되어 있음(레오노프는 생전에 우주와 관련하여 약 200여 그림 작품을 남긴 우주 화가였음).

　미국과 소련의 달착륙 경쟁이 미국의 일반적 승리로 끝난 1975년 7월 소련의 소유즈 우주선과 미국의 아폴로 우주선은 지구 궤도에서 만나는 도킹 이벤트를 진행했는데, 이때 소련의 선장이 바로 알렉세이 레오노프였음. 비록 미소 냉전 시대 우주 경쟁의 산물로서 인류 최초의 우주 유영을 성공한 소련의 우주인, 알렉세이 레오노프였지만, 실제로는 우주를 통한 화합과 예술을 지향한 순수한 지구인이었음.

소련과의 우주 경쟁을 따라잡기 위해 발버둥치는 미국

　제2차 세계대전에서 연합군 최고 사령관을 지낸 미국의 34대 대통령 아이젠하워는 매우 신중한 사람이었다. 다른 말로 하면 결정을 빨리 내리는 스타일이 아니었다는 뜻이다. 하지만 1957년 10월 소련이 미국보다 먼저 스푸트니크 위성을 지구 궤도에 투입하고, 연이어 11월에 우주견 라이카까지 우주로 보냈다는 소식에는 놀라지 않을 수 없었다. 소련의 ICBM과 위성으로부터 미국 본토와 미국인의 안전을 지킬 책무가 그에게는 있었다. 대통령 재임 기간 중 소련의 우주기술을 뛰어넘을 무언가가 필요했다. 그 고민 끝에 탄생한 첫 번째 해답이 바로 미국항공우주국, NASA의 탄생이었다.

1) 미국 항공우주국, 나사(NASA)의 탄생

　미국도 소련처럼 우주개발 초창기부터 전문기관인 NASA를 중심으로 개발을 시작했다고 생각할 수 있는데, 절대 그렇지 않았다. 제2차 세계대전 승리 후 미국 국방부 산하의 육군, 공군, 심지어 해군까지 우주개발에 뛰어들었고 각자 우주개발 프로그램을 진행했다. 스푸트니크 쇼크가 있기 전까지 그러한 미국 정부의 우주 난개발 행태는 고쳐지지 않았다. 그런데 재밌는 사실은 미국의 국가우주개발전담기구 NASA도 하루아침에 설립된 것이 절대로 아니었다. NASA 이전에 NACA National Advisory Committee for Aeronautics(국가항공자문위원회)가 있었다는 사실을 알고 있었는가? 우선 NACA부터 알아보자.

　미국은 세계 최초로 비행기를 발명한 국가다. 하지만 1910년대 항공 분야에서 유럽 국가들에 비하여 미국 기술이 뒤떨어진 것이 확인되었다. 이를 타개하기 위하여 미 의회는 1914년 미 육군 항공과Aviation Section of the U.S. Army Signal Corps를 창설하였고, 이듬해인 1915년에는 항공 연구개발을 위해 NACA까지 설립했다. NACA는 설립 이후 약 40년 넘게 미 육군, 해군, 공군의 항공 부문과 민간 항공 부분을 지원하기 위한 다양한 연구를 수행했다. 특히 제2차 세계대전 말에 등장한 독일의 V-2 로켓 대응을 위하여 NACA의 무인 항공기 연구부서는 로켓 프로그램 지원까지 영역을 넓힌다. 이러한 NACA 덕분에 미국은 소련에 비하여 압도적인 항공기 기술 우위를 점하고 있었다. 또한 미국 정부는 소련이 가지고 있던 항공 기술 수준을 근거로 판단했을 때 V-2 로켓을 개량하여 소련에서 미국까지 날아갈 수 있는 ICBM 개발은 불가능할 것으로 예측했다. 하지만 1957년 10월 소련이 R-7 로켓을 이용하여 스푸트니크 1 위성 발사에 성공하면서 그 예측이 틀렸음은 물론, 미국인들에게 스푸트니크 쇼크까지 안겨준 것이다.

이제 NASA 이야기를 시작할 차례다. 스푸트니크 쇼크를 극복하기 위하여 아이젠하워 정부는 우선 국방부 산하 고등연구계획국Advanced Research Projects Agency, ARPA에서 하나의 프로그램으로 진행하고 있던 미국의 우주비행 프로그램을 국가 우주비행 프로그램과 민간 우주비행 프로그램으로 분리했다. 그리고 1958년 7월 29일 국가항공우주법 서명과 함께 민간 우주비행 프로그램을 위한 독립적인 정부 조직인 NASA를 설립하였으며, 1958년 10월 1일부터 바로 운영을 시작했다. NASA는 해군 연구소의 프로젝트 뱅가드, 육군의 제트추진연구소JPL를 먼저 흡수한 뒤, 1960년 베르너 폰 브라운과 독일 과학자들이 로켓을 연구하고 있던 육군 탄도미사일국ABMA의 로켓 개발 부문까지 흡수한다.˙ 이것은 무엇을 의미하는가? 결국 미국 정부도 소련처럼 하나의 통일된 우주개발 전담 기구로 예산과 권한을 집중함으로써 효율적이면서 빠른 우주개발이 가능한 기틀을 마련했다고 봐야 할 것이다.

결국 미 공군, 육군, 해군이 각자 담당했던 미국의 민간 우주로켓 개발 프로그램들은 모두 통합되어 중앙에서 관리하는 구조로 바뀌었다. 이 덕분에 비슷한 목적의 중복 프로그램은 폐지되고 공동의 목표에 집중하게 할 수 있는 여건을 마련했다는 점에서 미 정부의 NASA 설립은 미국 우주개발 정책의 중요한 터닝 포인트가 되었다고 볼 수 있다.

---

* 고등연구계획국(ARPA)과 육군 알라바마 탄도미사일국(ABMA)은 대형 로켓인 주노-5를 개발하느라 여념이 없는 사이, 1958년 7월 NASA 설립 법안이 의회를 통과했고, 아이젠하워 대통령이 서명했음. 시간이 흐르면서 대형 로켓 개발 사업은 점차 NASA에서 중요하게 인식되기 시작했지만, NASA의 능력으로는 감당하기 벅찬 사업 규모였음. 당시 NASA 국장이었던 키스 글레넌(T. Keith Glennan)은 ABMA의 폰 브라운 팀의 로켓 개발 능력과 JPL의 우주 항행에 대한 전반적인 지식과 페이로드 설계 능력을 모두 원했으나, 결국 절충안을 받아들여 초기에는 JPL만 NASA에 합류함. 하지만 ABMA의 대형 로켓 개발 프로그램(후에 새턴 V 로켓이 됨)은 이미 NASA의 미래 계획과 치밀하게 엮여있었고, 결국 1960년 초 국방부, 육군, NASA는 ABMA의 팀을 깨지 않고 유지하는 것이 국가적인 우주개발에 중요하다고 인식하고, 폰 브라운이 관장하는 사업 대부분을 NASA로 이관하기로 합의하였음. 그래서 ABMA의 NASA 이관은 1960년이 되어서야 이루어짐. 1960년 7월 4,670명의 인원과 함께 시설이 ABMA로부터 NASA로 이관되었고 레드스톤 병기창 부지 안에 마셜우주비행센터(Marshall Space Flight Center, NASA MSFC)가 설립되어 폰 브라운 지휘 아래 NASA에서 필요한 모든 우주발사체를 개발하게 됨.

2) 미국의 유인 우주 프로그램 : 머큐리(Mercury)

소련이 사람을 우주로 보내기 위한 계획을 진행하고 있다는 소식을 익히 알고 있던 미국이 1958년 10월 NASA의 개청과 함께 제일 먼저 시작한 것은 바로 머큐리 프로젝트Project Mercury의 출범이었다. 머큐리 프로젝트의 목적은 사람이 탑승한 우주선이 지구 주위를 선회하고, 우주에서 우주인의 역할을 확인하고, 안전하게 우주인과 우주선이 지구로 귀환하는 것이었다. 물론 가장 중요한 것은 소련보다 먼저 미국이 자국의 로켓으로 1명의 미국인을 태우고 우주를 다녀오는 것이었다. 따라서 최초의 프로젝트 이름은 우주인 프로젝트Project Astronaut였다. 하지만 프로젝트 이름이 주는 무게감이 너무 큰 주의를 끌 수 있어서 아이젠하워 대통령이 거부했다고 한다. 그래서 머큐리Mercury 프로젝트로 변경되었다. 이미 미국에서는 로켓의 이름으로 로마 신화에 나오는 아틀라스, 주피터 등을 사용하고 있었기 때문에 주피터와 마이아Maia의 아들인 머큐리의 이름을 사용하는 데 거부감은 없었다. 또한 로마 시대 신들이 모셔져 있는 로마 판테온 신전에 있는 신 머큐리는 재물, 여행자, 행운의 신으로도 알려져 있으니, 미국의 첫 우주인 프로젝트 이름으로는 제격이었다.

머큐리 프로젝트는 우주인 선발, 로켓 개발과 우주선 개발로 나누어 시작했다. 우주인 선발의 경우 NASA가 주도적으로 우주선에 탑승할 일곱 명의 우주인 후보를 선발하였고, 미국 내에서 지구 선회 비행을 위한 우주비행 훈련을 시작했다.

미국의 첫 우주인이 탑승할 우주선과 로켓 개발과 관련하여, NASA에서는 명확한 철학, 즉 개발 기준을 제시했다. 요약하면, 이미 존재하는 기술과 상용 부품 사용을 최우선으로 고려하고, 가장 간단하면서도 신뢰성 높은 방법으로 시스템 설계를 진행하며, 기존 로켓도 혁신적인 시험 방법으로 활용할 수 있는 방법을 고안해라 등이었다. 자율적인 개발을 강조하는 미국 연구 풍토를 고려했을 때 이와 같은 기준 제시는 매우 이례적이라고 생각이 든다. 하지만 성능이 좋은 세계 최고의 로켓과 우주선 개발보다는 최단 일정으로 소련보다 빨리 우주로 사람을 보내는 것에 최우선 순위를 둔다면, 모든 조건이 그 명제 내에 위치함을 알 수 있다. 이는 민간 항공기업 록히드Lockheed(현재의 록히드 마틴)에서 미 중앙정보국 CIA와 공동으로 극단적으로 단기간 내 항공기를 개발하던 비밀조직인 스컹크 웍스Skunk Works의 개발 철학 및 방법과 정확히 일치한다고 볼 수 있다.*

NASA는 우선 미국 세인트루이스에 본사를 둔 맥도넬 항공제작사 McDonnell Aircraft Corporation(이후 McDonnell Douglas로 합병)와 우주선 개발 계약을 체결한다. NASA가 맥도넬에 전달한 기술 요구사항의 주요 내용은 로켓과 우주선을 분리하여 우주인을 안전하게 탈출시킬 수 있

---

* 제2차 세계대전 중이던 1943년 독일에서 초음속 전투기가 전장에 출현하자 미 국방부는 록히드에게 6개월 내로 신형 초음속 전투기를 만들라는 요구를 함. 이때 록히드에서는 P-38 전투기의 수석 설계자 켈리 존슨(Kelly Johnson)을 1대 소장으로 임명하여 비밀 조직인 스컹크 웍스를 만들어 143일 만에 P-80 슈팅 스타 전투기를 만들었음. 참고로 P-80 슈팅 스타는 제2차 세계대전에서는 전쟁이 끝나서 배치되지 못했지만, 한국 전쟁에서는 맹활약함. 이후 미소 냉전 시대에 접어들면서 스컹크 웍스는 CIA의 요구에 따라 소련의 동태를 파악하기 위한 U-2 정찰기, SR-71 등 약 20~30년 앞서간 기술을 적용한 명품 항공기 개발을 주도함. 다만 모든 부품을 새로 개발하는 것보다는 기존 기술을 최대한 활용하여 비상식적으로 개발 기간을 단축하는 것으로 유명함. 켈리 존슨에 이은 2대 소장을 맡은 벤 리치(Benjamin Rich)는 세계 최초의 스텔스기 F-117 개발을 주도했음. 참고로 스컹크 웍스라는 이름의 유래는 초기 사무실 위치가 록히드 공장 내 유일하게 비어있던 플라스틱 공장 옆 공터에 서커스 천막을 치고 일을 했는데, 유독한 물질인 플라스틱 냄새가 항상 스컹크 웍스 사무실 내로 유입되었기 때문임. 스컹크 웍스의 핵심 가치는 Nothing is impossible.

는 기능, 궤도에서 우주선의 방향 및 자세제어 기능, 우주선을 궤도에서 벗어나게 할 수 있는 역추진 시스템, 대기권 재돌입 시 속도를 줄이기 위한 무딘 모양의 동체, 그리고 해상 착륙 등이었다. NASA에서는 우주선 개발 총괄 책임자로 NACA 시절부터 우주선 개발을 담당했던 NASA 랭리Langley 연구센터의 막심 파게Maxime Faget를 임명했다.*

파게가 머큐리 우주선 개발 시 가장 중요하게 생각했던 개발 품목이 바로 로켓 비행 중 치명적인 문제가 발생했을 때 우주인을 탈출시키기 위한 비상 탈출장치였다. 일반적으로 이와 같은 장치는 머큐리 우주선 상단에 장착 후 기능을 검증해야 하므로 로켓 개발이 완료된 뒤 비행시험을 통하여 시험하는 것이 일반적이다. 하지만 머큐리 프로그램의 최우선 가치는 개발 기간을 줄이는 것이었기 때문에 NASA는 로켓 개발과 비상탈출 장치를 동시에 개발하기로 결정한다. 이를 위하여 NASA는 우주선 개발 계약을 체결한 후 2주 뒤에 노스 아메리칸 항공제작사와 리틀 조Little Joe 발사 계약을 추가로 체결했다. 해당 계약의 목적은 우주선인 머큐리 캡슐의 비상 탈출장치와 대기권 재돌입 시 우주선을 보호할 열 차폐heat shield 기술을 빠르고 저렴하게 검증하기 위하여 리틀 조라는 별도의 작은 로켓을 이용하여 비행시험 하는 것이었다. 특히 리틀 조 로켓은 고체로켓엔진을 사용하는 2단 로켓으로 제작되기 때문에 이미 미국이 보유하고 있는 로켓 기술을 활용하면 바로 제작 후 발사하여 시험할 수 있는 큰 장점이 있었다.

1959년부터 1960년까지 머큐리 프로젝트의 머큐리 우주선은 리틀

---

* 중미 벨리체 출신의 기계공학자, 막심 파게는 1921년 8월에 태어났음. 파게는 머큐리 프로젝트의 우주선 설계자이며, 나중에 제미니, 아폴로 우주선뿐만 아니라 우주 왕복선 설계까지도 참여함

조 로켓 상단에 탑재되어 총 8번 발사되어 고고도까지 날아가면서 비상 탈출장치를 포함한 다양한 우주선의 기능 시험을 진행했다. 특히 리틀 조 로켓의 머큐리 우주선에는 '샘Sam'과 '미스 샘Miss Sam'이라는 원숭이 두 마리를 각각 고도 85킬로미터와 15킬로미터까지 발사하여 발사 시 높은 가속도에 어떻게 반응하는지도 확인했다.

이와 같은 병렬 개발 덕분에 비행시험을 통해서만 확인할 수 있는 우주선 기능 점검을 사람이 탑승하기 전에 충분히 검증할 수 있었다. 만약 NASA에서 이러한 시험을 실제 머큐리 우주선이 탑재될 로켓인 머큐리-레드스톤, 머큐리-아틀라스로 진행했다면 개발 비용은 최소 5배에서 최대 13배까지 더 들었을 것이다.* 비용도 아끼고, 기간도 줄였으니, 머큐리 프로젝트에서 리틀 조 로켓의 활용은 최고의 선택이었다. 결국 머큐리 우주선은 1명이 우주인이 탑승하고 우주를 다녀올 목적으로 설계되었을 때는 길이 3.3미터, 폭 1.8미터의 콘 모양 형태였는데, 리틀 조 시험을 통하여 비상 탈출장치가 추가되면서 최종적으로 총길이는 7.9미터까지 늘어나게 되었다.

---

* 당시 화폐로 리틀 조 로켓의 1회 발사 비용은 20만 달러였는데, 머큐리-레드스톤 로켓은 100만 달러, 머큐리-아틀라스는 250만 달러였음

3) 미국의 첫 유인 우주로켓, 머큐리-레드스톤

소련보다 빨리 첫 우주인을 배출하기 위해서 NASA가 선택한 로켓 개발 방법은 기존의 로켓을 최대한 다시 활용하는 것이었다. 1958년 10월 설립된 NASA가 활용할 수 있는 로켓은 미국의 첫 번째 과학 로켓, 주피터-C와 미국의 첫 인공위성을 발사한 로켓, 주노-1이 있었다. 두 로켓 모두 베르너 폰 브라운이 V-2 로켓을 기반으로 미국에서 처음으로 만든 로켓(미사일), 즉 레드스톤의 파생형이라는 공통점이 있다. 그래서 NASA는 레드스톤 로켓을 기반으로 머큐리 프로젝트에 맞는 새로운 유인 우주로켓을 개발하는 것이 가장 빨리 우주로 사람을 보낼 수 있다고 보고 머큐리-레드스톤Mercury-Redstone 로켓 개발에 착수한다.

앞서 설명했지만, NASA는 민간 우주비행 프로그램, 즉 평화적 목적의 로켓 개발을 총괄하는 조직이다. 미국의 방위를 위한 ICBM 등의 군사 무기는 여전히 미국 국방부에서 총괄하여 개발하고 있었다. 그래서 레드스톤 로켓을 개발했던 폰 브라운이 속해있던 육군 탄도미사일국 소속의 그의 팀 4,500명은 국가 방위를 위한 중형급 우주발사체(C-1, 나중에 새턴Saturn 로켓) 개발 프로젝트에 전폭적으로 참여하고 있었다. 완전한 NASA 소속이 아니었기 때문에 국방부를 위한 중형급 우주발사체를 우선 개발하면서 남는 시간에 머큐리-레드스톤 로켓 개발에 조금 참여하는 방법으로 개발을 진행했다.

하지만 이렇게 해서는 머큐리-레드스톤 로켓 개발이 제대로 될 수가 없었다. 확실하게 책임을 지고 일을 할 수 있도록 조직을 만들어 주고 책임과 권한을 맡겨야 거대 프로젝트는 성공할 수 있음은 만고의 진리다. 결국 1960년 7월 1일 미국 알라바마 헌츠빌의 육군 탄도미사일국에서 근무하던 폰 브라운과 그의 그룹 전체인 약 4,500명은

NASA 마샬Marshall 우주비행센터로 신규 발령을 받게 된다. 재미난 사실은 근무하던 건물, 사무실 모두 그대로인데, 소속만 바뀐 것이다. 그것이 가능했던 이유는 폰 브라운이 기존에 개발하고 있던 C-1 로켓 개발의 연속성 보장을 이전 조건으로 내걸었고, 다행히 받아들여졌기 때문이다. 이 덕분에 폰 브라운과 그의 그룹 전체는 기존 개발 업무인 C-1 로켓뿐만 아니라 머큐리-레드스톤 로켓 개발도 공식적으로 전력으로 일을 할 수 있는 명분과 지원이 마련된 것이다.

폰 브라운과 그의 팀이 본격적으로 개발에 참여하면서 확정된 머큐리-레드스톤 로켓은 1단형 로켓이었다. 상단에 머큐리 우주선이 탑재되지만, 자체 추력을 낼 수 있는 엔진은 없었다. 따라서 머큐리-레드스톤 로켓은 1단 엔진의 추력만으로 상단의 우주선에 탑승한 사람을 최소 지구 바깥 우주로 보내야 하는 막중한 임무를 부여받은 것이다. 이를 현실화시키기 위하여 폰 브라운은 크라이슬러에서 제작한 레드스톤 로켓 기반의 미국 최초의 과학 로켓 주피터-C의 1단을 사용하기로 했다.

주피터-C 로켓은 레드스톤 로켓보다 1단이 추진제 탱크가 길어서 목표 고도(약 180킬로미터)까지 우주인을 보내는 것은 문제가 없었다. 1단 엔진도 에탄올과 물을 혼합한 연료를 사용하는 로켓다인의 A-7 엔진을 장착했다.* 이렇게 함으로써 길이 25.4미터, 직경 1.78미터의 머큐리-레드스톤 로켓은 고도 180킬로미터에 약 1.8톤의 페이로드를 투입

---

* 주피터-C 로켓은 미사일로 전용되면서 상온 저장이 쉬운 독성 추진제인 UDMH와 DETA를 사용하는 A-7 엔진으로 바꾸었으나, 사람을 우주로 보내기 위하여 다시 에탄올 75%와 물 25%의 연료와 액체산소를 사용하는 A-7로 회귀하였음. 사람이 타는 로켓에 독성 추진제를 사용할 수 없다는 철학이 적용된 것인데, 이는 소련의 코롤료프와 같은 철학이었음

그림 4-5 | 리틀 조 로켓, 머큐리-레드스톤 로켓, 머큐리-아틀라스 로켓

할 수 있는 준궤도 우주비행sub-orbital spaceflight이 가능한 로켓으로 개발될 수 있었다.

머큐리-레드스톤 로켓의 첫 발사는 1960년 11월 21일로 예정되었으나 발사 준비 단계에서 전기 고장이 발생하여 취소되었다. 그리고 1960년 12월 19일 머큐리 우주선에 아무도 탑승하지 않고 발사된 머큐리-레드스톤 로켓은 성공적이었다. 2차 발사는 1961년 1월 31일이었는데, 머큐리 우주선에 '햄Ham'이라는 침팬지를 태워 준궤도 비행 후 안전하게 지구로 귀환하는 시험을 시행했다. 2차 발사는 모두 성공적

---

* 준궤도 우주비행은 지상에서 발사하여 카르만 라인을 넘어 우주에 도달했으나, 지구를 선회할 수 있는 인공위성 투입 속도인 초속 8킬로미터에 도달하지 못한 비행을 일컬음. 탄도비행이라고도 할 수 있음

으로 종료되면서 1961년 3월 첫 우주인을 위한 발사 준비가 가능할 것으로 예측되었으나, 비행시험 데이터 검토에서 머큐리 우주선에 탑승한 침팬지 '햄'이 무려 17G의 중력가속도를 받은 것으로 확인되었다. 햄은 이러한 높은 중력가속도를 받으면서도 정상적으로 활동할 수 있었으나, 인간이었다면 생존하기 힘들었을 것이다. 따라서 유인 캡슐은 10G 이상의 중력가속도를 겪지 않도록 로켓의 상승 가속도와 대기권 재돌입궤도를 반드시 수정할 필요가 있었다. 물론 추가 시간이 소요될 수밖에 없었다. 그리고 그 추가 소요 시간은 되돌릴 수 없는 크나큰 결과로 미국인에게 스푸트니크 쇼크에 이은, 두 번째 충격을 안겨준다.

---

* 로켓 발사 후 상승할 때는 속도가 올라가면서 가속도를 받고, 캡슐이 재돌입할 때는 공기저항에 의해 속도가 급히 줄면서 캡슐의 진행과 반대 방향의 가속도를 받게 됨. 일반적으로 가속도의 크기는 지구 중력가속도 G를 기준으로 배수로 표기함

4) 미국의 첫 우주인, 앨런 셰퍼드

NASA는 미국의 첫 유인 우주비행 날짜로 1961년 5월 5일로 계획했다. 하지만 소련의 유리 가가린이 탑승한 보스토크가 1961년 4월 12일 성공적으로 발사되어 지구 궤도에 투입된 후 지구 선회까지 진행한 후 다시 무사히 지구로 귀환했다는 소식이 소련의 타스 통신으로 지구 곳곳에 전달되었다. 아쉽게도 두 번째 우주 경쟁 space race도 미국의 패배였다. 그래도 미국은 소련과의 우주개발 간극을 좁혀야 했다. 하루빨리 미국인을 우주에 보내야 했다.

NASA에서는 머큐리 프로젝트의 머큐리-레드스톤 로켓을 타고 우주로 나갈 첫 번째 미국인으로 7명의 우주인 후보자 중 해군 조종사 출신의 앨런 셰퍼드 Alan Shepard, Jr.를 선정했다.

원래 앨런 셰퍼드의 유인 비행은 1960년 4월 26일로 예정되어 있었지만, 머큐리-레드스톤 개발 지연 및 추가 검증 등으로 인하여 1961년 5월 5일로 연기되었기에 그 아쉬움은 더 컸다. 특히 소련이 먼저 우주인을 탄생시켰다는 소식을 접한 앨런 셰퍼드가 너무 화가 나서 탁자를 너무 세게 쳐서 주위에 있던 사람들이 그의 손이 부러지지 않았나 걱정할 정도였다고 한다. 그만큼 앨런 셰퍼드도 인류 최초의 우주인이라는 타이틀을 원했다. 하지만 그가 로켓 개발을 하는 로켓과학자는 아니지 않은가.

1961년 5월 5일, 머큐리-레드스톤 로켓의 세 번째 발사가 진행되었다. 머큐리 우주선의 이름은 프리덤 Freedom 7호로 명명되었고, 그 우주선 속에는 앨런 셰퍼드가 탑승하고 있었다. 이륙 후 2~3초 후에 모든 비행이 순조롭다는 셰퍼드의 첫 교신이 도착했다. 머큐리-레드스톤 로켓 1단 엔진은 142초 후 연소가 종료되었다. 그리고 셰퍼드는 약 5분간의 짧은 시간 동안 무중력 상태를 경험한 후 무사히 지구로 귀환했다. 그는 우주인이 머큐리 캡슐을 타고 우주 환경 속에서 비교적 안전하게 지적인 활동을 할 수 있다는 것을 증명했다. 다만 그의 총 비행시간은 15분 22초 만에 끝났다. 앞서 설명했지만, 머큐리-레드스톤 로켓은 준궤도 우주비행만 가능했기 때문에, 카르만 라인을 넘어 고도 180킬로미터까지 찍고 다시 낙하하는 탄도비행trajectory flight을 한 것이다.

우주에 관심이 있는 독자라면 이미 알고 있겠지만, 아마존을 창업한 억만장자이자 우주기업 블루 오리진Blue Origin의 창업주 제프 베이조스Jeff Bezos가 만든 첫 번째 유인 로켓 이름이 뉴 셰퍼드New Shepard다. 앨런 셰퍼드가 했던 비행과 유사한 준궤도 비행으로 우주 관광을 시켜주는 로켓인데, 앨런 셰퍼드의 비행에서 로켓의 이름을 따온 것이라 봐도 무방할 것이다.

소련은 우주인 유리 가가린을 무려 108분 동안 우주에 머물게 하면서 지구 선회orbiting 후 지구에 착륙했는데, 미국은 고작 준궤도 비행 15분만 하고 귀환했다. 하지만 미국은 또 다른 계획이 있었다. 우리가 지금도 미국을 플랜 B의 나라, 풍요의 국가라고 괜히 부르는 것이 아니다. 이는 지금까지 미국이 보여준 개발 방식에 근거한 별칭이다. 머큐리 프로젝트 플랜 B는 바로 머큐리-아틀라스 로켓 개발이다.

미국 최초이자 세계 두 번째 우주인, 앨런 셰퍼드

Alan Shepard, 1923년 11월 18일 ~ 1998년 7월 21일

"참으로 머나먼 길이었지만, 마침내 왔다."
"It's been a long way, but we're here."

　인류 두 번째 우주인이자 미국 최초의 우주인, 앨런 셰퍼드는 1923년 11월 미국 뉴햄프셔주 데리Derry에서 태어났음. 셰퍼드는 학창 시절 두 번이나 월반할 정도로 선생님들에게 인정받는 우수한 학생이었음. 1936년 사립학교인 핑커튼Pinkerton 아카데미에 다니면서 비행기에 본격적으로 매료되어 모형항공기 동호회를 만들기도 했음.

　제2차 세계대전이 격화되던 1940년 앨런 셰퍼드는 아나폴리스Annapolis에 있는 해군 예비 학부에 입학했고, 이듬해 해군 사관학교에 입학 후 1944년 소위로 임관하며 해군 생활을 시작함. 해군 근무 초기에 셰퍼드는 적응에

어려움을 겪었으나, 개인 교습을 통해 비행 기술을 향상시킨 후, 1950년부터는 테스트 파일럿, 야간 전투기 작전 장교, 테스트 파일럿 강사로 활동하며 3,600시간 이상의 비행시간을 기록한 베테랑 조종사로 다시 태어났음.

 1958년 NASA는 머큐리 프로젝트를 위한 우주인 선발을 미 공군 테스트 파일럿 중에서 모집했고, 총 508명의 후보자를 선별하여 세 그룹으로 나누었음. 이때 앨런 셰퍼드는 제일 우수한 첫 번째 그룹에 소속되면서 본격적인 우주비행사의 길을 걷기 시작함. 1959년 4월 앨런 셰퍼드를 포함한 7명의 우주인 후보자인 머큐리 세븐Mercury Seven을 선정함. 이후 본격적인 우주인 훈련 및 평가 후 1961년 1월 셰퍼드가 미국 최초의 우주비행사로 임명됨. 하지만 안타깝게도 앨런 셰퍼드를 태우고 우주로 날아갈 머큐리-레드스톤 로켓 개발이 지연되면서 결국 1961년 5월 앨런 셰퍼드는 인류 두 번째로 우주를 다녀오게 됨(1961년 4월 소련의 유리 가가린이 첫 우주인). 다만 당시 미국의 로켓 기술이 부족하여 소련처럼 지구 궤도 비행 대신에 우주를 찍고 바로 귀환하는 준궤도 비행(탄도비행)만 수행할 수 있었음.

 비록 앨런 셰퍼드는 인류 최초의 우주인이 되지는 못했지만, 아폴로 14호 탑승 우주인으로 선정되면서 1971년 2월 인류 역사상 5번째로 달에 발을 딛는 우주인이자 최고령(47세) 달 착륙자로 인류의 우주개발사에 이름을 남겼음. 또한 제프 베이조스가 이끄는 미국의 민간 우주기업 블루 오리진은 고도 100킬로미터까지 왕복하는 관광 로켓 '뉴 셰퍼드'를 운영 중인데, 2021년 11월 앨런 셰퍼드의 딸인 라우라 셰퍼드Laura Shepard가 뉴 셰퍼드 로켓을 탑승하고 우주까지 다녀오기도 하였음.

5) 머큐리 프로젝트의
플랜 B 로켓, 머큐리-아틀라스

 미국은 플랜 B의 나라다. 배수의 진으로 막다른 골목까지 자신을 밀어 넣으면서 '이거 아니면 죽는다'는 생각으로 임하지 않는다. 플랜 A가 실패했을 때를 백업하는 플랜 B가 거의 항상 존재하며, 미국의 첫 유인 우주인을 배출하기 위해 계획된 머큐리 프로젝트에도 머큐리-레드스톤 로켓을 보완하는 머큐리-아틀라스Mercury-Atlas 로켓이 준비되어 있었다. 특히 머큐리-레드스톤 로켓은 우주인이 탑승한 우주선의 준궤도 우주비행, 즉 탄도비행만 가능했지만, 머큐리-아틀라스 로켓은 우주선이 지구를 선회할 수 있을 정도로 1단 엔진의 추력이 높았다. 어찌 보면 플랜 A보다 뛰어난 플랜 B라고 할 수 있다.

 NASA에서는 플랜 B 로켓도 소련보다 빨리 발사하기 위하여 미국의 첫 번째 ICBM인 컨베어의 SM-65D 아틀라스 미사일 기반으로 머큐리-아틀라스 로켓 개발에 착수했다. 착수 시점은 머큐리-레드스톤과 거의 비슷한 시기였다. 당시 미국 내에서는 지구 궤도까지 비행 능력을 보여준 미사일은 SM-65D가 거의 유일했으므로 머큐리 프로젝트의 플랜 B로 선택될 수밖에 없었다. 다만 SM-65D 아틀라스 미사일은 완성형 ICBM이 아니었다. 따라서 사람이 탑승해도 문제가 없을 수준으로 로켓 기술의 신뢰성 높이는 방향으로 무조건 업그레이드가 필요했다. 실제로 예비 우주인들이 아틀라스 미사일 발사 장면을 참관하러 갔다가 발사 직후 터지는 장면을 직접 목격한 적이 있을 정도로 머큐리-아틀라스 로켓 개발 프로젝트 초반에는 아틀라스 미사일의 신뢰성이 지극히 낮았다. 하지만 두 번의 준궤도 비행시험과 3번의 무인 우주선 궤도 비행시험을 성공시킨 1961년 후반기에는 85퍼센트 이상의 신뢰성을 확보하면서 우주선에 생명체를 태우고 발사할 수 있는 신뢰성을 획득했다.

각고의 노력 끝에 사람이 탑승해도 될 수준으로 신뢰성을 높인 머큐리-아틀라스 로켓은 머큐리-레드스톤 로켓과 달리 1.5단으로 구성되었다. 우선 중앙에 1단 엔진으로 가스발생기 사이클 기반으로 케로신과 액체산소를 추진제로 사용하는 추력 25.7톤인 로켓다인의 XLR105-5 엔진을 장착했다. 그리고 1단 엔진의 좌측과 우측 사이드에 1.5단 개념으로 추력 77.4톤인 로켓다인 XLR-89-5 부스터 엔진을 각각 추가 장착했다. XLR-89-5 부스터 엔진은 터보펌프는 1개지만, 연소기는 2개를 장착했기 때문에, 1단 엔진의 좌측과 우측에 연소기 1개씩을 배치할 수 있었다. 그래서 최종적으로 완성된 머큐리-아틀라스 로켓은 길이 28.7미터, 직경 3.0미터, 지구 저궤도까지 1.36톤을 올릴 수 있는 막강한 로켓으로 탄생할 수 있었다.

머큐리-아틀라스 로켓은 총 9회 발사되었다. 2번의 준궤도 비행시험과 3번의 무인 궤도 비행시험 후 4번의 유인 우주비행을 진행했는데, 5차와 6차, 그리고 9차 발사가 미국 로켓 개발사에서는 큰 의미가 있었다.

우선 머큐리-아틀라스 로켓 5(5차 발사)는 1961년 11월 침팬지 '에노스Enos'를 우주선에 태우고 성공적으로 발사되었다. 이미 미국은 머큐리-레드스톤 로켓으로 앨런 셰퍼드가 미국인으로는 최초로 우주에 다녀왔지만, 여전히 지구 궤도를 선회하는 비행을 하지는 못했다. 머큐리-아틀라스 로켓이 바로 지구를 선회하는 임무를 달성할 수 있는 미국의 유일한 희망이었다. 에노스는 약 3시간 20분의 비행시험을 무사히 마친 후 살아서 지구로 귀환했다. 이제 남은 것은 미국인을 태우고 지구를 선회하는 것이 남았다. 그리고 그 임무는 머큐리-아틀라스 로켓의 6차 발사에서 맡게 되었다.

    1962년 2월 미국 플로리다에서는 머큐리-아틀라스 로켓 6가 발사되었다. 머큐리-아틀라스 6 로켓에 장착된 우주선 '프렌드십-7호'에는 존 글렌John Glenn이 탑승했다. 이번 발사의 목적은 이전의 준궤도 우주비행을 넘어, 지구 궤도를 세 바퀴 선회한 후 지구로 안전하게 귀환하는 것이다. 존 글렌은 4시간 55분 동안 우주선에 탑승하여 지구 3바퀴 선회 후 무사히 지구 귀환에 성공했다. 미국 우주인의 첫 궤도 비행 성공이었다.

    이후 3차례 더 머큐리-아틀라스 로켓은 우주인을 태우고 우주로 날아갔다. 1963년 5월 머큐리-아틀라스 9 로켓의 마지막 비행(9차 발사)에서는 우주선 '페이스Faith 7'에 탑승한 우주인 고든 쿠퍼Gordon Cooper가 하루가 넘는 34시간 이상 우주에 머물면서 지구 궤도를 22바퀴 선회 후 무사히 지구로 귀환했다. 하지만 소련은 1961년 8월 보스토크 로켓의 2차 발사에서 게르만 티토프Gherman Titov가 25시간 18분 동안 우주에 머물며 지구를 선회했으니, 미국의 우주기술은 소련에 비하여 많이 늦었다고 볼 수밖에 없었다. 결국 인류를 우주로 보내는 2차 우주 경쟁도 미국의 완벽한 패배였다.

미국 최초로 궤도 비행에 성공한 우주인, 존 글렌

John Herschel Glenn, 1921년 7월 18일 ~ 2016년 12월 8일

"(미국의 첫 궤도 비행 중) **무중력 상태라서 나는 기분이 좋다.**"
"Zero G and I feel fine."

　소련의 유리 가가린은 인류 최초의 우주비행과 궤도 비행을 동시에 완료했지만, 미국은 첫 우주비행과 첫 궤도 비행을 각각 다른 우주인이 수행했음. 미국 최초의 우주비행은 앨런 셰퍼드이고, 미국 최초의 궤도 비행을 수행한 우주인은 바로 존 글렌임. 존 글렌은 1921년 7월 미국 오하이오주 캠브리지Cambridge에서 태어났음. 글렌이 8살이 되었을 때 아버지와 함께 처음으로 비행기를 타면서 매료되었고, 그때부터 나무 모형 비행기를 종종 만들곤 했음.

우주를 향한 질주

1941년 존 글렌은 조종사 면허를 취득한 뒤 1942년 3월 미 해군 항공 생도로 입대하여 제2차 세계대전, 한국전쟁 등에서 전투기 조종사로 맹활약함. 또한 1957년 미국 대륙을 횡단하는 초음속 비행까지 성공함.
　1959년 4월 앨런 셰퍼드와 함께 '머큐리 세븐'으로 선정된 존 글렌은 본격적으로 우주비행사의 길을 걷게 됨. 당시 우주비행사들은 우주비행 훈련뿐만 아니라 자신들이 탑승할 우주선 설계에도 직접 참여하였음. 이는 우주선 설계에 우주비행사들의 의견과 아이디어를 접목하기 위함이었는데, 존 글렌은 머큐리 프로젝트의 우주선 조종실 레이아웃과 제어 부분 설계까지 참여하였음.
　1962년 2월 머큐리-아틀라스 로켓의 프렌드십 7호 우주선에 탑승한 존 글렌은 약 88.5분 주기로 근지점 약 161킬로미터, 원지점 약 262킬로미터의 지구 궤도를 4시간 55분 23초간 비행 후 무사히 지구로 귀환하면서 미국 최초로 궤도 비행에 성공하였음. 이후 존 글렌은 다른 우주인들과는 다른 길을 걷게 됨. 1964년 NASA를 그만두고 민주당에 입당하여 1974년부터 1999년까지 24년 동안 상원 의원으로 활동함. 특히 1998년에는 77세라는 나이로 우주 왕복선 디스커버리에 탑승하고 우주를 다녀오기도 하였음(미 의원 중에는 빌 넬슨이 1986년 우주 왕복선 콜롬비아에 탑승하고 우주를 온 적이 있음. 참고로 빌 넬슨은 바이든 대통령 시절 NASA 국장으로 임명되었음).
　미국 최초의 우주인 후보자, 머큐리 세븐의 7명 중 1명이었던 존 글렌은 2016년 12월 95세의 나이로 생을 마감하였는데, 멤버 중 가장 오랫동안 생존한 인물이었음.

6) 미국의 우주 유영 프로젝트, 제미니와 타이탄 로켓

1958년 NASA 개청과 함께 시작한 머큐리 프로젝트는 1961년 5월 머큐리-레드스톤 로켓을 이용하여 앨런 셰퍼드를 우주로 보내는 것에 성공했다. NASA는 바로 달에 사람을 보내는 아폴로 프로그램Program Apollo을 시작하려고 했다. 하지만 머큐리 프로젝트로 축적한 우주기술로는 아직 달에 사람을 보내기에는 여전히 기술이 부족했다. 그래서 두 프로젝트 사이를 이어주는 징검다리 프로젝트bridge project인 제미니 프로젝트Project Gemini(쌍둥이자리 프로젝트)로 방향을 틀었다.

제미니 프로젝트는 우주선에 탑승한 우주인을 우주공간으로 나갔다가 다시 우주선으로 귀환시키는 우주 유영 프로젝트human spacewalk project다. 프로젝트 기간은 1961년부터 1966년까지였다. 소련의 보스호드 프로그램과 같은 목적이었고, 두 국가 사이에는 어느 나라가 먼저 우주 유영에 성공하는가가 우주 경쟁의 한 부분이었다.

앞서 기존의 레드스톤, 아틀라스 같은 미사일 기반으로 사람이 탑승할 수 있는 우주발사체, 즉 로켓을 비교적 빠른 시간에 개발할 수 있었던 NASA는 이번에도 당시 미 공군이 보유한 가장 큰 ICBM인 타이탄Titan-II를 기반으로 타이탄-GLVGemini Launch Vehicle 로켓 개발에 착수했다.*

타이탄-II 미사일 기반으로 제작한 타이탄-II GLV 로켓은 2단으로

---

* 미 공군에서 개발한 타이탄-II는 9 메가톤의 수소폭탄을 탑재하는 ICBM. 액체산소와 케로신을 사용했던 타이탄-I과 달리, 장기 보관할 수 있도록 독성 추진제인 NTO(사산화이질소)와 Aerozine 50(하이드라진과 UDMH의 혼합물)을 사용하는 엔진을 장착했음. 미 공군에서 주도적으로 개발했기 때문에 미 육군 소속이었던 폰 브라운과 그의 팀원들은 타이탄 미사일 개발에 참여한 적이 없음

구성되었으며, 길이 33미터, 직경 3.0미터였다. 타이탄-II 미사일이 길이 31.3미터였으니 길이가 조금 늘어났지만, 이는 제미니 우주선이 상단에 장착되었기 때문이었다. 1단 엔진과 2단 엔진도 타이탄-II 미사일과 동일했다. 1단 엔진의 LR-87-AJ-7은 가스발생기 사이클 기반으로 추력 195톤, 추진제로 독성인 Aerozine 50과 NTO를 사용하는 강력한 엔진이었다. 2단 엔진인 LR-91-AJ-7도 1단 엔진과 동일한 사이클과 추진제를 사용했으며, 추력은 45.3톤이었다.

다만 사람이 탑승하는 제미니 우주선이 독성 추진제를 사용하는 엔진을 사용하는 로켓인 타이탄에 장착된다는 것은 매우 아쉬운 결정이었다. 더구나 1단 엔진인 LR-87 엔진의 경우 세계에서 유일하게 액체산소-케로신, NTO-Aerozine 50, 액체산소-액체수소 등 3종의 추진제를 모두 사용할 수 있는 엔진인데 왜 굳이 독성 추진제를 선택했어야 했는지 아쉬움이 남는다. 다만 상온에서 장기간 보관할 수 있는 독성 추진제를 사용한다면 독성 추진제가 가지는 장점, 즉 연료와 산화제가 만났을 때 자동으로 점화hypergolic되므로 엔진의 신뢰도도 높아지고, 발사 준비 시간도 단축할 수 있는 장점이 있다. 따라서 미 공군과 NASA의 제미니 프로젝트 책임자는 그 부분에 더 높은 가치를 두고 결정했다고 미루어 짐작할 수밖에 없다.

제미니 우주선 제작은 머큐리 우주선을 제작한 맥도넬 항공과 계약을 체결했다. 약 2년에 걸쳐 개발한 제미니 우주선은 길이 5.61미터, 넓이 3미터였으며, 무게는 3.2톤에서 3.8톤 사이였다. 기존의 머큐리 우주선이 1.5톤을 넘지 않았음을 생각한다면 최소 2배 이상 무거워졌다. 왜냐하면 일단 탑승 우주인이 2명으로 늘었으며, 역추진 로켓과 전기 공급, 산소, 물 등이 추가되었기 때문이다.

제미니 프로젝트는 무인 비행 2회와 유인 비행 10회 등 총 12회에 걸쳐 우주로 발사되었다. 우선 1964년 4월 제미니 프로젝트의 첫 번째 발사, 즉 제미니 1이 타이탄-II GLV 로켓과 무인 제미니 우주선으로 성공적으로 진행되었다. 두 번째 발사인 제미니 2는 1965년 1월에 진행되었는데, 두 비행의 목적은 로켓과 우주선의 전체적인 시스템 점검과 지구 대기권 재돌입 시 제미니 우주선의 열 차폐 성능 시험에 있었다.

제미니 3부터 제미니 12까지는 제미니 우주선에 2명의 우주인을 태우고 타이탄-GLV 로켓이 발사되었다. 첫 번째 우주 유영human

그림 4-6 | 타이탄-II GLV 로켓, 제미니 우주선, 에드워드 화이트(우주 유영)

spacewalk은 제미니 4에서 일어났다. 1965년 6월 3일, 에드워드 화이트Edward White는 미국인 최초로 우주 유영에 성공했다. 하지만 소련의 알렉세이 레오노프Aleksey Leonov가 약 2달 반 정도 빠른 1965년 3월 18일 인류 첫 우주 유영을 성공했기 때문에 이번에도 소련의 승리였다.

미국은 제미니 프로젝트를 지속적으로 진행하면서 달 착륙을 위한 다양한 기술 검증을 추가로 수행했다. 특히 제미니 5의 8일 동안 우주에서 머물기, 제미니 6A와 제미니 7의 첫 우주 랑데부, 제미니 8과 아제나Agena Target Vehicle의 첫 우주 도킹 등은 조만간 본격화될 미국의 아폴로 프로그램을 위한 소중한 사전 점검이었다. 그리고 이것은 결국 미국과 소련 간 우주 경쟁의 최종 승자가 바뀔 수 있음을 암시하는 복선이 된다.

미국 최초이자 세계 두 번째 우주 유영자, 에드워드 화이트

Edward Higgins White, 1930년 11월 14일 ~ 1967년 1월 27일

"(미국 첫 번째 우주 유영 후 우주선으로 돌아가면서)
나는 복귀합니다... 그리고 지금이 내 인생에서 가장 슬픈 순간입니다."
"I'm coming back in... and it's the saddest moment of my life."

소련의 알렉세이 레오노프가 인류 최초로 우주 유영을 성공시킨 후 약 2달 후 인류의 두 번째이자 미국 최초로 우주 유영을 성공한 우주인이 바로 에드워드 화이트. 에드워드 화이트는 1930년 11월 미국 텍사스 샌안토니오에서 태어남. 화이트가 12살이 되었을 때 아버지가 T-6 텍산Texan 항공기를 태워 주면서부터 본격적으로 비행기에 흥미를 갖기 시작함.

에드워드 화이트는 아버지가 다녔던 미 육군 사관학교인 웨스트포인트 West Point에서 학위를 받은 후 1952년부터 공군 중위로 군 생활을 시작함.

1957년 우주비행사에 관한 기사를 읽으면서 우주비행사가 되기로 결심하고 우선 1959년 미시간 대학에서 항공공학석사 학위까지 받음. 이후 에드워드 공군기지에서 미 공군 테스트 파일럿 학교에 입학하여, 교육을 받으면서 우주비행사가 되기 위한 역량을 쌓았음. 또한 에드워드 화이트는 무중력 훈련에 사용되는 항공기를 조종하기도 했는데, 탑승자 중에는 미국 최초의 궤도 비행에 성공한 존 글렌과 최초로 우주에 간 침팬지 '햄'도 있었음.

1962년 9월 NASA는 우주비행사 그룹 2 멤버로 9명을 선정했는데, 에드워드 화이트도 포함되었음. 드디어 본격적으로 우주비행사의 길을 걷게 되었음. 우주비행사 훈련 외에 연구 업무도 배정받았는데, 화이트는 제미니 우주선의 비행 제어 시스템 분야를 담당했음.

1965년 3월 18일 소련의 알렉세이 레오노프가 인류 최초로 우주 유영을 성공했다는 소식을 접한 미국은 1965년 6월 타이탄-II 로켓에 제미니 4 우주선을 탑재하여 발사했음. 제미니 4 우주선에 탑승한 에드워드 화이트는 산소 가스를 기반으로 작동하는 기동 장치를 이용하여 약 23분 동안 우주 유영을 성공적으로 수행했는데, 우주 유영 경험이 너무 짜릿하여 짧게 할당된 시간을 아쉬워하며 어쩔 수 없이 우주선으로 복귀했다고 전해짐.

이러한 경험을 바탕으로 NASA는 아폴로 우주선의 첫 번째 비행 제어 시스템 전문가로 에드 화이트를 선발하였음. 하지만 1967년 1월 아폴로 프로그램의 첫 번째 임무에 사용될 새턴 IB 로켓의 지상 점검 중 화재로 인하여 아폴로 우주선 안에서 안타깝게 사망함.

◆ 4장 요약 ◆

　인류 최초로 우주인을 배출한 국가도 소련이다. 사람을 우주로 보내기 전, 인공위성 스푸트니크를 지구 궤도에 처음으로 투입한 R-7 로켓은 1957년 10월 두 번째 발사에서 살아있는 생명인 우주견, 라이카를 탑승시켜 성공적으로 궤도 비행까지 마친다. 살아있는 생명 중 제일 먼저 우주를 체험한 것은 사람이 아닌 개였다. 또한 소련은 R-7 로켓을 3단형으로 업그레이드 한 후 1959년 1월 인류 최초로 달 궤도선, 9월 달 착륙선, 10월에는 달 후면 촬영까지 성공한다. 2024년에도 미국과 일본의 민간 우주기업의 달 착륙이 모두 실패했다는 사실을 상기한다면, 1959년 소련의 우주기술이 얼마나 월등했는지 알 수 있다. 소련이 이와 같이 시대를 초월한 우주개발을 할 수 있었던 이유는 R-7 로켓 1단에 장착된 RD-107 엔진과 RD-108 엔진이 지금도 소유즈 로켓에 사용될 정도로 명품 엔진이었기 때문이다. 이 여세를 몰아 소련은 유인 우주선을 탑재할 수 있는 보스토크 로켓을 R-7 로켓 기반으로 성공적으로 개발한다. 그리고 1961년 4월 12일 인류 최초의 우주인 유리 가가린을 탑승시켜 성공적으로 108분 동안 지구 궤도 비행 후 무사히 지구로 귀환시켰다. 본격적으로 인류의 우주 시대가 왔음을 알리는 동시에, 미국과의 2차 우주 경쟁에서도 소련이 승리를 거머쥐는 쾌거였다. 여기서 한 걸음 더 나아가 인류 최초의 우주 유영을 위하여 R-7 로켓 기반으로 보스호드 로켓까지 개발했다. 그리고 소련은 1965년 3월 18일 알렉세이 레오노프가 약 12분 동안 우주 유영까지 인류 최초로 성공함으로써 지구 궤도에서 인류가 진행할 수 있는 모든 우주개발에 대해서는 최초의 타이틀을 독식한다.

　미국은 평화적 목적의 우주개발을 전담할 국가우주항공국 NASA를 새롭게 창설했다. NASA의 첫 프로젝트는 인류 최초의 우주인을 배출하는 머큐리였다. 다만 미국의 첫 번째 인공위성 '익스플로러'를 지구 궤도에 투입한 주노-1 로켓의 성능은 소련의 R-7 로켓과 비교할 수 없을 정도로 떨어졌다. 특히 액체로켓엔진의 성능이 소련에 비하여 현저히 떨어졌다. 이를 타개하기 위하여 사람을 우주에 보내기 위한 주요 기술적 마일스톤을 우선 파악한 후 병렬적으로 개발에 착수했다. 우주선 개발, 유인 준궤도 비행(탄도비행)용 로켓 개발, 유인 궤도 비행용 로켓 개발 등으로 나누었다.

우선 머큐리 프로젝트의 우주선 성능 검증은 '리틀 조'라는 작은 로켓에 실어 실제로 발사하면서 성능을 검증하여 비용과 일정을 단축했다. 유인 준궤도 비행을 위한 머큐리-레드스톤 로켓은 미국 최초의 과학 로켓 주피터-C의 1단 추진제 탱크 길이를 늘여서 고도 180킬로미터까지 사람을 보낼 수 있도록 수정했다. 하지만 머큐리-레드스톤 시험 발사에서 나타난 기술적 문제점들을 보완하던 중 소련의 보스토크 로켓이 먼저 우주로 유리 가가린을 보내면서 인류 최초의 타이틀을 놓치고 만다.

그래도 1961년 5월 5일 미국 최초이자 인류의 두 번째 우주인 앨런 셰퍼드는 약 15분 동안 무사히 준궤도 비행을 성공적으로 마치고 지구로 귀환했다. 다만 부족한 로켓의 성능으로 인하여 지구를 선회하는 궤도 비행은 시도조차 하지 못했기 때문에 NASA는 유인 궤도 비행을 위한 머큐리-아틀라스 로켓 개발을 처음부터 병렬적으로 진행했다. 1962년 2월 머큐리 아틀라스 로켓에 존 글렌이 탑승한 '프렌드십-7' 우주선이 성공적으로 지구 궤도에 투입되었다. 약 4시간 55분 동안 우주선에 탑승하여 지구 궤도에 머물며 3바퀴를 선회한 후 무사히 지구로 귀환했다.

인류 최초의 우주인 배출에서도 소련보다 늦게 성공한 미국은 우주 유영에서는 소련보다 앞서기 위하여 제미니 프로젝트를 시작했다. 미국이 보유한 가장 큰 ICBM인 타이탄-II를 기반으로 타이탄-GLV 로켓으로 개조하면서 우주 유영을 위한 제미니 우주선도 제작했다. 그리고 1965년 6월 3일 에드워드 화이트가 약 23분 동안 제미니 우주선 바깥에서 우주 유영을 성공적으로 진행한 후 무사히 지구로 귀환했다. 하지만 이 역시 소련의 알렉세이 레오노프가 약 2달 반 먼저 우주 유영을 성공한 이후였다.

 지금까지의 결과만 보면 소련이 1차와 2차 우주 경쟁에서 미국을 압도적으로 앞선 것으로 느껴질 수 있다. 하지만 3차 우주 경쟁이 사람을 달에 보내는 것으로 확정되면서 미국이 소련보다 먼저 달성할 수 있다는 가능성이 보이기 시작했다. 특히 제미니 프로젝트를 통하여 미국은 유인 달 탐사를 위한 기술 검증을 지속적으로 시도했고, 모두 성공적으로 기술적 난관들을 통과했다. 이에 반하여 소련은 알렉세이 레오노프의 우주 유영 이후 추가로 진행 예정이었던 4차례의 보스호드 로켓 발사가 모두 기술적 문제로 취소된다. 그리고 그 결과는 고스란히 3차 우주 경쟁에 영향을 미치게 된다.

5장

3차 우주 경쟁

인류 최초로 달에 사람을 보낸 국가

3차 우주 경쟁 : 인류 최초로 달에 사람을 보낸 국가

소련은 탁월한 프로그램 책임자 세르게이 코롤료프의 진두지휘 덕분에 지구 궤도에서 수행할 수 있는 거의 모든 우주개발 분야에서 미국보다 먼저 인류 최초라는 거대한 타이틀을 거머쥐었다. 인류 최초의 인공위성 스푸트니크, 인류 최초의 우주인 유리 가가린, 그리고 인류 최초의 우주 유영인 알렉세이 레오노프까지. 심지어 소련은 1959년도에는 3차례에 걸쳐서 달 궤도선, 달 착륙선, 달 탐사선까지 성공적으로 임무를 완성했다. 미국으로서는 소련과의 우주 경쟁에서는 이길 수 있는 분야가 없어 보였다.

하지만 경기는 끝날 때까지 끝난 게 아니다. 아직 미국이 역전할 수 있는 마지막 우주 경쟁이 하나 남아있었다. 바로 유인 달 탐사였다. 하지만 유인 달 탐사는 기존의 우주 경쟁과는 차원이 다른 종목이었다. 특히 소련의 기존 승리 방정식이 더 이상 통하지 않는 분야였다. 무슨 말이냐 하면, 인류 최초라는 타이틀을 소련에게 지속적으로 안겨준 원동력이었던 R-7 로켓으로는 무거운 유인 달 착륙선을 달 천이궤도에 투입할 수 없다. 그래서 소련도 새로운 초대형 로켓을 개발할 수밖에 없었다.

그렇다고 미국은 초대형 로켓을 보유하고 있었을까? 당시 로켓 기술이 소련보다 떨어진 미국도 달 천이궤도에 유인 달 탐사선을 보낼 수 있는 초대형 로켓이 없었다. 그렇지만 미국은 새로운 우주개발 프로젝트마다 기존 로켓 기술 기반으로 쥐어짜듯 새로운 로켓을 개발해 왔으므로 유인 달탐사 계획을 진행하는 과정이 낯설지 않았을 것이다.

유인 달 탐사, 즉 사람을 달에 보내기 위한 계획은 소련과 미국이 첫 우주인을 탄생시킨 시점에서 거의 동시에 착수했다. 2차 우주 경쟁의 승자가 결정된 시점부터 3차 우주 경쟁은 이미 시작이었다. 과연 어느 나라가 먼저 사람을 달에 보냈을까?

인류 최초로 사람이 달 착륙에 성공한 미국

많은 분이 아시다시피, 3차 우주 경쟁의 승자는 미국이다. 미국은 아폴로 프로그램Apollo program을 통하여 1969년 7월에 인류 최초로 달에 사람을 보냈고, 무사히 지구로 귀환까지 성공했다. 그 뒤로도 여섯 번에 걸쳐 달에 사람을 보냈다. 이에 반하여 소련은 현재까지도 사람을 달 표면에 보낸 적이 없다. 적어도 우주개발에 있어서 소련은 항상 미국보다 앞서서 도장 깨기에 성공했는데, 왜 달 탐사 경쟁moon race에서는 뒤졌을까? 3차 우주 경쟁은 지금까지의 승자 소련이 아닌, 새로운 승자 미국부터 살펴보자.

1) 미국의 유인 달 착륙 계획, 아폴로 프로그램 착수

겉에서 보기에 우주개발은 과학science, 혹은 공학engineering의 한 분야로 분류한다. 맞다. 하지만 실제로 초기 우주개발 프로그램을 좌지

우지했던 것은 과학이 아닌, 정치였다. 아무리 NASA 국장이 달에 사람을 보내고 싶어도 정치인으로부터 지지를 받지 못하면 시작조차 할 수가 없었다. 그리고 정치를 움직이는 것은 여론, 즉 국민의 목소리다.

달에 사람을 보내기 위하여 시작한 아폴로 프로그램도 마찬가지다.* 스푸트니크 쇼크로 자존심에 상처를 입은 미국 국민의 분노에서 미국과 소련 간의 우주개발 경쟁이 촉발되었다. 다만 보수적이면서 신중한 공화당 출신의 미국 35대 대통령 드와이트 아이젠하워 정부는 1958년 사람을 우주로 보내기 위한 머큐리 프로젝트부터 차근차근 진행하면서 점점 기술력을 축적했다. 머큐리 프로젝트의 진행으로 미국 내 우주개발 기술이 어느 정도 성과를 보이던 1960년 초에 후속 프로그램으로 달탐사 계획이 제시되었다. 다만 아이젠하워 대통령의 재임 기간이 1년도 남지 않았기 때문에 미국의 달 탐사 계획은 1960년 11월 민주당 출신으로 당선된 미국의 제36대 대통령 존 F. 케네디 John F. Kennedy 정부에서 1961년 1월부터 본격적으로 검토되기 시작했다.

아이젠하워 정부에서 설립되어 미국의 평화적 민간 우주개발을 총괄하고 있던 국가 우주 기관인 NASA는 케네디 정부 초기에 상당히 불안한 나날을 보내고 있었다. 특히 NASA가 국방부 산하의 미사일 개발 기관과 통합되고, NASA가 총괄하고 있는 유인 우주 프로젝트도 군에 이양될 것이고, NASA 지도부는 무능의 극치라는 유언비어가 난무했다. 이러한 미국 내 분위기는 공화당 대통령에서 민주당 대통령으로 교체가 되었기 때문에 전임 정부에서 진행했던 모든 대형 국가 프로젝

---

* 프로젝트(Project)는 한정된 시간과 비용으로 특정 목적을 달성하기 위하여 조직적으로 움직이는 과정으로 정의함. 프로그램(Program)은 여러 개의 프로젝트가 모인 큰 프로젝트로 정의함. 따라서 머큐리, 제미니는 프로젝트지만, 아폴로는 프로그램으로 부를 수 있음.

트에 대한 재검토는 당연한 일이었다. 또한 대통령 케네디는 지난 대통령 선거 기간 중 아이젠하워 정부에서 추진했던 우주개발 정책에 대한 비난과 대폭적인 개선을 공약으로 내걸기도 했다.

취임 초기 케네디 대통령은 과학 자문 위원회를 구성해, 아이젠하워 정부의 우주 계획을 재검토하고 케네디 정부의 새로운 미사일·우주 정책 방향을 제시하도록 했다. 과학 자문 위원회는 보고서를 작성하여 케네디 대통령에게 보고했다. 주요 내용은 우주개발이 세계인의 상상을 휘어잡고 있고 미국의 위신이 달려있으므로 미국이 우주 분야에서 선두를 지키는 것은 아주 중요하며, 소련에 비해 절대 열세에 있는 로켓 능력을 키우기 위해서는 현재 개발 중인 로켓(새턴 V 등)과 엔진(F-1 등) 등은 계속 개발하는 것이 좋다는 의견 등을 제시했다.

1961년 2월 케네디 정부의 NASA 국장으로 제임스 웹James Webb이 내정되었다.* 웹은 정부에 NASA의 예산 삭감에 항의하고 NASA의 요구사항을 케네디 대통령에게 서면으로 보고 하는 등 NASA 국장으로서 역할에 최선을 다했다. 하지만 국가 예산은 이미 전년도에 확정되었기 때문에 1961년 NASA 예산에 대한 증액은 거의 불가능해 보였다. 국가 예산 편성에는 항상 예비비가 있어서 국가의 중요한 사건이나 사고가 터졌을 때 바로 투입할 수는 있지만, 1961년 3월까지는 우주개발비 증액을 위하여 예비비를 쓸 명분이 없었다. 하지만 1961년 4월 12

---

* 제임스 에드윈 웹(1906년 10월 ~ 1992년 3월)은 1961년 2월에 케네디 정부에서 NASA 2대 국장으로 임명받아 존슨 대통령 재임 기간인 1968년 10월까지 약 8년 가까이 근무. 그의 재임 기간 중 머큐리 프로젝트, 제미니 프로젝트, 그리고 아폴로 프로그램이 시작되거나 완료되었음. 2002년 차세대 우주망원경의 이름으로 제임스 웹을 선정하여 그의 우주에 대한 공헌을 인정함. 참고로 제임스 웹 우주망원경은 기존의 허블 우주망원경 지름인 2.4미터 대비 2.7배 큰 6.5미터이며, 2021년 12월에 성공적으로 발사되어 현재 우주에서 다양한 영상을 지구에 전송하고 있음

일 소련의 유리 가가린이 R-7 로켓의 개량형인 보스토크 로켓을 타고 우주로 나가서 지구를 선회한 뒤 무사히 지구로 귀환했다는 소식이 미국에 전해지면서 취임 초기 케네디 정부에서 구상했던 우주개발과 관련한 모든 수정 계획은 한순간에 폐기된다. 특히 인류 최초의 우주인을 소련보다 먼저 만들기 위하여 시작한 머큐리 프로젝트에 잔뜩 들떠 있었던 미국 국민은 다시 큰 상실감을 맛볼 수밖에 없었다. 미국 언론, 미국 의회는 물론, 케네디 대통령 자신도 소련이 우주개발에 있어서 미국을 이기고 지속적으로 획득한 '인류 최초'를 달성하는 것을 더 이상 참을 수 없었다. 권투선수 마이크 타이슨의 말처럼, 링에 올라가기 전까지는 무수한 계획이 있지만 링에서 한방 얻어터지는 순간 모든 계획은 사라지는 것이다.

이제 우주개발과 관련하여, '인류 최초'라는 타이틀은 무엇이 남아 있을까? 소련은 이미 1959년에 R-7 로켓을 업그레이드하여 무인 달 탐사선 '루나'를 싣고서 달 표면 착륙 및 달 뒤쪽 촬영까지 성공시켰기 때문에 스푸트니크 쇼크와 비슷한 수준으로 인류에게 큰 울림을 줄 수 있는 우주개발은 유인 달 착륙 외에는 없었다.

케네디 대통령은 존슨Lyndon B. Johnson 부통령을 통하여 폰 브라운 등에게 유인 달 착륙 가능 여부에 대하여 문의했다. 이에 대하여 폰 브라운은 '유인 달 착륙선을 실을 로켓은 없지만, 소련도 이러한 로켓을 보유하지 못했기 때문에 우리가 긴급 프로젝트로 사업을 추진한다면 1967년에서 1968년 사이에 목표를 달성할 수 있다'는 내용의 답을 존슨 부통령에게 보냈다. 폰 브라운으로부터 이 같은 내용의 회신을 받은 존슨 부통령은 케네디 대통령에게 "우리가 취할 수 있는 분명한 선택은 1970년 이전에 달에 사람을 착륙시키고 데려오는 것입니다"라고 전달했다.

　NASA와 국방부의 추가 검토 후, 1961년 5월 25일 미국 국회 상하원 특별 합동 연설에서 케네디 대통령은 유인 달 탐사 계획 착수를 공식적으로 선언했다. 우주개발과 관련하여 미국이 획득할 수 있는 마지막 남은 '인류 최초' 타이틀인 자존심을 살려줄 수 있는 '아폴로 프로그램'이 미국 정부, 의회, 국민의 전폭적인 지지를 받으며 정식으로 출범하게 되었다.

케네디 대통령과 아폴로 프로그램의
문샷 씽킹 (Moonshot Thinking)

"우리는 달에 가기로 선택합니다... 왜냐하면 그것이 어렵기 때문입니다."
"We choose to go to the moon... because it is hard..."

미국과 소련 간의 우주 경쟁space race에서 미국은 소련과의 우주기술 격차를 줄이고는 있었지만 계속 한발 늦었음. 미국인의 자존심과 긍지를 높이기 위하여 미국의 35대 대통령인 존 F. 케네디는 1962년 9월 휴스턴 라이스대학에서 아래와 같이 연설함.

But why, some say, the moon? Why choose this as our goal? And they may well ask, why climb the highest mountain? Why, 35 years ago, fly the Atlantic? ... We choose to go to the moon. We choose to go to the moon in this decade and do the other things, not because they are easy, but because they are hard...

"그런데 어떤 사람들은 왜 달이냐고 묻습니다. 왜 이것을 우리의 목표냐고도 묻습니다. 그들은 왜 높은 산에 오르냐고도 당연하게 물을 것입니다. 왜 35년 전에 대서양 횡단 비행을 했을까요? ... 우리는 달에 가기로 선택합니다. 우리는 앞으로 10년 내 달에 가서 많은 일들을 하기로 선택합니다. 왜냐하면 그것이 쉽기 때문이 아니라, 어렵기 때문입니다."

바로 케네디 대통령의 '문샷 씽킹' 연설임. 당시에 미국 내에서는 존재하지도 않던 기술과 방법으로 10년 내 유인 달 착륙을 성공시키겠다고 대통령이 국민 앞에서 선언한 것임. 프로젝트 관리학에서 명확한 목표와 기간 설정에 대한 최고의 예라고 소개되는 명문임. 결과적으로는 10년 내 사람을 달에 보내겠다는 그의 선언은 1971년보다 2년이나 먼저 현실이 되었음. 문샷 씽킹 연설이 큰 동기가 되어 미국이 다른 어느 나라보다 먼저 달에 우주인을 보냈을 뿐만 아니라, 지금까지도 유일하게 달에 사람을 보낸 국가로 남아있음.

'문샷 씽킹'이 유명하게 된 계기는 미국의 IT 기업 구글의 기업정신에 언급되었기 때문이기도 함. 구글에서는 이전에 없던 새로운 일에 도전하여 10퍼센트의 이익을 얻는 대신에 혁신적인 성과로 10배의 성장을 목표로 하자면서 문샷 씽킹을 항상 강조하고 있음. 처음 맞는 큰 문제를 해결하기 위하여 혁신적이고 과감한 방법으로 담대하게 도전하는 것이 '문샷 씽킹'의 핵심임. 계속 패배하고 있어도 원대한 비전과 명확한 목표를 제시하고, 이를 달성하기 위해 실패를 두려워 말고 창의적인 방식을 끊임없이 시도해야 할 때 '문샷 씽킹'을 자연스럽게 떠올리는 것임.

2) 달 궤도 랑데부(LOR) 선택한 아폴로 프로그램

아폴로 프로그램이 아직 공식화되지 않은 1961년 초, 지구에서 달까지 가기 위한 임무 설계에서 크게 두 가지 방법이 고려되었다. 첫 번째는 거대한 로켓을 이용해 지구에서 달까지 직접 날아가서 달 표면에 착륙Direct Ascent, DA하는 방법이었다. 두 번째는 DA 대비 상대적으로 작은 로켓으로 여러 번에 걸쳐 달 착륙용 우주선 부품을 지구 궤도에 올린 뒤 랑데부Earth Orbit Rendezvous, EOR를 통하여 하나의 거대한 달 착륙선을 만든 후 달까지 날아가는 방법이었다. 특히 NASA 마샬 비행센터의 폰 브라운 그룹에서는 DA보다 복잡하기는 하지만 현재 개발 중인 로켓의 성능과 프로그램 기간을 고려했을 때 EOR이 최선이라는 주장을 했다.

1961년 중반 아폴로 프로그램이 공식화되면서 빠른 기간 내에 미국 우주인을 달에 착륙시키고 다시 지구로 귀환시키는 방법이 공론화되었다. NASA의 각 지부에서는 각각 달에 사람을 보내기 위한 새로운 방법을 제안했다. 우선 NASA JPL에서는 달 표면 랑데부Lunar Surface Rendezvous, LSR 방법을 적극적으로 제안했다. LSR은 우주인이 달에 착륙하기 전에 먼저 1기의 지구 귀환선과 여러 기의 무인 화물을 달 표면에 보낸 뒤에 이상이 없는 것으로 확인되면 우주인을 달에 보내자는 개념이다. 한편 NASA 랭리의 존 휴볼트John Houbolt는 달 궤도 랑데부Lunar Orbit Rendezvous, LOR를 적극적으로 제시했다.* LOR은 지구

---

* 존 휴볼트(1919년 4월~2014년 4월)는 독일 이민자 1세대 출신의 항공우주공학자. NASA 랭리연구소 출신으로 아폴로 프로그램의 달 궤도 랑데부(LOR)를 제안. LOR 채택 덕분에 미국은 소련보다 먼저 달에 사람을 보낼 수 있었을 뿐만 아니라, 막대한 개발비를 절감할 수 있었음

에서 달 궤도까지 왕복하는 아폴로 우주선Apollo Command and Service Modules, 이하 CSM과 지구에서 달까지는 CSM과 함께 날아가지만 달 궤도에서 분리하여 달 표면까지 왕복하는 달 착륙선Lunar Module, 이하 LM으로 나누어 구성하는 개념이다.

NASA 내부에서는 발표와 토론, 내부 회의 등을 통하여 아폴로 프로그램을 위한 임무 설계 합의점 찾기에 골몰했으나, 쉽지 않았다. 각각의 방법마다 나름의 장점과 단점이 있었다. 선정의 핵심은 소련보다 빨리 1960년대 내에서 사람을 달에 보내기 위한 최적의 방법을 현재 미국이 가지고 있는 우주기술 기반에서 심사숙고하여 선정하는 것이었다.

최종적으로 LOR 방법이 아폴로 프로그램의 유인 달 착륙으로 선정되었으며, NASA의 각 센터 모두 LOR을 아폴로 임무 수행 프로파일로 의견 일치를 보았다. LOR이 선정된 가장 큰 이유는 위 네 가지 방법 중 개발비가 합리적이면서 기술적 난도가 낮았기 때문이다. 1962년 11월 NASA 제임스 웹 국장은 기자회견을 열어 위 결정을 공식적으로 발표했다. 이로써 아폴로 프로그램의 임무 설계 문제는 일단락되었으며, 아폴로 우주선의 설계 개념도 확정할 수 있게 되었다.

미국의 유인 달 착륙 방법, 달 궤도 랑데부(LOR)

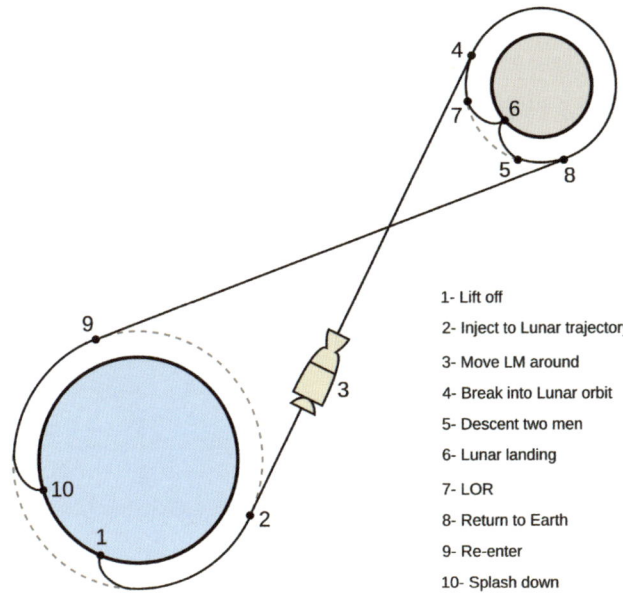

1- Lift off
2- Inject to Lunar trajectory
3- Move LM around
4- Break into Lunar orbit
5- Descent two men
6- Lunar landing
7- LOR
8- Return to Earth
9- Re-enter
10- Splash down

　1919년 우크라이나의 공학자, 유리 콘드라츅Yuriy V. Kondratyuk(1897~1942)이 처음으로 제안했고, 1961년 미국의 존 휴볼트가 NASA 내부에서 적극적으로 추천한 LORLunar Orbit Rendezvous(달 궤도 랑데부) 방법은 미국의 유인 달 착륙 프로그램 아폴로 우주선이 최종 확정되었음.
　LOR 방법을 상세하게 설명하면 우선 미국의 초대형 새턴 V 로켓으로 아폴로 우주선(CSM, 지구 궤도에서 달 궤도까지 왕복하는 모듈)과 달 착륙선(LM, 달 착륙/이륙에 사용되는 모듈)을 지구 궤도에 투입하는 것임. 지구 궤도에서 CSM과 LM이 도킹하여 하나의 우주선이 되는데, 이때 달 착륙선 랜딩 레그 부분이 우주선의 전면에 위치해야 함(LOR 방법 중 기술적으로 가장 어려웠던 부분이 바로 지구

3차 우주 경쟁 : 인류 최초로 달에 사람을 보낸 국가

궤도에서의 도킹이었음. 왜냐하면 미국은 이때까지 도킹 경험이 없었음). 하나 된 아폴로 우주선 CSM과 달 착륙선 LM은 최소 3일 이상 달 궤도까지 함께 날아감. 달 궤도 도착 후 아폴로 우주선 CSM은 달 궤도를 계속 선회하고 달 착륙선 LM은 CSM과 분리하여 홀로 달 표면으로 내려감(이때 두 명의 우주인은 LM에, 한 명의 우주인은 CSM에 머뭄). 달 표면에서 내려간 두 명의 우주인이 달 표면에서 임무를 마친 후 다시 달 착륙선 LM(정확하게는 LM 상승단)에 탑승한 후 달 표면을 출발하여 달 궤도를 돌고 있는 아폴로 우주선 CSM에 다시 도킹함. 이때 LM에 타고 있던 우주인 두 명은 CSM으로 자리를 옮김. 그리고 CSM은 LM을 분리시켜 달 궤도에 놔두고 CSM만 지구로 다시 귀환하는 것임. 다시 지구 궤도에 돌입한 CSM은 세 명의 우주인이 탑승한 부분을 제외한 추진 부분은 우주에 남겨두고 지구 대기권으로 재돌입하여 바다에 무사히 착륙하는 것으로 LOR은 끝이 남.

3) 미국 아폴로 프로그램의
첫 로켓, 새턴 I

아폴로 프로그램이 달 궤도 랑데부LOR 방법으로 달 탐사를 확정하면서 NASA는 더 무거운 아폴로 우주선을 달 천이궤도Trans Lunar Injection, TLI까지 투입할 로켓 개발도 확정했다. 바로 새턴Saturn(토성) 로켓 개발이 본격적으로 시작된 것이다.

NASA는 아폴로 프로그램을 위하여 총 3종의 새턴 로켓을 발사했다. 바로 새턴 I(원), 새턴 IB(원비), 새턴 V(파이브) 로켓이다. 다만 새턴 I 로켓은 케네디 정부가 아폴로 프로그램을 공식적으로 선언하기 전에 개발에 착수했기 때문에 지구 궤도 랑데부EOR 방법으로 달 탐사선을 보내기 위하여 발사했다. 새턴 IB와 새턴 V 로켓은 케네디 정부의 공식적 유인 달 탐사 계획 발표 및 LOR 방법 선정 이후에 발사하기 시작했다는 차이가 있다. 우선 새턴 I 로켓 개발부터 살펴보자.

새턴 I 로켓 개발 초기 방법은 미국의 전형적인 로켓 개발과 매우 유사했다. 즉 이미 확보했거나 현재 개발 중인 로켓 기술을 최대한 활용하여 새로운 임무를 위한 신형 로켓을 만드는 것이다. 따라서 새턴 I 로켓도 아폴로 프로그램만을 위하여 제로 베이스에서 시작한 로켓이 절대 아니다.

미 공군에서는 1950년대 중반부터 ICBM 타이탄 II 개발에 착수했는데, 타이탄 II의 백업 플랜, 즉 타이탄 II 개발이 잘되지 않았을 경우를 대비하여 플랜 B를 준비했다. 바로 ABMA 소속의 베르너 폰 브라운과 하인즈 헤르만 코엘Heinz-Hermann Koelle이 제시한 슈퍼 주피터Super-Jupiter 로켓 개발 프로젝트인데, 이것이 바로 새턴 I 로켓 개발의 시초다." 슈퍼-주피터 로켓의 1단에는 로켓다인이 개발한 가스발생기 사이클 방식의 E-1 엔진 4기가 장착되어 있었다. 액체산소와 케로신을 추진제로 사용하는 이 엔진들은 합쳐 총 680톤에 달하는 추력을 내는 거대한 로켓이었다.

폰 브라운과 그의 팀 동료인 코엘은 슈퍼-쥬피터 로켓 개발 프로젝트 외에 미 국방부 ARPA(고등계획국)로부터 이미 보유하고 있는 레드스톤과 주피터 로켓 기반으로 새로운 대형 로켓인 주노Juno V를 개발하는 프로젝트까지 지원받게 된다. 하지만 미 공군의 타이탄 II가 예상보다 빨리 궤도에 오르면서 백업안인 '슈퍼-주피터'와 E-1 개발은 함께 종결되었다. ARPA에서 개발비를 지원받고 있던 주노 V 로켓만은 개발을 계속할 수 있었지만, 기존의 주노 V 로켓에서 사양을 변경할 수밖에 없었다. 개념 설계 단계에서 주노 V 로켓의 1단은 총추력 약 680톤을 내는 신형 E-1 엔진 4기를 탑재하는 계획이 추진되었다. 그러나 E-1 엔진이 아직 시험 단계에 머물러 있었기 때문에 개발 리스크와 일정 지연이 우려되었다. 이에 따라 이미 검증된 로켓다인의 S-3D 계열을 바탕으로 한 H-1 엔진(지상 추력 약 91톤) 8기를 사용하는 구성으로 변경되었고, 그 결과 1단의 총추력과 로켓 전체의 궤도 투입 능력은 다소 감소하게 되었다." 또한 1959년 2월 주노 V 로켓은 공식적으로 새턴 I

---

* 하인즈 헤르만 코엘(1925년 7월~2011년 2월)은 독일 단치히에서 태어난 항공우주 엔지니어. 2차 세계대전 중 나치 독일의 공군 조종사로 복무. 제2차 세계대전 후 독일에 남아서 독일 우주여행학회를 조직하면서부터 폰 브라운과 연락을 하기 시작한 코엘은 폰 브라운이 미국으로 초청하여 ABMA에 합류시키면서 본격적으로 미국 로켓 개발에 발을 들여놓게 됨. 코엘의 대표적인 업적은 새턴 1 로켓 설계임

** 로켓다인에서 개발한 H-1 엔진은 가스발생기 사이클 기반으로 액체산소와 케로신을 추진제로 사용하는 추력(지상) 93톤, 비추력(진공) 289초, 연소압 48바의 액체로켓엔진임. H-1 엔진도 많은 미국의 엔진들처럼 V-2 로켓의 엔진에서 파생되었음

로켓으로 명칭도 변경되었다.

새턴 I 로켓의 목적은 지구 저궤도에서 아폴로 우주선 CSM과 동등한 질량의 구조물을 운반할 수 있는지 검증하고, 유인 비행 시 필요한 비상 탈출 시스템을 시험하는 데 있었다. 이를 위해 길이 약 55m, 3단 구성의 새턴 I 로켓이 개발되었다. 1단은 크라이슬러에서 제작했으며, 로켓다인의 H-1 엔진 8기를 장착했다. H-1은 케로신과 액체산소를 추진제로 사용하며 지상 추력은 각 약 91톤이었다. 이 1단의 추진제 탱크는 기존 레드스톤과 주피터 로켓용으로 제작된 탱크를 조합해 재사용한 것으로, 하얀색 탱크가 액체산소 탱크, 검은색 탱크가 케로신 탱크였다. 2단은 더글라스Douglas Aircraft Company에서 제작했고, 로켓다인의 RL-10 엔진 6기를 장착했으며, 이 엔진은 액체수소와 액체산소를 사용하고 진공 추력은 약 11톤이었다. 3단은 컨베어에서 제작되었으며 RL-10 엔진 2기를 장착하는 설계였지만, 실제 비행에서는 사용되지 않았다. 요약하면, 새턴 I 로켓은 1·2단의 성능을 통해 아폴로 계획에 필요한 대형 로켓 기술과 우주선 시스템을 단계적으로 검증하는 시험 로켓이었다.

새턴 I 로켓의 첫 발사는 1961년 10월이었으며, 1965년 7월까지 총 10회 발사되었는데, 단 1번의 실패도 없이 성공적으로 발사되었다. 특히 1차부터 4차 발사까지는 1단에만 엔진이 장착되어 성능 검증을 진행했으며, 5차 발사부터는 2단에도 엔진을 장착하기 시작했다. 다만 결론부터 이야기하면 새턴 I 로켓에 장착한 엔진들은 실제로 아폴로

---

* 새턴(Saturn, 토성)은 태양계에서 5번째 행성인 주피터(Jupiter, 목성)에 이어 6번째에 위치. 태양계에서 목성 다음으로 큰 행성인 토성이므로, 큰 로켓을 개발한다는 의미에서 새턴으로 지었다고 함

우주선을 운반할 새턴 V 로켓에는 단 1기도 장착하지 못했다. 왜냐하면 그때 NASA의 정책은 작은 추력을 내는 엔진을 다수 장착하는 것보다는 강력한 엔진을 소수 장착하는 것이 페이로드의 궤도투입 향상 등 장점이 높다고 판단했다. 이러한 결정이 가능한 이유는 로켓 개발에 경제개념을 넣지 않았기 때문이다. 지금 뉴 스페이스 시대에는 절대로 불가능한 판단이지만, 그때는 로켓의 성능이 최우선 판단 근거였다.

4) 미국 아폴로 프로그램의 징검다리 로켓, 새턴 IB

1961년 케네디 정부에서 미국의 유인 달 착륙을 위한 아폴로 프로그램을 공식적으로 발표했고, 1962년 NASA 내부의 열띤 논의 끝에 달 궤도 랑데부$_{LOR}$ 방법까지 결정되었다. 따라서 지구 궤도 랑데부$_{EOR}$ 방법으로 개발 중이던 새턴 I 로켓보다 훨씬 더 높은 성능을 지닌 2번째 새턴 로켓이 필요했다. 바로 대형 로켓 새턴 IB가 그 주인공이다. 다만 새턴 II(투) 로켓이라고 이름을 짓지 못한 가장 큰 이유는 아마도 새턴 I과 똑같이 8기의 H-1 엔진을 장착한 1단을 사용하기 때문일 것이다. 미국의 로켓 개발 방식의 특징은 이전에 개발한 로켓 개발 헤리티지를 최대한 이용하는 것인데, 이 전략은 새턴 IB 로켓 개발에서도 예외없이 적용되었다.

새턴 IB 로켓은 총 2단으로 높이는 43.2미터, 직경은 6.61미터다.* 새턴 IB 로켓 개발의 목적은 아폴로 프로그램의 끝판왕인 새턴 V 로켓이 완성되기 전에 아폴로 우주선 CSM과 달 착륙선 LM의 성능 검증을 우주에서 수행할 수 있도록 지구 저궤도까지 이송하는 것이었다. 이를 위하여 새턴 IB 로켓은 2단을 크게 개선했다. 우선 2단 엔진으로 기존의 새턴 I 로켓의 추력(진공) 11톤인 RL-10 엔진 6기에서 추력(진공) 110톤의 신형 J-2 엔진 1기로 바꾸었다. 이 덕분에 2단에 장착된 엔진의 전체 무게는 비슷했지만 추력은 약 2배 가까이 향상되었다.** 또한 1단 추

---

* 이전의 새턴 I 로켓은 3단이긴 했으나 실제로 3단에 엔진이 장착되어 발사된 적은 없으니, 새턴 I도 새턴 IB처럼 2단 로켓으로 봐도 무방할 것임
** RL-10 엔진 1기의 무게는 300킬로그램. 새턴 I 로켓 2단에 RL-10 엔진 6기 장착 시 총 무게는 1,800킬로그램임. 새턴 IB 로켓 2단에 장착하는 J-2 엔진 1기의 무게는 1,788킬로그램이므로, 두 로켓의 2단 엔진 무게는 새턴 IB가 오히려 약 12킬로그램 가벼움

진제 충전량을 기존 대비 약 3.1퍼센트 늘렸다. 이 덕분에 새턴 IB 로켓의 지구 저궤도 페이로드 투입 중량은 새턴 I 로켓의 9.1톤보다 약 2배 이상 향상된 19톤까지 높였다. 증가한 페이로드 투입 중량으로 새턴 IB 로켓을 이용하여 아폴로 프로그램의 핵심인 아폴로 우주선 CSM에 추진제를 반 정도 채우거나, 아폴로 달 착륙선 LM에 추진제를 가득 채워서 탑재하여 지구 저궤도에 투입 후 궤도에서 필요한 시험이 가능할 수 있게 된 것이다.

새턴 IB 로켓의 첫 발사는 무인 우주선 CSM 블록 I을 탑재하고 지구 저궤도인 고도 161킬로미터까지 운반하는 것이 목적이었다.* 시리얼 넘버는 SA-201로 정해졌는데. 여기서 S는 새턴 로켓을, A는 아폴로 프로그램을, 숫자 2는 새턴 로켓의 2번째 시리즈, 마지막 1은 첫 번째라는 의미. 1차 발사의 시리얼 넘버 SA-201은 1966년 2월에 이뤄졌으며 성공적으로 발사되었다. 그리고 이어진 2차, 3차 비행시험까지 모두 성공적으로 마친 NASA는 1967년 2월 4차 발사인 SA-204를 확정했다. SA-204에서는 아폴로 프로그램의 첫 번째 임무로서 세 명의 우주인이 탑승할 아폴로 1호 우주선 CSM 블록 I을 실은 새턴 IB 로켓이 발사될 예정이었다.

1967년 1월 발사대에 세워진 새턴 IB 로켓의 드레스 리허설Dress Rehearsal이 진행되었다.** 이때 갑자기 아폴로 1호 CSM 블록 I의 캐빈

---

* 아폴로 우주선 CSM은 블록 I과 블록 II로 구분함. 블록 I은 아폴로 프로그램을 위하여 설계된 것이 아닌, 지구 궤도에서 1주일 이상 우주인이 거주하기 위한 목적으로 제작되었음. 아폴로 프로그램 발표 후 NASA에서는 CSM 블록 II 설계에 착수하였고, 위 사고 이후에는 모든 CSM은 개선된 디자인으로 설계 제작된 블록 II가 사용됨
** 로켓이 최종 발사 전에 발사대에 로켓을 세워두고 실제 발사와 똑같은 절차로 발사 준비를 하는 연습. 다만 로켓 추진제 탱크로 추진제 공급은 이뤄지지 않음

에서 전기 스파크가 일어났고, 산소가 가득한 우주선 내부는 급속하게 화재가 발생해 탑승한 3명의 우주인(거스 그림솜Gus Grissom, 에드 화이트, 로저 차피Roger Chaffee) 모두가 죽게 된다. 이로 인하여 화재의 원인 및 재발 방지를 위한 새로운 장치들의 개발, 아폴로 프로그램에 대한 전반적인 고강도 점검이 이뤄지면서 새턴 IB 로켓의 남은 발사 일정도 연기가 될 수밖에 없었다. 그렇게 아폴로 우주선에 대한 전반적인 재점검이 진행되면서 시간이 흐르는 사이에 새턴 V 로켓 개발이 완료되었다. 새턴 V 로켓의 첫 발사는 SA-501이라는 이름으로 무인 아폴로 4호 우주선 CSM을 탑재하고 1967년 11월 성공적인 첫 발사를 진행했다.

이후 새턴 IB 로켓은 아폴로 프로그램을 위하여 두 번의 발사를 진행한다. 첫 번째인 SA-204는 1968년 1월 무인 아폴로 5 우주선으로 진행했는데, 최초로 달 착륙선인 LM을 장착하여 지구 궤도까지 이송했다. 두 번째이자 새턴 IB 로켓의 마지막 발사인 SA-205는 1968년 10월 세 명의 우주인을 태운 아폴로 7 우주선을 성공적으로 지구 저궤도까지 이송했다. 이때는 아폴로 1의 우주선으로 사용한 블록 I보다 우주인의 생명 보장을 위한 다양한 장치가 추가된 블록 II가 사용되었다. 또한 세계 최초로 우주에서 생방송으로 지구에 영상을 보내는 것까지 성공했다. 다만 아폴로 7 발사 후 새턴 IB 로켓은 왕좌를 새턴 V 로켓에 물려준 뒤 더 이상 아폴로 프로그램을 위해서는 발사되지 않았다.

5) 미국 아폴로 프로그램을 위한 초대형 로켓, 새턴 V

이제 아폴로 프로그램의 '끝판왕'이자 미국과 소련 간에 펼쳐진 3차 우주 경쟁의 마지막 승자, 새턴 V(파이브) 로켓을 설명할 차례다. 새턴 V 로켓의 위엄이 지금까지 이어지고 있는 이유 중 하나는 지구에서 제작한 로켓 중 유일하게 지구 저궤도를 넘어 달까지 사람을 이송한 기록을 보유하고 있기 때문이다. 1967년 아폴로 4호 우주선을 발사한 SA-501부터 1972년 아폴로 17호 우주선을 발사한 SA-512까지 총 12회에 걸쳐 아폴로 프로그램을 수행한 위대한 로켓이 바로 새턴 V다.

미 ABMA에서 NASA 마샬비행센터로 소속만 바뀐 폰 브라운은 케네디 대통령의 유인 달 착륙 계획인 아폴로 프로그램 선언과 NASA 내부의 달 궤도 랑데부$_{\text{LOR}}$ 방법 확정으로 새턴 IB 로켓보다 더 나은 성능의 로켓이 필요함을 직시했다. 바로 새턴 V 로켓 개발의 강력한 명분과 동기가 부여된 것이다.

3단형으로 최종 완성된 새턴 V 로켓은 높이 110.6미터, 직경 10.1미터의 초대형$_{\text{super heavy}}$ 로켓이다.* 지구 저궤도인 170킬로미터에 141.1톤, 달 천이궤도$_{\text{TLI}}$에 52.8톤의 페이로드를 투입할 수 있는 성능을 보유하고 있다. 새턴 V 로켓 1단 동체 제작은 보잉에서 맡았다. 새턴 V 로켓이 이전 로켓과는 전혀 다른 차원의 고성능이 가능했던 가장 큰 이유는 새턴 V 로켓 1단에는 새턴 IB 로켓의 H-1 엔진과는 차원이 다른 새로운 1단 엔진이 장착되었기 때문이다. 바로 로켓다인에서 개발

---

* 초대형 로켓의 조건은 지구 저궤도까지 20톤 이상의 페이로드를 이송하는 능력을 보유한 로켓에 부여하는데, 새턴 V 로켓은 지구 저궤도에 141톤, 달 천이궤도에 52.8톤의 페이로드 투입이 가능함

한 추력(진공) 792톤의 F-1 엔진의 등장이다. F-1 엔진은 가스발생기 사이클 기반으로 추진제로 케로신과 액체산소를 사용하는 엔진으로 개발했는데, 길이 5.6미터, 직경 3.7미터의 초대형 크기였다. 새턴 V 로켓의 이륙 중량은 2,800톤이 넘는데, 이런 막중한 무게를 우주까지 이송하기 위하여 1단에 F-1 엔진 5기를 장착했다. 참고로 F-1 엔진 1기가 792톤의 추력을 내기 위해서는 초당 1,789킬로그램의 액체산소와 788킬로그램의 케로신이 연소기로 공급되어야 한다.

    새턴 로켓 2단에는 새턴 IB 로켓의 2단에 장착했던 로켓다인의 추력(진공) 110톤의 J-2 엔진 5기를 장착했다. 새턴 로켓 2단 동체 제작은 노스 아메리칸에서 담당했다. 3단 동체는 더글라스에서 제작했으며, 엔진으로는 J-2 1기를 장착했다. 2단과 3단에 J-2 엔진이 선택된 이유는 이전에 발사된 새턴 IB 로켓의 2단으로 사용되면서 비행 중 엔진의 안정적 성능이 검증되었기 때문이다. 더구나 J-2 엔진은 추진제로 액체산소와 액체수소를 사용하는데, 액체수소는 가장 효율(비추력)이 높은 엔진의 연료지만, 대기압이 존재하는 1단 엔진보다는 주위가 진공인 고고도인 2단이나 3단 엔진으로 사용할 때 최고의 성능을 보장한다.*

    새턴 V 로켓의 첫 발사인 SA-501은 앞서 새턴 IB 로켓에서 설명했

---

* 액체수소의 높은 비추력은 노즐 내부에서의 빠른 유효배기속도에서 기인함. 다만 발사체의 1단만 고려할 때 추진제의 효용성(비추력과 밀도가 최종속도에 미치는 영향)을 비교하면 밀도가 높은 케로신이 수소보다 적절함. 특히 밀도가 낮은 액체수소이기 때문에 필요한 추진제 양을 담을 추진제 탱크 용량도 케로신 대비 5배로 커져야 함. 더구나 액체수소의 밀도는 케로신 대비 11배 이상 작음. 예를 들어 케로신의 밀도는 830kg/m³, 수소의 밀도는 71kg/m³이며, 액체산소와의 혼합비는 케로신 엔진의 경우 1(케로신):2.7(액체산소), 액체수소 엔진의 경우 1(액체수소):6.03(액체산소)이며, 이를 고려하면 추진제 탱크 용량이 5.34배 커짐. 이는 결국 로켓의 구조비에 악영향을 끼침. 그래서 액체수소를 1단으로 사용하는 로켓은 보통 로켓의 1단 사이드에 고체로켓엔진 부스터를 장착하는 경우가 대부분임

듯, 1967년 11월 아폴로 4호 무인 우주선을 싣고 성공적으로 발사되었다.˙ 이후 아폴로 5호, 아폴로 6호도 새턴 V 로켓을 이용하여 아폴로 우주선의 성능을 본격적으로 점검하기 시작했다. 그리고 이미 언급했지만, 아폴로 7호는 새턴 V 로켓이 아닌, 새턴 IB 로켓으로 발사되었다.

새턴 V 로켓의 첫 유인 우주인 비행은 1968년 12월에 진행한 SA-503, 아폴로 8호 발사였다. 아폴로 8호는 지구 저궤도를 넘어 달 천이궤도TLI 진입까지 성공했다. 그리고 68시간의 비행 후 달 궤도에 도착한 아폴로 8호는 달 궤도를 10바퀴 선회 후 다시 지구로 안전하게 귀환했다. 다만 아폴로 8호 우주선은 달 착륙선인 LM은 장착하지 않고 3명의 우주인이 탑승한 우주선 모선인 CSM으로만 달 궤도까지 다녀왔다. 즉 아폴로 8호의 임무는 지구에서 달 궤도까지 3명의 우주인이 실제로 LOR 방법으로 달까지 다녀올 수 있는지를 확인하는 것이었다. 그만큼 미국은 아폴로 프로그램을 신중하고 차근차근 접근했다. 그리고 그것이 가능한 이유는 결코 소련이 미국보다 먼저 달에 사람을 보낼 수 없을 것이라는 확신도 있었을 것이다.

지구에서 달 궤도까지 무사히 다녀올 수 있음을 확인한 NASA는 1969년 3월 SA-504, 아폴로 9호 발사를 새턴 V 로켓으로 진행했다. 아폴로 9호 우주선에는 3명의 우주인이 탑승한 모선 CSM과 달 착륙선 LM까지 포함하고 있었다. 아폴로 9호의 목적은 달 궤도에 도착한 모선 CSM과 달 착륙선 LM이 분리된 후 LM의 착륙단Descent Stage, DS에 장착된 엔진의 성능 확인이었다.˙˙ 그리고 다시 달 궤도에서 아폴

---

* SA-501의 의미는 S는 새턴(Saturn) 로켓, A는 아폴로(Apollo) 프로그램, 5는 새턴 V의 V(아라비아 숫자로 5), 1은 1차 발사를 뜻함

** 달 착륙선 착륙단에 장착된 엔진은 미국 TRW에서 제작한 LMDE(Lunar Module

로 9호의 모선 CSM과 달 착륙선 LM의 도킹을 진행함으로써 우주인이 실제로 달 표면에 도달할 수 있음을 확인하는 것이었다. 발사 후 지구 귀환까지 약 10일 동안 진행된 아폴로 9호의 모든 테스트는 성공적으로 완료되었다.

1969년 5월 NASA는 인류 최초의 유인 달 착륙 시도를 앞두고 최종 점검인 드레스 리허설을 위하여 SA-505라는 이름으로 새턴 V 로켓에 3명의 우주인, 아폴로 10호 우주선 CSM, 그리고 달 착륙선 LM을 싣고 발사했다. 아폴로 10호의 임무는 달 궤도에 도착한 후 착륙선 LM으로 2명의 우주인이 이동 및 탑승하여 달 표면의 고도 15킬로미터까지 LM의 착륙단(DS)을 사용하여 내려가서 육안으로 다음 번 아폴로 11호가 달에 착륙할 지점을 확인하는 것이다. 또한 달 고도 15킬로미터에서 LM의 착륙단(DS)을 버리고 이륙단Ascent Stage, AS을 사용하여 다시 달 궤도를 돌고 있는 모선인 아폴로 10호과 랑데부 및 도킹 후 우주인들은 아폴로 10호 모선으로 모두 이동하여 지구로 귀환하는 것이었다. 아폴로 10호는 모든 테스트를 성공적으로 완료한 후 무사히 지구로 돌아왔다. 이제 진짜 남은 것은 우주인이 달 착륙을 실제로 하는 것뿐이었다.

Descent Engine)로 추력(진공) 4.5톤, 추진제로 독성인 Aerozine 50과 NTO를 사용함. 다만 이 엔진이 지금까지도 유명한 이유는 바로 이 엔진의 연소기에 핀틀 인젝터(Pintle injector)를 적용했기 때문임. 그리고 약 20년 정도 흐른 1990년대 초 미국 TRW에서 근무한 톰 뮬러라는 연구원이 핀틀 인젝터 기반으로 대형 엔진을 개발하는 프로젝트에 참여했었고, 이후 그는 2002년 일론 머스크라는 괴짜 억만장자가 창업한 민간 우주기업 스페이스X의 창립 멤버로 이직하면서 팰컨 로켓 시리즈의 핵심인 멀린 엔진의 연소기를 핀틀 인젝터 기반으로 개발함. 그리고 지금 멀린 엔진은 초고성능을 보여주면서 인류의 로켓 개발사에서 전설의 엔진으로 자리를 잡고 있음

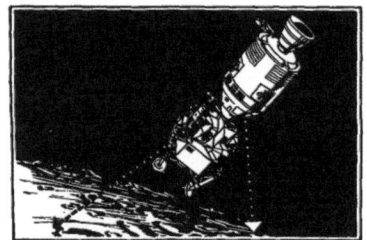
Lunar Landmark Tracking

Transfer to Lunar Module

Descent Orbit Insertion

Lunar Module Staging

Apollo Docking

LM
Ascent Engine Firing to Depletion

Lunar Landmark Tracking

아폴로 프로그램의 초대형 로켓, 새턴 V의 1단 엔진, F-1

3차 우주 경쟁 : 인류 최초로 달에 사람을 보낸 국가

로켓다인에서 제작한 이륙중량 2,800톤에 달하는 새턴 V 로켓 1단에 장착된 5기의 F-1 엔진은 케로신을 연료로 사용하는 가스발생기 사이클 기반의 엔진임. F-1 엔진의 크기는 5.6미터, 지름은 3.7미터, 무게는 8.4톤임.

F-1 엔진의 높은 추력과 거대한 크기는 많은 공학적 문제를 일으켰는데, 대표적인 것이 '연소 불안정'임. '연소 불안정'은 간단히 말해 연소 불꽃이 엔진의 진동이나 특정 주파수와 공진을 일으켜 압력과 온도가 급증하는 현상인데, 심할 경우 엔진을 망가뜨릴 수도 있음. 특히 엔진의 크기가 큰 엔진일수록 연소 불안정이 발생하기 쉬움. 당시 개발자들은 엔진 분사기에 배플(일종의 가림막)을 부착하여 연소 불안정 문제를 해결함. 참고로 누리호 75톤 엔진 개발 당시에도 연소 불안정이 발생하여 많은 어려움을 겪었는데, F-1 엔진의 연소 불안정을 해결한 방식과 유사하게 배플을 설치해 해결했음. 또 다른 예로 F-1 엔진보다 늦게 개발된 러시아의 RD-170 엔진은 F-1과 유사한 추력을 내는 엔진이지만 연소기가 1개가 아닌 4개로 구성하여 연소 불안정 문제를 해결했음.

아폴로 프로그램 초기에 새턴 V 로켓에 장착된 F-1 엔진은 지상 추력 750톤, 비추력 263초, 연소시간 150초였으나, 점점 성능을 개량하여 마지막 아폴로 15 미션을 위한 새턴 V 로켓에 장착된 F-1 엔진은 지상 추력 761톤, 비추력 265초, 연소시간은 159초까지 향상되었음. 로켓다인은 이 성능에 만족하지 않고 F-1 엔진의 업그레이드 버전인 F-1A 개발도 진행함. F-1A 엔진은 지상 추력이 816톤으로 기존의 F-1보다 약 20퍼센트 향상됨. 원래 F-1A 엔진은 아폴로 프로그램 이후에 개발될 새로운 발사체에 장착하려고 개발하였으나, 안타깝게도 미국과 소련 간의 3차 우주 경쟁인 문 레이스Moon Race가 미국의 일방적인 승리로 마무리되면서 미국 내에서도 우주개발에 대한 더 이상의 목적을 찾지 못했고, 미 국민의 관심도도 뚝 떨어지게 되었음. 결국 새턴 V 로켓 생산도 멈추면서 F-1A 엔진은 한 번도 날아보지 못하고 그대로 역사 속으로 사라지게 되었음. 하지만 F-1 엔진이 인류의 로켓 개발사에서 엄청난 공헌을 한 중요한 액체로켓엔진임은 틀림없음.

6) 아폴로 11호, 3명의 우주인을 달에 이송하다

 미국과 소련은 먼저 인류 최초로 달에 사람을 보내기 위하여 1960년대 초반부터 본격적인 경쟁을 펼쳤다. 이름하여 3차 우주 경쟁. 인공위성과 사람을 우주에 보내는 것까지 먼저 성공하면서 2차 우주 경쟁까지 앞서있었던 소련은 마지막 3차 우주 경쟁에서는 미국에 귀화한 독일 과학자 폰 브라운 중심의 체계적인 로켓 개발 방식에 압도되어 결국 미국에 지고 만다. 더 충격적인 사실은 현재까지도 소련(러시아)은 달에 사람을 보낸 적이 없다는 것이다. 그만큼 아폴로 프로그램의 새턴 로켓과 아폴로 우주선은 시대를 초월하는 기술로 사람을 달에 보낸 것이다. 이제부터 지구에서 태어난 인류의 달 착륙 이야기를 본격적으로 시작한다.

 1969년 7월 16일(미국 현지 시각) 닐 암스트롱Neil Armstrong, 버즈 알드린Buzz Aldrin, 마이클 콜린스Michael Collins 등 3명의 우주인이 탑승한 아폴로 11호 우주선 CSM(중량 28.8톤)과 달 착륙선 LM(중량 15.2톤)을 탑재한 새턴 V 로켓이 케네디 우주센터에서 성공적으로 발사되었다. 달 궤도 랑데부LOR 방법으로 달에 착륙하기 위하여 우선 지구 저궤도에 올려진 아폴로 11호 우주선 CSM은 달 착륙선 LM과 도킹 후 달 천이 궤도TLI를 통하여 달로 향하는 머나먼 여정에 올랐다.

 약 3일 동안의 우주비행 후 아폴로 11호는 달 궤도에 진입했고, 암스트롱과 알드린은 아폴로 11호 컬럼비아Columbia(우주인 3인을 태운 아폴로 11호 CSM의 이름)에서 이글Eagle(달 착륙선 LM의 이름)호로 이동했다. 그리고 1969년 7월 20일 두 명의 우주인을 태운 이글호는 착륙단DS 엔진을 점화하여 속도를 줄이면서 달 표면의 고요한 바다Sea of Tranquility에 무사히 착륙했다.

달 표면에 착륙한 이글호에서 닐 암스트롱이 내리면서 인류 최초로 달 표면에 첫 발자국을 내딛는 모습이 지구로 생중계되었다. 이때 닐 암스트롱은 "한 인간에게는 작은 한 걸음이지만, 인류에게는 위대한 도약이다"라는 명언을 남긴다.*

닐 암스트롱과 버즈 알드린은 달에서 약 21시간 40분 정도 머문 후 이글호 상단의 이륙단AS을 타고 달 궤도로 날아갔으며, 달 궤도에서 돌고 있던 컬럼비아와 랑데부 후 도킹까지 순조롭게 진행했다. 이후 달 궤도를 30바퀴 돌면서 지구 천이궤도 투입Trans-Earth Injection, TEI을 통하여 다시 3일 동안의 우주비행으로 무사히 지구로 귀환했다. 드디어 3차 우주 경쟁이 완벽한 미국의 승리로 결정된 순간이었다. 9년 전인 1961년, 고인이 된 미국의 35대 대통령 존 F. 케네디가 선언했던 대로 10년 이내에 사람이 달에 착륙했다가 안전하게 지구로 돌아온 것이다.**

아폴로 11호의 달 착륙으로 3차 우주 경쟁은 미국의 승리로 끝이 났지만, NASA는 아폴로 프로그램을 계속 진행했다. 1969년 11월 아폴로 12호부터 1972년 12월 아폴로 17호까지 새턴 V 로켓을 이용한 달 탐사는 계속되었다. 다만 아폴로 13호는 아폴로 우주선에 장착된 산소탱크가 폭발하는 큰 사고로 인하여 달에 진입하지 못하고 다시 지구로 돌아올 수밖에 없었다. 그 외의 아폴로 우주선은 모두 달까지 무사히 다녀오면서 끝까지 임무를 완료했다. 아폴로 프로그램으로 총 12명의 우주인이 달

---

* 미국인 닐 암스트롱은 영어로는 "One small step for man, one giant leap for mankind"라고 표현했음

** 케네디 대통령이 라이스대학에서 한 연설 중 "before this decade is out, of landing a man on the Moon and returning him safely to the Earth"라는 문장이 있음. 한국어로 "10년이 지나기 전에 사람을 달에 착륙시키고, 안전하게 지구로 되돌아오게 할 것입니다"

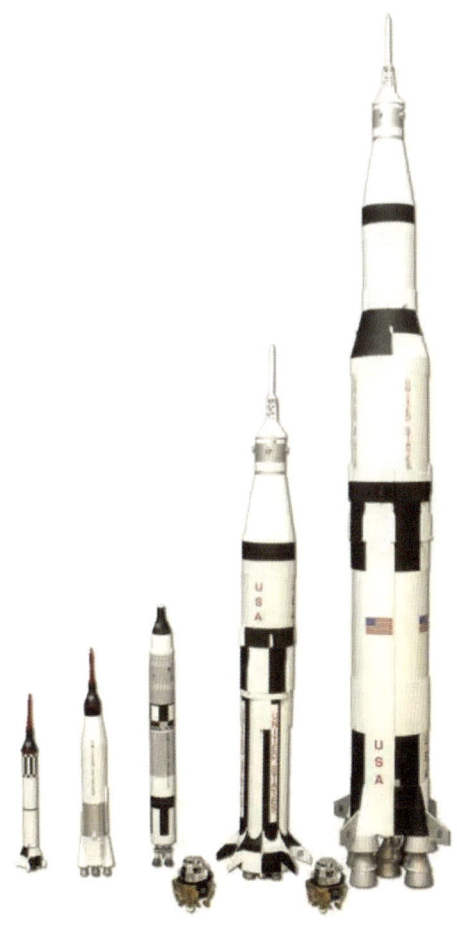

그림 5-1 | 머큐리-레드스톤, 제미니-타이탄, 새턴 I, 새턴 IB, 새턴 V

표면에 도착한 것이다. 달 궤도까지 다녀온 우주인을 포함하면 24명이다. 하지만 그것이 인류의 마지막 달 착륙이었다. 폰 브라운을 포함한 미국 NASA의 로켓과학자들은 소련과의 3차 우주 경쟁을 승리로 이끌었으나, 결론적으로 본인들의 목을 죄는 결과가 기다리고 있었다.

우선 37대 대통령 리차드 닉슨이 이끄는 공화당 정부는 아폴로 20

호까지 계획된 아폴로 프로그램을 아폴로 17호까지만 진행한 후 모두 취소시켰다. 사실 닉슨 대통령은 아폴로 15호 성공 이후에도 아폴로 프로그램을 취소한다고 발표했지만, 주위 참모진들의 설득으로 아폴로 16호와 아폴로 17호까지는 진행한다고 수정한 전력이 있었다. 하지만 아폴로 17호 이후에는 더 이상 지구 저궤도를 넘어서는 우주 프로그램을 시작하지 않았다.

대신 닉슨 정부는 기존의 미소 냉전 관계와는 전혀 다른 외교정책으로 우주 경쟁 구조를 탈피하려고 했다. 바로 데탕트détente(프랑스어), 즉 긴장 완화relaxation 정책이었다. 1972년 5월 리차드 닉슨 대통령은 소련 레오니드 브레즈네프 서기장과 데탕트, 즉 냉전 완화를 위한 협상을 시작했다. 특히 양국 간에는 우주 경쟁보다는 화해 및 우주 협력의 분위기로 방향 전환을 추구했다. 그 결과 1975년 7월 우주공간에서 미국의 아폴로 우주선과 소련의 소유즈 우주선이 랑데부 후 도킹까지 하는 이벤트까지 성사시켰다. 그렇다고 닉슨 정부에서 아폴로 프로그램 이후 새로운 우주개발 프로그램을 아예 진행하지 않은 것도 아니다. 새턴 V 로켓 이후를 이어갈 NASA의 새로운 로켓 개발 제안 중에서 닉슨 정부는 재사용이 가능한 우주 왕복선space shuttle 개발 프로그램을 승인했다. 이제 기존의 일회용 로켓을 대신할 새로운 우주 운송 수단이 등장할 차례가 된 것이다.

유인 달 착륙 프로그램을 시작했으나 끝내 성공하지 못한 소련

소련의 소설가 레프 톨스토이는 소설 『안나 카레니나』의 첫 문장으로 "행복한 가정은 모두 비슷하지만, 불행한 가정은 그 이유가 각각 다르다"라고 썼다. 이것을 세계 로켓 개발사에 대입해 보면, 성공한 로켓 개발은 비슷하지만, 실패한 로켓 개발은 각각의 이유가 있다고 표현할 수 있을 것이다. 하지만 톨스토이 소설의 명문을 적용하기 힘든 분야가 바로 우주개발 분야인 것 같다. 왜냐하면 소련과 미국 간의 3차 우주 경쟁인 유인 달 착륙 대결에서 소련이 완벽한 패배를 당한 가장 큰 이유는 미국이 초기 우주개발에서 반복했던 실수와 매우 흡사했기 때문이다.

1) 소련의 유인 달 착륙 계획, 소유즈 프로그램

소련의 우주개발은 제2차 세계대전 직후부터 세르게이 코롤료프를 중심으로 체계적으로 로켓 개발을 진행했다. 그 결과가 바로 1957년 인류 최초 인공위성 스푸트니크의 지구 궤도 투입 성공, 1961년 인류 최초의 우주인 유리 가가린의 지구 궤도 선회 성공, 1965년 인류 최초의 우주 유영인 알렉세이 레오노프의 배출이었다. 또한 정치권에서도 소련 공산당 서기장인 아시오프 스탈린(1922년~1952년)을 시작으로 니키타 흐루쇼프(1953년~1964년), 레오니트 브레즈네프(1964년~1966년)까지 지속적으로 우주개발을 지원했다. 따라서 소련 내부에서는 미국보다 먼저 달에 사람을 보낼 수 있다는 것을 의심하는 사람이 거의 없었을 것이다. 왜냐하면 사람은 그동안 이룩했던 것을 기반으로 미래를 판단하기 때문이다. 하지만 소련 내부에서는 그동안 잘해왔던 것에 대한 미묘한 균열이 생기기 시작했다.

우주개발 분야에서 미국에 연전연승하고 있던 소련은 인류의 첫 인공위성 발사와 우주인 탄생 이후 확실한 방향과 목표가 없었다. 그래서 1960년 코롤료프는 공산당 서기장 흐루쇼프에게 기존의 R-7 로켓보다 10배 이상의 페이로드를 투입할 수 있는 대형 로켓인 N-1 개발을 제안했다. 다만 대형 로켓의 목적은 미국의 유인 달 착륙 같은 명확한 목표가 아닌, 군사적인 대형 미사일 사용과 달, 화성, 금성 탐사를 위한 대형 탐사선 발사로 설정했다. 소련은 이미 1959년도에 달 착륙선을 성공적으로 보냈기 때문에 달에 사람을 착륙시키겠다는 미국의 아폴로 프로그램 같은 도전적이면서 무모한 목표 설정보다는 우주탐사선을 태양계 행성 곳곳으로 보내는 것에 집중했는데, 이는 코롤료프의 관심사와 일치했다고 볼 수 있다.

1961년 미국 케네디 대통령이 달에 사람을 보내겠다는 아폴로 프로그램에 대해 공식적으로 발표했다. 이 소식을 처음 접한 소련 공산당은 달에 사람을 보내는 우주 경쟁보다 피폐한 자국 경제와 인민의 생활 수준을 높이는 것이 더 시급하다고 판단했다. 또한 당시 미국의 우주기술 수준을 고려했을 때 유인 달 착륙 프로그램은 실현 불가능한 목표로 설정했다고 판단했기 때문에 어느 정도 개발하다가 중단할 것으로 예상했다.

하지만 미국이 아폴로 프로그램을 위한 로켓 개발을 차근차근 체계적으로 진행하고 있다는 정보를 입수한 소련의 로켓과학자들은 조바심을 내기 시작했다. 급기야 그들은 지금까지 우주 경쟁에서 늘 지켜오던 선두 자리를 그대로 미국에 내어줄 수 없다고 목소리를 높이기 시작했다. 소련도 유인 달 착륙 프로그램을 시작해야 한다는 내부적 분위기가 형성된 것이다. 결국 서기장 흐루쇼프는 지금까지 우주개발을 총괄했던 코롤료프의 OKB-1 설계국뿐만 아니라, 다양한 소련의 설계국OKB으로부터 유인 달탐사 계획과 방법을 제안받았다. 엄청난 국가 예산이 투입될 유인 달 착륙 프로그램의 주도권을 어느 설계국이 가지느냐에 따라 각 설계국의 사활이 걸려있다는 것은 모두 다 아는 사실이었다. 그런데 여기서 흐루쇼프는 기존의 소련 우주개발의 성공 법칙과는 전혀 다른 방법을 선택한다. 역시 과학과 공학의 운명을 결정하는 것은 정치다.

1964년 8월 소련 서기장 흐루쇼프, 공산당 관리, 군부는 3차 우주 경쟁인 유인 달 착륙 분야에서 미국이 소련보다 먼저 우주인을 달에 보내는 것을 관망만 할 수 없다는 결론을 내렸다. 이로써 소련 정부는 공식적으로 유인 달 착륙 프로그램 추진을 결정한 것이다. 다만 달 착륙 프로그램의 전권은 기존의 소련 우주개발 방식인 하나의 설계국에서 전체적인 프로그램 개발을 주도하면서 추진력 있게 책임지고 확실하게 진행하는 방식이 아닌, 두 개의 설계국이 서로 나누어서 교차 진행하도록 결정했다. 언뜻 보기에는 서로 간의 선의의 경쟁을 통한 합리적이면서 빠른 개발이 가능할 것처럼 생각될 수도 있겠지만, 양 설계국의 제안은 처음부터 물과 기름처럼 함께할 수 없는 것이었다. 좀 더 자세히 상황을 살펴보자.

OKB-1 설계국의 수장이자 지금까지 소련의 우주개발을 총괄한 코롤료프는 1960년부터 개발하기 시작한 N-1 로켓으로 1968년까지 소련 우주인을 달에 착륙시킨 후 무사히 귀환시키겠다는 계획을 제시했다. 이에 반하여 OKB-52 설계국의 첼로메이Vladimir N. Chelomei는

1967년까지 소련 우주인이 탑승한 우주선으로 달 궤도까지 날아가서 선회한 후 지구로 무사히 귀환시키겠다는 목표를 제시했다. 미국의 아폴로 프로그램을 보면 아폴로 11호가 유인 달 착륙 전에 아폴로 8호가 달 궤도 선회 비행을 먼저 수행하였으므로 일리가 있어 보인다. 하지만 OKB-52에서는 N-1 로켓이 아닌, UR-500 이라는 새로운 로켓으로 달 궤도선을 보내겠다는 계획을 제시했다. 더구나 UR-500 로켓의 엔진은 OKB-456 설계국의 글루시코가 개발하여 납품할 것이라고 지원사격까지 했다. 그리고 최후의 한방이 남아있었다. 바로 OKB-52 설계국장 첼로메이가 흐루쇼프의 아들을 취직시키면서 흐루쇼프에게 달 탐사 계획을 어필한 것이다. 결국 두 설계국의 유인 달탐사 계획 모두가 채택되면서 막대한 중복 투자 비용이 발생하게 되었다. 무엇보다 나빴던 것은 같은 목표의 프로그램을 진행하는 두 설계국 간에 협업이 전혀 이뤄지지 않았다는 점으로, 이는 대폭적인 개발 일정 지연을 초래했다.

설계국 간의 내부적인 갈등으로 유인 달 착륙 프로그램 개발이 답보인 상태가 지속되자 소련 정부는 급기야 1966년 10월 '달 탐사위원회'를 구성했다. 위원회 구성 목적은 유인 달 착륙 프로젝트와 관련한 당사자들 간의 소련 내부 암투를 끝내고 하나의 공통된 목표로 나아가

---

* 블라디미르 첼로메이(1914년 6월~1984년 8월)는 소련 시들체(지금의 폴란드 동부지역 도시)에서 태어난 항공우주 엔지니어. 제2차 세계대전 중 소련의 첫 크루즈미사일 개발까지 성공한 공로를 인정받아 OKB-52 설계국 설립. 이후 발렌틴 글루시코의 OKB-456 설계국(에네르고마쉬)에서 개발한 저장성(독성) 추진제를 사용하는 추력(진공) 168톤의 RD-253 엔진 기반으로 ICBM과 로켓으로 사용할 수 있는 만능 로켓(Universal Rocket) UR-100과 UR-200 로켓을 성공적으로 개발. 또한 소련의 달 탐사 프로그램의 달 궤도선 임무를 위한 UR-500 로켓을 제안하여 로켓 개발을 성공시킴. UR-500 로켓은 현재도 러시아를 대표하는 로켓, 프로톤(Proton)으로 명칭이 변경됨

기 위함이었다. 달 탐사위원회 최종 결론은 코롤료프의 OKB-1 설계국이 제시한 N-1 로켓을 유일한 유인 달 착륙 로켓으로 채택한 것이다. 하지만 N-1 로켓도 부족한 예산 지원으로 인하여 개발 일정 지연이 계속되어 소련의 유인 달 착륙 프로그램은 큰 위기를 맞게 되었다. 이때 소련이 꺼내든 카드, 즉 플랜 B가 바로 높은 신뢰성을 자랑하고 있는 R-7 로켓의 파생형인 소유즈Soyuz 로켓과 소유즈 우주선 기반으로 달 탐사를 진행하는 소유즈 프로그램Soyuz program이었다.

보스토크, 보스호드의 성공 DNA를 고스란히 물려받은 소유즈 프로그램은 1967년 4월에 소유즈 1 임무를 진행했다. 1명의 우주인(블라디미르 코마로프Vladimir Komarov)이 탑승한 무게 6.5톤의 소유즈 우주선이 소유즈 로켓으로 발사된 것이다. 하지만 소유즈 로켓은 지구 저궤도LEO에 최대 6.5톤의 사람을 태운 우주선을 초속 8킬로미터의 속도로 안정적으로 투입할 수 있는 성능은 보유하였지만, 그것이 최대치였다. 소련이 사람을 달에 보내기 위해서는 무게 10톤인 소련의 달 궤도용 우주선인 소유즈 7K-LOK를 달 천이 궤도LTI에 초속 10킬로미터 이상으로 투입할 수 있는 초대형 로켓 N1 개발이 필수적이었다.

2) 소련의 유인 달 착륙선을 위한 초대형 로켓, N1

미국의 새턴 V 로켓이 처음부터 아폴로 프로그램을 위하여 개발에 착수된 것이 아니듯, 소련의 N1 로켓도 소련의 유인 달 착륙 프로그램을 위하여 개발이 시작되지 않았다. 1957년 인류 최초로 인공위성 스푸트니크를 지구 궤도투입에 성공한 코롤료프는 1958년부터 달에 착륙선을 보냈고, 1959년에는 달 사진까지 지구로 전송하는 임무까지 성공했다. 따라서 코롤료프의 주요 관심사는 달보다는 태양계 타 행성 탐험에 있었다. 그 꿈을 실현하기 위해서는 R-7 로켓보다 큰 대형 로켓이 필요하다고 생각했으며, 1950년대 말부터 코롤료프는 꾸준히 소련 정부에 새로운 대형 로켓 개발을 제안했다. 하지만 소련 정부는 ICBM처럼 미국에 대항하는 무기로도 사용할 수 있는 로켓 외에는 그렇게 큰 관심이 없었다. 1960년 소련 정부는 거대한 폭탄까지 대서양 너머로도 이송할 수 있다는 제안을 듣고서야 드디어 코롤료프의 새로운 로켓 N1 개발을 승인했다.*

N1 로켓은 로켓 개념을 확정하는 초기부터 갈등이 표출되었다. 특히 소련 최초의 로켓인 R-1 개발부터 인공위성의 지구 궤도 투입, 우주인 배출까지 성공시킨 R-7 로켓까지 인류 최초라는 타이틀을 안겨준 두 거목, 세르게이 코롤료프와 발렌틴 글루시코 간의 의견 불일치는 N1 로켓용 엔진 선정에서부터 돌아오지 못할 강을 건너게 된다.

코롤료프는 사람이 탑승할 로켓은 무독성 추진제를 사용하는 엔진

---

* N1 로켓의 N은 러시아어로 носитель(노시쩰)임. 영어로는 Carrier, 한국어로는 수송체로 번역함. 우주발사체를 러시아어로는 Ракета-носитель(라케타 노시쩰)이라고 하는데, 소련 최초의 로켓 시리즈들이 R로 시작하는 것이 로켓을 의미했다면, 소련의 본격적인 로켓 기반의 운송체라는 뜻으로 N을 사용했다고 함

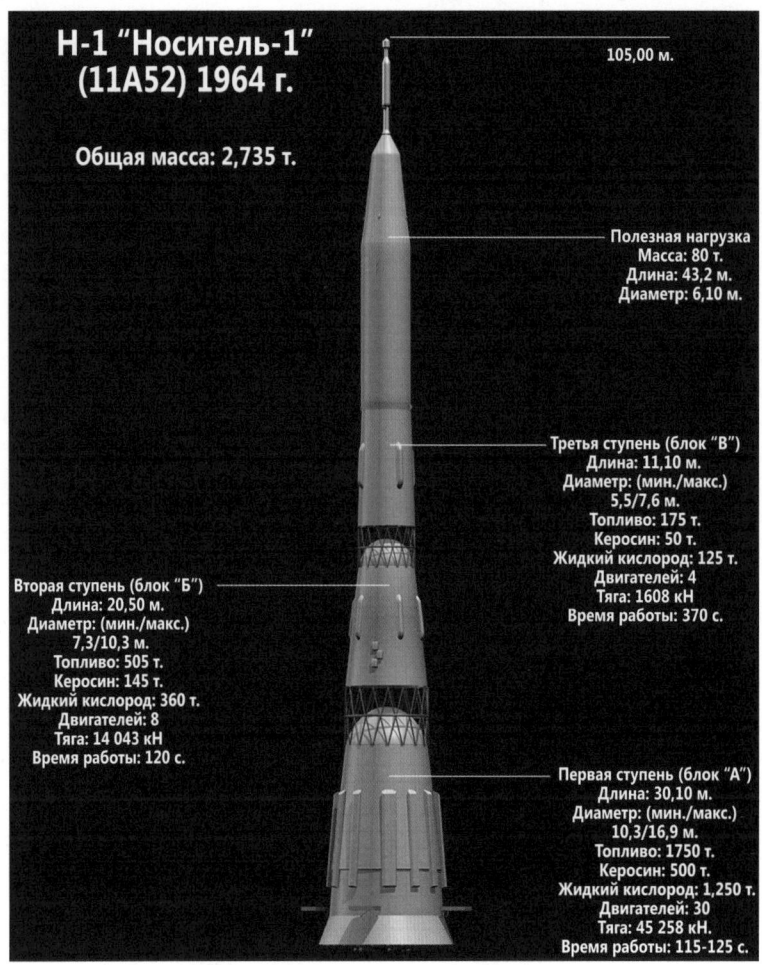

그림 5-2 | N1 로켓엔진

을 장착해야 한다는 확고한 신념이 있었다. 혹시 발생할 수 있는 사고에서 우주인의 생명을 보장하는 것이 빠르고 쉽게 로켓을 개발하는 것보다 더 소중하다는 것이 그의 개발 철학이었다. 하지만 글루시코는 달랐다. 독성 추진제를 사용해서라도 확실하고 빠르게 개발할 수 있는 엔진을 만들어야 한다고 주장했다. 바로 RD-270 엔진 개발을 제시한 것이다.˙ 하지만 실제로 글루시코가 독성 추진제 사용을 주장하게 된 이유는 그가 보유한 OKB-456 설계국에서 케로신과 액체산소를 추진제로 사용하는 추력 50톤 이상의 엔진 개발에 실패한 전력이 있기 때문이다(R-5 로켓용 추력 64톤의 RD-105 엔진 개발에 실패). 그때 OKB-456에서는 연소기를 4개로 나누어 각 연소기가 담당하는 추력을 낮추면서 문제를 해결한 적이 있었을 정도로 고추력 케로신 엔진 개발에 대한 자신감이 없었다. 이렇게 평행선을 달리던 두 사람은 결국 서로 합의점을 찾는 대신, 새로운 파트너를 선택한다.

코롤료프는 R-7 로켓의 1단 엔진인 RD-107과 RD-108을 제작하는 OKB-276(현재 JSC 쿠즈네초프) 설계국의 니콜라이 쿠즈네초프 Nikolai Kuznetsov˙˙ 국장에게 N1 로켓용으로 케로신을 연료로 사용하는 추력 100톤급 엔진 개발을 의뢰한다. OKB-276 설계국은 가스터빈 기반의 항공기 엔진 설계 및 제작회사였으나, RD-107과 RD-108 엔진 제작도 겸하고 있었고, 항공기 엔진의 연료가 케로신이므로 로켓엔진 설계에

---

* RD-270 엔진은 소련 OKB-456(현재 에네르고마쉬)에서 설계하여 제작하고자 했던 추력(진공) 684톤의 대형 엔진. 추진제로 독성인 UDMH(비매칭디메틸 히드라진)와 NTO(사산화이질소) 사용. 높은 추력을 발생시키기 위하여 전유량 다단연소 사이클(Full Flow Staged Combustion cycle)을 채택하였음

** OKB-276 쿠즈네초프 설계국 국장 니콜라이 쿠즈네초프(1911년 6월-1994년 7월)는 소련 악츄빈스크(현재 카자흐스탄 악토베)에서 태어난 항공우주 엔지니어. 1949년 쿠비셰프(현 사마라)에 위치한 쿠비셰프 엔진 설계국(나중에 OKB-276) 엔지니어로 오면서 당시 그곳에서 있던 코롤료프와 함께 근무하게 됨. 제2차 세계대전 후 소련으로 가지고 온 독일 항공기 제트 엔진과 전문가들의 도움으로 본격적으로 소련의 제트 엔진 개발을 진행하여 다양한 소련 전투기에 장착됨. 1960년부터는 코롤료프의 제안을 받아들여 케로신 연료를 사용하는 NK-15 엔진과 NK-15V 엔진, 그리고 업그레이드 모델인 NK-33 엔진과 NK-43˙엔진까지 개발을 총괄하여 N1 로켓을 담당하는 OKB-1에 납품함

과감하게 도전하기로 결정했다. 이에 반하여 글루시코는 앞에서 언급했던 OKB-52 설계국의 첼로메이 국장과 손을 잡고 독성인 저장성 추진제 기반의 UR-500 로켓과 UR-700 로켓 개발로 방향을 틀었다. 더 이상 코롤료프와 글루시코 간에 협업은 없었고, 이는 결국 소련의 우주개발이 내리막길을 걷게 되는 시발점이 되었음은 의심할 여지가 없는 사실이었다.

미국의 아폴로 프로그램이 공식적으로 확정되고 새턴 V 로켓과 달 궤도 랑데부 방법으로 유인 달 착륙을 진행한다는 정보를 입수한 코롤료프는 N1 로켓도 초기의 대형 로켓에서 초대형 로켓으로 궤도 투입 성능을 높이기로 했다. 1964년 최종 확정된 N1 로켓은 총 3단으로 화살촉처럼 뾰족한 형상으로 제작했다. N1 로켓의 전체 길이는 105미터, 최대 지름은 16.9미터였다. 1단 이름은 '블록 A'였으며 길이는 30.1미터, 1단 하부 지름은 16.9미터, 1단 상부의 지름은 10.3미터였다. 1단 엔진은 쿠즈네초프 설계국에서 세계 최초로 개발에 성공한 다단연소 사이클 Staged Combustion Cycle 기반의 케로신을 연료로 사용하는 NK-15 엔진 30기를 장착했다. NK-15 엔진의 추력(진공)은 154.2톤, 비추력 331초인데, 지금도 이 정도의 고성능 엔진을 만들기가 쉽지 않을 정도로 명품 엔진이다. 2단 이름은 '블록 B'였으며, 길이 20.5미터, 2단 하부 지름은 10.3미터, 2단 상부 지름은 7.3미터였다. 추력(진공) 163.3톤

---

* 다단연소 사이클은 엔진의 구성품 중 하나인 예연소기(Pre-Burner, 소련/우크라이나에서는 가스발생기)에서 1차로 불완전하게 연소한 추진제 배기가스가 터보펌프의 터빈을 회전시킨 후 외부로 배출되는 가스발생기 사이클(Gas Generator Cycle)과 달리, 내부 배관으로 연소기에 공급하여 2차 연소하는 엔진 작동 방법임. 외부로 버리는 추진제가 없어서 기존의 가스발생기 사이클 엔진에 비하여 비추력이 높으나, 연소실에서의 압력이 높아서 제작이 어려운 단점이 있음. 케로신을 연료로 사용하는 첫 번째 다단연소 사이클 엔진을 만든 곳이 바로 OKB-276, 쿠즈네초프 설계국임

인 NK-15V 엔진이 총 8기 장착되었다. 3단의 이름은 '블록 V', 길이는 11미터, 3단 하부 지름은 7.6미터, 3단 상부 지름은 5.5미터이고, 추력 (진공) 45.3톤인 NK-21 엔진 4기가 장착되었다. 이 덕분에 N1 로켓은 지구 저궤도LEO에 95톤, 달 천이궤도LTI에 23.5톤의 페이로드를 투입할 수 있었다.

지구 저궤도 투입 성능이 141톤에 달하는 미국 새턴 V 로켓과 비교했을 때 지구 저궤도 투입 성능은 약간 부족하지만, 소유즈 7K-LOK (달 궤도 우주선)를 탑재하고 달 궤도 랑데부LOR 방법으로 1명의 우주인을 달 표면에 착륙시킬 것이라는 계산에서 나온 N1 로켓의 최종 성능이었다. 다만 소련 정부는 N1 로켓 개발에 필요한 예산을 제때 지급하지 못했고, 이 때문에 N1 로켓의 완성은 자꾸 지연될 수밖에 없었다. 설상가상으로 1966년 1월 N1 로켓 개발 프로그램을 총괄하고 있던 세르게이 코롤료프가 수술 후 합병증으로 갑자기 세상을 떠나게 된다.

세르게이 코롤료프의 후임으로는 오랫동안 그와 함께 OKB-1 설계국에서 일했던 부국장, 바실리 미신Vasily Mishin이 새로운 총괄 책임자로 임명된다.* 또한 유인 달 착륙 프로그램은 오직 N1 로켓만을 이용하

---

* 바실리 미신(1917년 1월 ~ 2001년 10월)은 소련 모스크바 인근 비발리노에서 태어난 항공우주 엔지니어. 모스크바항공대 졸업 후 제2차 세계대전 패망국인 독일로 V-2 기술을 습득하기 위하여 소련 정부가 파견한 엔지니어 중 한 명이었음. 이후 세르게이 코롤료프의 2인자로서 OKB-1 설계국의 부국장으로 근무했으며, 코롤료프 사후에는 N1 로켓 개발의 책임자로 임명되었음. 하지만 바실리 미신은 거대한 국가 우주개발 프로그램을 총괄할 기술적 지식이나 리더로서의 덕목을 전혀 갖추지 못했음. 특히 기술적 이해도가 떨어져 어떤 문제에 대한 해결 방향을 결정하는 것을 매우 주저하였음. 더구나 그는 술을 너무 좋아했음. 결국 1974년 N1 로켓 개발 책임자의 자리를 코롤료프의 라이벌, 글루시코에게 물려주게 되었고, N1 로켓 개발 프로젝트는 종국의 길에 접어들게 됨

여 추진하는 것으로 소련 내 설계국 간의 교통 정리도 끝이 났다. 이제 N1 로켓의 개발 성공만이 소련의 유인 달 착륙 프로그램이 핵심 관심사로 남게 된 것이다.

다단연소 사이클 기반의 케로신 엔진, 소련 쿠즈네초프 설계국의 NK-33 엔진

　쿠즈네초프 설계국은 원래 항공기 엔진으로 유명하지만, 로켓 개발에서는 R-7(지금은 소유즈) 로켓의 1단과 2단에 장착되는 RD-107 엔진과 RD-108 엔진의 제작사로 액체로켓엔진 관련 노하우를 습득하기 시작했으며, 급기야 코롤료프의 요청을 받아들여 세계 최초로 다단연소 사이클 기반으로 케로신을 연료로 사용하는 추력 100톤 이상의 엔진 NK-15와 후속 모델인 NK-33을 설계하고 제작하였음(여기서 NK라는 인덱스는 쿠즈네초프 설계국장 니콜라이 쿠즈네초프의 앞 글자만 딴 것으로 추측됨). 특히 NK-33 엔진은 스페이스X의 팰컨 9 로켓 1단으로 사용하는 멀린 1D 엔진 이전에 세계에서 유일하게 150이 넘는 추력중량비(엔진 중량을 추력(파운드)으로 나눈 값)를 자랑하던 월드 넘버 원 엔진이었음.

소련의 유인 달 착륙 프로그램 실패와 중단, 그리고 후임인 글루시코의 N-1 로켓 관련 자료와 하드웨어의 폐쇄 명령으로 인하여 NK-33 엔진은 로켓 역사 속의 마추픽추가 될 뻔했지만, 소련 몰락 후 NK-33 엔진과 관련한 소문을 들은 미국에 의하여 사마라Samara의 외진 창고 속에 몰래 보관 중이던 약 60기 이상의 엔진이 발견되었음. 해당 엔진들 중 36기는 미국의 로켓 기업인 에어로젯 제네럴Aerojet General이 1기당 110만 달러에 구입 후 미국으로 가지고 와 연소시험을 진행. 이는 미국 영토 내에서 최초로 케로신을 연료로 사용하는 다단연소 사이클 기반의 엔진 연소시험이었으며, 시험은 대성공. 이후 미국의 엔진 전문기업 로켓다인에서 NK-33 엔진 성능을 현대적으로 업그레이드한 AJ26 엔진 시리즈를 제작하여 판매하였음.

스페이스X와 함께 국제우주정거장에 화물을 이용하는 서비스 계약인 COTS(상업궤도운송서비스)에 선정된 오비탈 사이언스Orbital Sciences의 안타레스Antares 로켓은 1단 엔진으로 AJ26 엔진을 장착하여 성공적으로 발사를 수행하기도 했음. 또한 러시아 소유즈 로켓의 개량형인 소유즈 2-1v 로켓에도 개량된 NK-33 엔진이 장착되어 사용되고 있음.

3) 소련의 유인 달 착륙 프로그램은 N1 로켓 개발 실패로 중단

미국의 아폴로 프로그램을 위한 새턴 V 로켓은 1967년 11월 아폴로 4호 발사부터 본격적으로 유인 달 착륙을 위한 발사를 시작했으며, 1968년 12월에는 3명의 우주인이 달 궤도를 10바퀴 선회 후 무사히 지구로 귀환하는 아폴로 8호까지 성공시켰다. 이제 미국이 소련보다 먼저 확실하게 유인 달 착륙이 확실히 가능할 것이라는 믿음이 사실로 거의 굳어지던 1969년 2월, 소련은 N1 로켓의 첫 발사를 바이코누르 우주센터에서 진행했다. 이번 발사가 성공한다면, 소련이 미국과의 3차 우주 경쟁인 유인 달 착륙에서도 막판 대역전승도 노려볼 수 있을 마지막 찬스였다. 이륙 중량 2,750톤, 높이 105미터의 거대한 N1 로켓은 바이코누르 우주센터 발사대에서 성공적으로 이륙을 했지만, 몇 초 후 엔진제어기 오류로 1단에 장착된 30기의 NK-15 엔진 중 12번 엔진이 갑자기 정지되었고, 이 영향으로 대각선에 있던 24번 엔진까지 멈춰버렸다. 결국 1단 엔진 전체가 멈춰버렸기 때문에 N1 로켓은 지상으로 추락할 수밖에 없었다.

로켓을 만드는 곳에서는 1기의 로켓만을 제작하는 경우는 없다. 보통 2기 이상 동시에, 혹은 연속해서 제작하는 것이 일반적이다. 첫 발사가 실패했을 경우 두 번째 발사를 바로 진행할 수 있도록 하는 것이 비용 측면에서도, 일정 측면에서도 모두 유리하기 때문이다. 따라서 이미 소련은 두 번째 N1 로켓 발사 준비가 되어있었다. 비록 N1 로켓이 1차 비행에서는 거의 발사 직후 공중에서 폭발했지만, 미국보다 먼저 달에 우주인을 보내겠다는 소련의 의지가 꺾인 것은 아니었다. 하지만 미국도 절대로 가만히 소련의 N1 로켓 발사를 기다리고 있지는 않았다. 미국 NASA는 아폴로 프로그램의 마지막 테스트인 달 착륙선을 달 궤도에 보내어 성능 검증을 순조롭게 진행하고 있었다. 1969년 3월 아폴로 9호 임무를 통하여 달 궤도에서 달 착륙선(LM)의 착륙단(DS) 성능 검증까지 성공했고, 1969년 5월에는 아폴로 10호 임무를 통하여 달 착륙선의 상승단AS 성능 및 달 궤도 랑데부까지 성공했다. 이제 미국에게 남아있는 마지막 임무는 우주인이 실제로 달 표면에 발을 내딛는 것뿐이었다.

미국이 아폴로 11호를 준비하고 있던 1969년 7월 초, 소련은 N1 로켓의 두 번째 발사를 미국 새턴 V 로켓보다 먼저 발사한다. 비록 우주인을 태우고 달 궤도까지 날아가는 유인 비행은 아니었지만, 무인으로 달 주위까지 날아가는 우주선이 N1 로켓에 탑재되어 있었다. 발사대 위에 세워져 있던 N1 로켓 1단에 장착된 30개의 NK-15 엔진에 이륙을 위한 점화 신호가 떨어졌을 때 엔진 1기의 터보펌프가 폭발하면서 엔진 연소가 중지되었다. 이로 인해 이웃한 4기의 엔진이 강제 종료되었고, 나중에는 모든 엔진의 연소가 강제적으로 종료되면서 N1 로켓이 발사대에 그대로 주저앉아 버렸다.

너무나도 큰 대형 폭발이었기 때문에 지금도 핵폭발 다음으로 가장 큰 인위적인 폭발 사고라는 오명까지 쓰고 있을 정도로 그 사고의 여파는 어마어마했다. N1 로켓뿐만 아니라 N1 로켓용 발사대까지 모두 파괴된 1969년 7월에 미국은 새턴 V 로켓을 이용하여 아폴로 11호 임무를 진행하였고, 그 결과 인류 최초로 우주인을 달에 착륙시킨 국가로 당당히 이름을 올리면서 우주 경쟁이 최종 승자는 미국임을 세계에 각인시켰다.

3차 우주 경쟁의 승자가 미국으로 끝이 났지만, 소련은 N1 로켓을 이용한 유인 달 착륙 프로그램을 중단하지 않았다. 1971년 6월에 3차 발사, 1972년 11월 4차까지 모두 N1 로켓을 이용하여 달 궤도까지 무인 소유즈 우주선을 보내기 위한 발사 시도를 했지만 모두 실패했다. 그리고 소련 정부는 1974년 N1 로켓 개발 책임자였던 바실리 미신을 해임하고, 코롤료프의 숙적이자 OKB-456 설계국장 출신인 발렌틴 글루시코를 책임자로 임명했다. 글루시코는 당연히 코롤료프가 주도했던 N1 로켓 개발을 중단하고 새로운 로켓인 우주 왕복선 개발계획을 선언했다. 그렇게 소련의 유인 달 착륙 프로그램은 허무하게 막을 내렸다.

지금도 많은 전문가들이 N1 로켓 개발에서 가장 의구심을 가지고 바라보는 대목이 2개 있다. 첫 번째는 바로 정적 연소 시험static fire test 이다. 요즘 스페이스X는 팰컨 9 로켓 발사 전에 발사대에 팰컨 9 로켓을 세워두고 실제 비행과 똑같이 1단 엔진의 연소시험을 진행하여 혹여나 있을지도 모를 사고를 미리 예방한다. 소련 로켓 전문가들은 왜 N1 로켓을 발사대에 세워두고 N1 로켓 1단에 장착된 30기의 NK-15 엔진의 연소시험을 진행하지 않았을까? 두 번째는 NK-15 엔진의 개량형인 NK-33 엔진을 장착하지 않은 점이다. NK-15 엔진에 문제점이 있음을 확인한 OKB-276 쿠즈네초프 설계국은 업그레이드 버전인 NK-33 엔진 개발을 70년대 초에 완료했다. 하지만 NK-33 엔진은 N-1 로켓에 장착되지 못했다. 뿐만 아니라 계획되었던 N1 로켓의 2회 추가 발사도 OKB-1 설계국 국장으로 글루시코가 부임하면서 모두 강제 종료되었다.

물론 소련의 유인 달 착륙 프로그램의 종료는 기술적인 측면보다는 정치적인 측면에서 봐야 한다. 우선 미국이 새턴 V 로켓을 이용하여 아폴로 프로그램으로 1969년부터 1972년까지 24명의 우주인을 달 궤도에 보냈다. 소련 정부가 막대한 예산을 추가 투입하여 달에 우주인을 보낸다고 하더라도 미국이 이미 이긴 3차 우주 경쟁의 결과를 되돌릴 수 없으므로 소련으로서는 더 이상 유인 달 착륙 프로그램을 지속할 동기가 부여되지 않았을 것이다. 또한 미국의 닉슨 대통령은 취임 후 추구한 주요 외교정책인 데탕트, 즉 긴장 완화도 소련의 우주 프로그램의 변화를 끌어냈다고 보는 편이 타당하다. 왜냐하면 더 이상 미국과 소련이 서로 경쟁적 우주개발을 할 이유를 정치권에서 찾기는 어려웠을 것이다.

소련 코롤료프의 인생 후반기, 그리고 미국 폰 브라운의 마지막 가는 길

　1차와 2차 우주 경쟁을 승리로 이끈 소련의 세르게이 코롤료프는 사실 1960년에 처음으로 심장마비를 겪었으며, 그때 이미 그의 심장에 문제가 있음을 알았음. 하지만 누구도 코롤료프의 우주에 대한 열정을 꺾지 못했음. 1962년부터 코롤료프는 지속적인 건강 문제가 발생했고, 특히 1964년에는 심장 부정맥 진단까지 받았으나 그는 계속해서 일을 했음. N1 로켓 개발이 한창이던 1966년 1월 간단한 수술을 받았으나 그는 끝내 일어나지 못했음. 만약 그가 N1 로켓 개발 완료까지 진두지휘했었다면 3차 우주 경쟁인 유인 달 탐사의 승자도 소련일 수 있지 않았을까? 하지만 그것은 어디까지나 가정일 뿐임. 세르게이 코롤료프는 위대한 러시아 영웅들이 모셔진 모스크바 크렘린 성벽에 안장되었음(인류 첫 우주인 유리 가가린도 크렘린 성벽에 안장되어 있음).

한편, 독일에서 V-2 로켓을 만든 뒤 미국에서 아폴로 프로그램까지 참여한 베르너 폰 브라운은 아폴로 프로그램으로 3차 우주 경쟁에서 소련에 완벽한 승리를 거둔 후 새턴 V 로켓을 이용한 추가적인 우주 계획이 모두 무산되는 것을 보고 닉슨 대통령이 추구하는 미국의 새로운 우주 정책에 완전히 흥미를 잃게 되었음. 1972년 6월 폰 브라운은 오랫동안 몸을 담았던 NASA를 떠나 민간기업인 페어차일드Fairchild Industries로 이직했음. 하지만 1년 뒤엔 1973년 6월 왼쪽 콩팥 주위에 암이 발견되어 제거한 뒤, 2년 뒤인 1975년 8월에는 대장암 진단을 받고는 대장의 대부분을 절개하는 수술까지 받아야 했음. 그리고 1977년 6월 폰 브라운은 세상을 떠났음. 베르너 폰 브라운은 버지니아주 알렉산드리아에 위치한 아이비 힐 묘지에 안장되었음.

◆ **5장 요약** ◆

  인류 최초로 사람을 달에 보낸 국가는 미국이다. 인류 최초의 인공위성, 우주인, 우주 유영까지 모두 소련보다 늦게 배출한 미국이었지만, 인류 최초이자 50년이 지난 현재까지도 유일무이하게 달에 사람을 보낸 국가는 바로 미국이다. 그만큼 1960년대 말 미국의 유인 달 탐사 계획인 아폴로 프로그램은 미국이 아니면 절대로 감당할 수 없을 정도로 거대했다.
  NASA의 창설로 일원화된 민간 우주개발을 주도할 수 있게 된 미국은 케네디 대통령의 '문샷 씽킹' 연설을 통한 전폭적인 지원 아래 체계적으로 유인 달 탐사선 아폴로 프로그램을 준비했다. 우선 미국은 당시 보유한 기술 수준을 고려하여, 가장 빠르게 달에 인간을 보낼 수 있는 방식으로 LOR(달 궤도 랑데부) 방식을 채택했다. 이 방식에서 아폴로 우주선의 CSM(지휘·서비스 모듈)과 LM(달 착륙선)은 지구 궤도에서 도킹한 뒤 달 전이 궤도로 향한다. 달에 도착하면 CSM은 달 궤도에 남고, LM만 분리되어 착륙과 이륙 임무를 수행한다. 이후 달 궤도에서 LM이 다시 CSM과 도킹하면, 달 표면에서 임무를 수행한 우주인들은 CSM으로 이동하고, LM은 달 궤도에 남겨둔 채 CSM만 지구로 귀환한다. 따라서 최소 1주 이상의 기간 동안 3명의 우주인이 우주공간에 머물러야 하므로 아폴로 우주선 CSM의 무게는 최소 14.7톤, 달 착륙선 LM의 무게는 최소 15.2톤을 넘었다. 더구나 당시 미국에는 10톤 이상의 페이로드를 지구 궤도에 투입한 로켓이 존재하지 않았기 때문에 NASA는 초대형 새턴 로켓 시리즈를 순차적으로 개발해야 했다.
  우선 새턴 I 로켓은 기존에 보유한 기술 기반으로 재빨리 제작하여 최대 9톤의 페이로드를 지구 궤도까지 운반할 수 있는지 확인할 목적으로 사용했다. 이어서 새턴 IB 로켓은 새로운 엔진을 장착하여 페이로드 투입 성능을 최대 19톤까지 높인 후 연료가 충전된 CSM 혹은 LM을 지구 저궤도까지 이송할 수 있는지 확인하는 용도로 사용했다. 하지만 새턴 IB 로켓은 발사 준비 과정에서 화재가 발생하여 3명의 우주인이 사망하는 비극을 맞으면서 역사 속으로 사라진다.

　새턴 로켓 시리즈의 끝판왕이자 아폴로 프로그램을 통하여 총 12회에 걸쳐 인류의 처음이자 마지막 유인 달 탐사 프로그램을 수행한 새턴 V 로켓은 달 천이궤도까지 52.8톤의 페이로드를 투입할 수 있도록 개발했다. 새턴 V 로켓의 첫 번째 유인 비행은 1968년 12월 아폴로 8호 발사였으며, 이때 3명의 우주인이 달 궤도까지 다녀오는 것에 성공했다. 1969년 3월의 아폴로 9호와 1969년 5월의 아폴로 10호에서는 달 궤도에서 CSM과 분리된 LM의 달 착륙 및 이륙 성능을 검증했다. 그리고 1969년 7월 3명의 우주인(닐 암스트롱, 버즈 알드린, 마이클 콜린스)이 탑승한 아폴로 11호가 무사히 달 천이궤도에 진입했고, 7월 20일 LM에 탑승한 닐 암스트롱과 버즈 알드린이 인류 역사상 최초로 달에 발을 딛으면서 기나긴 미국과 소련 간의 3차 우주 경쟁의 승자는 미국으로 확정되는 순간이었다.

　세르게이 코롤료프를 중심으로 1차 우주 경쟁과 2차 우주 경쟁에서 승리를 거머쥔 소련에서는 3차 우주 경쟁인 유인 달탐사 프로그램을 앞두고 내부적인 갈등이 본격적으로 표출되었다. 흡사 제2차 세계대전 승전국이었던 미국이 대량의 V-2 로켓 부품을 본국으로 갖고 왔을 때 미 국방부 내에서 서로 로켓을 개발하겠다고 중복적으로 추진하던 것과 매우 비슷했다. 지금까지 소련 우주개발 프로그램을 총괄하던 코롤료프는 무독성 케로신 엔진을 기반으로 초대형 로켓 N1 개발을 제안한 반면, 첼로메이와 글루시코는 독성 저장성 엔진을 기반으로 대형 로켓 UR-500 개발을 제안했다. 일단 소련 흐루쇼프 서기장은 상호 협력 아래 두 프로그램이 서로 교차 개발하도록 결정했는데, 하나의 통일된 조직 아래 일사불란하게 개발하면서 연전연승하던 기존의 소련 우주개발 성공 방정식을 전면 부정하는 것이었다.

 물과 기름처럼 합쳐질 수 없는 두 조직 간의 갈등으로 소련의 유인 달 착륙 프로그램은 약 2년 넘게 답보상태에 빠지게 되고, N1 로켓 개발 책임자 코롤료프마저 1966년 1월 수술 후유증으로 서거하게 된다. 뒤늦게 소련은 N1 로켓 기반으로 유인 달 착륙 프로그램을 진행하기로 공식 결정했으나, 시기적으로는 골든타임을 놓친 뒤였다. 세르게이 코롤료프의 후임으로 바실리 미신이 소련의 유인 달 착륙선 프로그램의 총괄 책임자가 되어 1969년 2월과 1969년 7월 각각 N1 로켓을 2차례 발사했지만 모두 실패했다. 그리고 미국은 1969년 7월 20일 인류 최초로 달에 사람을 보내는 것에 성공함에 따라 소련은 3차 우주 경쟁에서 처음으로 미국에게 패배하게 된다. 이후 소련은 달에 사람을 보내기 위하여 1971년 6월, 1972년 11월 2차례 더 N1 로켓 발사를 시도했으나 모두 실패로 귀결되면서 N1 로켓은 역사 속으로 사라지게 된다.

 3차 우주 경쟁을 마지막으로 미국과 소련은 더 이상 경쟁적으로 우주개발을 추진하지 않게 되었다. 우선 미국의 대통령 닉슨은 '데탕트'라는 긴장 완화 기반의 외교정책을 펼치면서 소련과 상호 협력하는 우주개발로 방향을 대폭 수정했다. 그 결과 미국 NASA가 아폴로 프로그램 이후 계획한 우주개발 프로그램도 상당수 취소되었고, 소련도 마찬가지였다. 또한 기존의 명분 위주의 우주개발 대신, 경제성에 기반한 우주개발이 강조되면서 재사용이 가능한 로켓 개발이 전면적으로 수면 위로 떠오르게 되었다.

6장

4차 우주 경쟁

인류 최초의 부분 재사용 우주 왕복선

4차 우주 경쟁 :
인류 최초의 부분 재사용 우주 왕복선

미국과 소련이 국가적 자존심을 걸고 제2차 세계대전 직후부터 약 25년 동안 치열하게 경쟁했던 우주 경쟁은 1차와 2차는 소련의, 3차는 미국의 승리로 끝났다. 특히 3차 우주 경쟁인 유인 달 착륙이 미국의 일방적인 승리로 끝난 1970년대 초반, 승자의 역설을 증명하듯 미국과 소련의 우주개발 기조가 급격하게 바뀌었다. 국가 안보, 경쟁국 대비 우위를 확보하기 위한 기술개발이라는 거대한 명제만 내세우면 한없이 예산을 지원해 주던 때가 결국은 지나간 것이다. 이제는 우주 프로그램도 사업 초기부터 경제적 관점에서 검토하기 시작하게 되었다. 3차 우주 경쟁 중에도 미국과 소련 내부에서 직면한 가장 큰 문제는 바로 로켓을 개발하는 데 최소 수조 원이 필요하고, 로켓을 한번 발사하는 데 추가로 최소 수천억 원의 비용이 든다는 것이었다. 결국 미국 NASA는 아폴로 프로그램이 가시적 성과를 거두던 1960년대 후반부터 로켓 발사 비용을 줄이는 고민을 시작했다. 그 결과 기존의 로켓과 다른, 비행기와 유사한 형태로 재사용할 수 있는 우주 운송시스템, 즉 우주 왕복선 space shuttle 개발이 필요하다는 결론에 도달했다. N1 로켓 개발을 성공시키지 못하여 유인 달탐사 프로그램을 포기했던 소련도 재사용이 가능한 우주 왕복선 개발로 방향을 전환했다. 바로 1970년대 초중반부터 시작된 미국과 소련 간의 4차 우주 경쟁의 막이 오르는 것이다.

인류 최초로 재사용 우주 왕복선을 개발하고 운영한 미국

인류가 과거에 비하여 더 나은 삶을 살 수 있게 된 이유 중 하나는 익숙한 것에 만족하지 않고 항상 새롭고 더 나은 무언가를 향하여 끝없이 도전하기 때문이다. 우주 분야도 마찬가지다. 이미 지구에서 태어난 사람이 지구의 위성인 달까지 왕복 7일간 다녀올 정도로 우주기술이 진일보했지만 여기서 멈추지 않았다. 우주개발 비용이 턱없이 비싼 가장 큰 이유인 로켓을 한 번 사용 후 폐기하는 단점을 보완할 필요가 있었다. 이것이 최소 100회 이상 재사용 가능한 우주 왕복선Space Shuttle을 개발하는 거대 프로그램이 미국에서 새롭게 태어날 수밖에 없었던 시대적 배경이었다. 그리고 미국 NASA는 기어이 인류 최초로 재사용이 가능한 우주 왕복선을 1981년 성공적으로 개발하여 2011년까지 운영했다. 또한 소련도 미국보다 늦은 1986년에 자체 우주 왕복선의 첫 비행시험까지 성공시켰다. 우주개발 비용을 낮추기 위한 첫 번째 시도인 우주 왕복선 이야기를 미국부터 살펴보자.

1) 미국의 우주 왕복선 프로그램

1966년 9월 NASA는 유인 달 착륙을 위한 아폴로 프로그램의 새턴 V 로켓, 아폴로 우주선과 달 착륙선 모듈 등의 설계를 거의 완료했다. 이 시점에 NASA는 미 공군과 함께 향후 우주개발에 꼭 필요한 로켓의 부분적 재사용을 만족시킬 수 있는 우주운송시스템Space Transportation System에 대한 연구에 착수하여, 가장 합리적인 비용으로 새로운 우주운송시스템을 개발할 필요가 있다는 보고서를 발간했다. 1968년 10월

NASA는 우주운송시스템을 4단계로 나누어 순차적으로 개발하기로 결정했다.˙ 특히 NASA는 1단계Phase A부터 민간 우주기업 간의 경쟁을 통하여 우주운송시스템의 개념설계를 진행했는데, 이렇게 전향적인 개발 방법을 선택한 이유는 민간기업의 설계 능력 향상과 개발비용 절감이라는 두 마리 토끼를 모두 잡겠다는 것으로 볼 수 있다. 뉴 스페이스New Space 시대인 21세기에도 적용되고 있는 혁신적 계약 방법을 1960년대 말에 고안했다는 사실이 놀라울 따름이다. 아무튼 NASA는 우주 왕복선 태스크 그룹Space Shuttle Task Group을 구성하여 제너럴 다이나믹General Dynamics, 록히드, 맥도널 더글라스McDonnell Douglas, 노스 아메리칸 록웰North American Rockwell 등의 민간 우주기업을 참여시켜 다양한 형태의 초기 우주 왕복선 개념을 제시했다.

1969년 7월, 아폴로 11호의 임무 성공으로 아폴로 프로그램의 최종 목표였던 유인 달 착륙이 달성되자, 이후의 유인 우주 활동을 위한 새로운 운송 체계가 논의되기 시작했다. 이에 우주왕복선 태스크 그룹은 세 가지 우주 운송 시스템 개념을 제시했다. 첫째, 일회용 부스터 위에 재사용 가능한 오비터(궤도선)를 탑재하는 방식, 둘째, 하나의 외부 연료 탱크와 다중 재사용이 가능한 로켓 엔진으로 구성된 우주왕복선 방식, 셋째, 부스터와 오비터 모두를 재사용하는 완전 재사용 우주왕복선 방식이었다. 이어 1969년 9월에는 지구와 지구 궤도 사이의 인원 및 화

˙ NASA는 우주운송시스템 개발을 진행하는 방법으로 단계별 경쟁 방식으로 프로그램을 진행했음. 1단계인 Phase A에서 민간기업 간의 경쟁을 통하여 개념설계를 진행했으며, 2단계인 Phase B에서는 민간기업 간의 경쟁을 통하여 예비 설계를 진행하여 최종적으로 2개의 민간기업을 선정했음. 3단계인 Phase C에서는 우주운송시스템의 상세설계를 진행하고, 마지막인 4단계인 Phase D에서는 우주운송시스템의 제작 및 시험까지 수행

물 운송에 더해, 지구 궤도와 달 궤도 간 운송, 나아가 심우주 탐사를 위한 핵추진 재사용 우주선까지 포함하는 확장된 우주 교통망 구상안을 담은 보고서를 발표했다.

아폴로 프로그램으로 소련에 압도적 승리를 거둔 NASA였지만, 미국의 닉슨 행정부와 의회는 NASA가 계획한 우주개발 사업을 대폭 축소하는 정책으로 급선회한다. 또한 미 의회에서도 3차 우주 경쟁을 승리로 이끈 NASA에 이전처럼 많은 예산을 투입하는 것을 꺼리는 분위기가 형성되었다. 이로 인해 아폴로 프로그램 이후 계획된 많은 우주개발 프로그램이 취소 혹은 축소되었다. 다행히 새로운 우주운송시스템을 개발하는 프로그램은 취소되진 않았으나, 가장 예산이 적게 투입되는 첫 번째 안이 선정되었다. 또한 프로그램 이름도 기존의 우주운송시스템Space Transportation System에서 우주 왕복선Space Shuttle으로 변경되었다.

미국의 우주 왕복선과 소련의 우주 왕복선 차이는?

미국은 우주 왕복선을 세계 최초로 개발하여 운영한 국가임. 미국의 우주 왕복선은 우주인이 탑승하고 화물이 적재되는 궤도선orbiter, 궤도선에 장착된 3기의 엔진(RS-25)에 연료를 공급하는 외부 탱크external tank 1기, 우주 왕복선 발사 시 가장 큰 추력을 담당하는 고체 로켓 부스터solid rocket booster 2기로 구성되어 있음. 우주로 날아갈 때 외부 탱크와 고체 로켓 부스터는 연료가 소진되면 각각 우주 왕복선에서 분리되어 지구로 낙하하는데, 고체 로켓 부스터 2기는 낙하산을 이용하여 낙하 속도를 줄여서 떨어지므로 재사용이 가능함. 우주인과 화물이 적재된 궤도선은 지구 궤도에서 임무를 수행

4차 우주 경쟁 : 인류 최초의 부분 재사용 우주 왕복선

한 후 지구 대기권으로 재돌입하면서 지상에 착륙 후 재사용됨. 따라서 미국 우주 왕복선의 가장 큰 특징은 궤도선과 고체 로켓 부스터를 재사용하여 비용을 절감할 수 있다는 것임.

 소련은 미국의 우주 왕복선을 여러 경로로 입수한 뒤, 소련이 미국에 비하여 확실한 우위에 있는 액체로켓엔진 기술을 입혀서 새롭게 우주 왕복선을 만들었음. 미국 우주 왕복선과 유사하게 궤도선과 부스터로 구성하였음. 단 궤도선에는 소련의 우주 왕복선이 지상을 이륙할 때 필요한 추력을 발생시키는 엔진이 없고, 지구 궤도에서 방향을 조절할 수 있는 작은 엔진 2기만 장착하였음. 대신 부스터는 중앙 부스터(RD-0120 엔진 4개로 이루어짐) 1기와 사이드 부스터(RD-170 엔진) 4기를 장착하였음. 특히 중앙 부스터는 연료로 수소를 사용하고, 사이드 부스터는 연료로 케로신을 사용하는 엔진을 새롭게 개발하여 장착했는데, 이는 소련의 액체로켓엔진 기술이 미국에 비하여 압도적으로 강력했기 때문에 가능했음. 다만 소련의 우주 왕복선은 궤도선만 재사용했고, 부스터 5기는 모두 재사용하지 않았음.

2) 인류 최초의 우주 왕복선, 컬럼비아 발사 및 귀환 성공

인류의 첫 번째 재사용 우주선이 우주운송시스템에서 우주 왕복선으로 축소 확정된 후 NASA는 본격적인 설계 및 제작에 들어갔다. 민간 우주기업 간의 경쟁을 통하여 확정된 우주 왕복선은 우주인(승무원)이 탑승하고 화물이 적재되는 궤도선orbiter, 외부 탱크external tank 1개, 고체로켓 부스터solid rocket booster 2개 등 총 3부분으로 구성했다.

우선 궤도선은 로켓처럼 발사 시에는 로켓처럼 수직으로 상승하여 지구 저궤도에 진입하고, 임무를 마친 뒤에는 항공기 혹은 글라이더처럼 대기 중 활공하여 활주로에 착륙하도록 설계되었다. 궤도선의 제작은 록웰에서 담당했는데, 길이는 37.3미터, 높이는 17.8미터, 날개 길이는 23.8미터였다. 궤도선의 주요 구조는 우주인이 탑승하는 승무원실과 발사 및 궤도 변경의 목적으로 사용하는 3기의 RS-25 엔진 등으로 구성되어 있었다.* 궤도선은 지구 저궤도 투입 기준으로 27.5톤, 정지궤도까지 10.9톤까지 이송할 수 있으며, 지구 귀환에도 14.4톤까지 화물을 싣고 돌아올 수 있다. 특히 궤도선은 지구 궤도에서 대기권으로 재돌입할 때 빠른 속도로 인한 공기와 궤도선 표면 간의 플라즈마 효과로 외부 온도가 1,500도 이상 올라가기 때문에 세라믹 단열재를 사용하여 보호하도록 했다.

우주 왕복선 이륙에 필요한 추력의 15퍼센트를 담당하는 3기의 RS-25 엔진은 액체산소와 액체수소를 저장하고 있는 외부 탱크에서 공

---

* 원래 NASA에서는 궤도선 엔진으로 새턴 V 로켓에 장착되었던 F-1, J-2 등을 고려했었지만, 우주운송시스템에서 우주왕복선으로 프로그램이 축소됨에 따라 로켓다인을 통하여 궤도선에 딱 맞는 새로운 엔진 RS-25를 개발하여 장착함. RS-25 엔진에 대한 상세한 내용은 별도 내용 참조

급받도록 설계되었다. 외부 탱크는 거대한 원통형으로 마틴 마리에타 Martin Marietta(지금의 록히드 마틴)에서 제작했으며, 높이는 47미터, 지름은 8.4미터에 달했다. 우주 왕복선이 발사할 때 함께 이륙했다가 궤도선에 장착된 3기의 RS-25 엔진 연소가 종료되면 외부 탱크는 10초 뒤 분리되어 지구의 인도양으로 떨어진다. 이때 외부 탱크는 산산조각이 나기 때문에 재사용할 수는 없었다.

우주 왕복선 이륙에 필요한 85퍼센트의 추력을 제공하는 고체로켓 부스터 2개는 외부 탱크 좌우에 각각 1개씩 장착되었다. 흡사 외부 탱크가 고체로켓 부스터에 연료를 공급하는 것으로 착각할 수 있는데, 높이 45.5미터, 폭 3.7미터의 고체로켓 부스터는 그 안에 고체연료를 이미 충전하고 있어서 외부로부터의 연료 공급은 불가능하다. 고체로켓 부스터는 이륙 후 약 2분 동안 열심히 연료를 모두 소진한 뒤 외부 탱크와 분리되어 대서양으로 낙하한다. 대서양 바다에 떨어질 때 충격을 완화하기 위하여 낙하산을 장착했으며, 무사히 회수된 고체로켓 부스터는 재사용된다.

1974년 6월 록웰은 우주 왕복선의 첫 번째 궤도선 제작에 착수했다. 궤도선 이름은 엔터프라이즈Enterprise였다. 엔터프라이즈는 엔진과 단열재 없이 지상 시험용으로만 제작되었다. 1976년 9월 제작이 완성되었고, 1977년 2월부터 활강 테스트를 포함한 각종 시험을 성공적으로 완료했다. 특히 궤도선 엔터프라이즈는 고체로켓 부스터를 장착한 외부 탱크 위에 부착되어 발사대에 장착 후 발사대 지상장비와 인터페이스 점검까지 활용되었다. 그리고 그것이 엔진과 단열재가 없는 궤도선 엔터프라이즈의 마지막 역할이었다.

우주 왕복선의 공식적인 첫 번째 비행은 1981년 4월 12일이다. 궤

그림 6-1 | 미국의 우주 왕복선.
좌측부터 컬럼비아, 챌린저, 디스커버리, 아틀란티스, 인데버

도선 컬럼비아Columbia, 외부 탱크 1개, 고체로켓 부스터 2개가 하나의 세트인 우주 왕복선은 미국 케네디 우주센터 39번 발사대에서 힘차게 날아 올랐다. 이날은 공교롭게도 소련의 유리 가가린이 보스토크 로켓과 우주선을 타고 인류 최초로 우주로 다녀온 지 딱 20주년이 되는 날이었다. 비록 미-소 냉전 기간 중이었지만 이념을 넘어서 인류 전체로 보면 매우 기념비적인 날이었다. 미국 정부의 우주를 향한 마음, 대국으로서의 품격을 보여주는 멋진 이벤트였다. 궤도선 컬럼비아는 36번의 지구 선회를 마치고 무사히 지구로 귀환했다. 세 번의 우주 왕복선 시험비행을 성공적으로 완료한 1982년 7월, 미국의 40대 대통령 로널드 레이건Ronald Reagan과 영부인 낸시 여사가 지구에 막 착륙한 우주 비행사들과 만난 뒤 진행한 연설에서 본격적인 우주 왕복선 운영을 선언했다.

100회의 재사용과 10년 이상의 운영이라는 목표로 시작된 미국의 우주 왕복선 프로그램은 궤도선 컬럼비아를 시작으로 챌린저

Challenger, 디스커버리Discovery, 아틀란티스Atlantis, 인데버Endeavour까지 총 5기의 궤도선으로 2011년까지 운영했다. 우주 왕복선이라는 인류 최초의 재사용 우주선을 성공적으로 개발한 미국이었지만, 약 30년 정도 운영 후에 중단할 수밖에 없었다. 가장 큰 이유는 2번의 대형 사고가 있었기 때문이다. 또한 우주 왕복선 발사 및 운영/유지 비용도 결코 합리적이지 않았다. 경제성 확보를 목표로 개발한 우주 왕복선이었지만 실상은 그렇지 못했던 것이다.

---

* 미국 우주 왕복선의 개발비와 첫 번째 발사 비용까지 포함하면 100억 달러(2020년 달러 가치로 환산 시 490억 달러)로 추정. 우주 왕복선 1회 발사 비용은 평균 4억 5천만 달러였으나, 우주 왕복선 운영을 위한 시설과 설비 유지 보수비(흔히 말하는 숨만 쉬어도 내는 비용)가 매년 수십억 달러에 달했음

우주 왕복선 궤도선Orbiter의
메인 엔진, RS-25

　미국 엔진 개발 전문기업 에어로젯 로켓다인에서 우주 왕복선 궤도선의 메인 엔진으로 개발한 것은 액체수소를 연료로 사용하는 연료 과잉Fuel-rich 다단연소 사이클 기반의 RS-25임. 이 엔진은 미국에서 처음으로 실용화에 성공한 연료 과잉 다단연소 사이클 엔진이었음.

　여기서 연료 과잉이라는 뜻은 다단연소 사이클 엔진이 예연소기Pre-burner에서 연료와 산화제를 먼저 1차 연소시켜 발생한 배기가스로 터보펌프 터빈을 구동한 뒤, 해당 배기가스를 주 연소실로 보내 2차 연소를 수행하는 구조를 의미함. 이때 예연소기에서 일반적인 연료·산화제 혼합비 대신 연료를 과잉으로 공급하거나, 반대로 산화제를 과잉으로 공급하여 불완전 연소 상태를 유지함으로써, 2차 연소를 위한 에너지 여유를 남겨두는 것임.

　다단연소 사이클 엔진 중에서 케로신을 연료로 사용하는 경우에는 연소

과정에서 수트(검댕)가 발생하기 때문에 예연소기에서 반드시 산화제 과잉 방식을 사용해야 함. 반면 수소를 연료로 사용하는 경우에는 연료 과잉 또는 산화제 과잉 중 선택이 가능함. RS-25는 이 중에서 연료인 수소를 과잉 공급하는 연료 과잉 방식을 선택한 엔진임.

RS-25 엔진은 1970년대부터 본격적으로 개발하기 시작하여 1981년 4월 우주 왕복선 첫 번째 비행부터 장착되어 사용됨. 미국에서 만든 액체수소 엔진 대부분이 가스발생기 혹은 팽창식 사이클 기반으로 제작되었으나, 우주 왕복선 이륙 시 사용될 RS-25는 높은 추력을 제공하기 위하여 다단연소 사이클을 채택하였음. 길이는 4.3미터, 직경은 2.4미터, 무게는 3.2톤에 육박하는 대형 엔진임. 연소압은 206.4바이며, 추력은 진공에서 232.4톤, 지상에서는 189.6톤. 이에 따라 비추력도 진공에서는 452.3초, 지상에서는 366초로 다운됨.

액체수소를 연료로 사용하는 엔진의 경우 진공과 지상에서 추력 및 비추력이 30퍼센트 이상 차이가 발생함(케로신 엔진의 경우 10퍼센트 정도 차이가 남). 왜냐하면 수소를 연료로 사용하는 이유는 노즐에서의 속도가 타 연료 대비 빠르기 때문인데(비추력이 높다는 뜻), 지상의 경우 노즐 출구에 1바의 대기압이 있어서 노즐 내부의 압력이 대기압보다 낮아 역류로 인한 연소 불안정성이 생길 확률이 있음. 그래서 수소 엔진을 1단 엔진으로 장착할 때는 2단 엔진으로 장착할 때보다 노즐 길이가 훨씬 짧아지게 되고, 이로 인하여 추력 및 비추력도 비례하여 낮아짐.

RS-25 엔진은 보잉의 초대형 로켓인 SLS 1단 엔진으로도 사용이 되는데, 1기당 가격이 무려 4천만 달러에 이를 정도로 비싼 엔진임.

3) 미국 우주 왕복선의
두 번의 대형 사고, 그리고 퇴역

모든 비행물체는 초기 개념설계를 하기 전에 목표를 설정한다. 우주 왕복선의 목표는 '100회 재사용'과 '10년 이상 운영'이었다. 이와 같은 목표를 달성하기 위해서는 우주 왕복선에 사용되는 부품의 신뢰도가 무척 중요하다. 10분 동안 1회 사용하고 버리는 부품과 반복해서 10년 동안 100회 이상 사용하는 부품의 품질은 결코 같은 기준으로 만들어서도, 관리되어서도 안 되었다. 하지만 NASA는 그렇게 관리하지 않았고, 그 결과는 어마어마한 대형 사고로 이어졌다.

1986년 1월 28일 오전 11시 39분(현지 시각), 궤도선 챌린저가 탑재된 우주 왕복선은 미국 케네디 우주센터에서 발사 후 73초만에 14km 상공에서 공중 폭발했다. 챌린저 궤도선의 10번째 비행이자 우주 왕복선의 25번째 비행이었는데, 탑승자 7명이 전원 사망하는 치명적인 대형 사고가 발생한 것이다. 1차 사고 조사에서 밝혀진 원인은 우주 왕복선 외부 탱크 우측에 장착된 고체로켓 부스터의 조인트 내 O-링 고장이었다. 원래 미국 플로리다는 겨울에도 영하로 거의 떨어지지 않는 날씨인데, 발사 당일 아침 기록적으로 낮은 기온으로 인해 O-링이 뻣뻣해져 조인트 밀봉 능력이 저하되었고, 결국 O-링이 이륙 직후 파손된 것이다. O-링 파손은 고체연료 부스터 내부의 누출로 이어졌고, 엔진의 뜨거운 배기가스가 고채부스터 내로 유입되어, 결국 외부 탱크의 구조 붕괴 및 고체 연료 부스터의 회전을 불러일으키면서 우주 왕복선이 공중에서 분해되는 치명적 결과로 이어졌다.

미국 로널드 레이건 대통령은 확실한 사고 조사를 위하여 위원회를 구성했다. 사고 위원회에서는 철저한 조사 끝에 고체로켓 부스터가 잠

그림 6-2 | 우주 왕복 궤도선 챌린저 첫 발사

재적인 치명적 사고 위험이 있을 수 있다는 내부 보고가 있었음을 확인했다. 하지만 NASA 내부의 조직 문화와 의사 결정 과정에서 그 의견이 무시거나 해결되지 않았음이 밝혀졌다. 사고 이후 NASA는 안전, 신뢰성 및 품질 보증 사무국Office of Safety, Reliability, and Quality Assurance을 설립했다. 또한 사고 후 32개월 동안 우주 왕복선 운행을 중지하면서 고체로켓 부스터뿐만 아니라, 우주 왕복선의 전체적인 품질개선 작업도 함께 진행했다. 공중 폭발된 궤도선 챌린저를 대체하기 위한 새로운 궤도선 인데버Endeavour 제작도 진행하여 1992년 첫 비행을 시작했다.

첫 번째 사고 후 15년 이상 큰 무리 없이 지구와 우주를 왕복하던 우주 왕복선은 2003년 2월 1일 두 번째 대형 사고를 겪는다. 궤도선 컬럼비아는 28번째 임무를 마치고 지구 대기권에 재돌입 후 미국 텍사스

상공을 지나고 있을 때 갑자기 공중 분해되었다. 이 사고로 7명의 우주비행사 전원이 목숨을 잃게 된다.

사고 직후 컬럼비아 사고조사위원회가 조직되었다. 위원회는 사고의 직접적 원인이 발사 직후 외부 탱크에서 서류 가방 크기의 단열재가 떨어지면서 궤도선 컬럼비아의 왼쪽 날개 가장자리의 탄소 강화 패널에 구멍을 냈음을 밝혀냈다. 임무를 마친 궤도선 컬럼비아는 대기권에 재진입하며 대기와의 마찰을 이용하여 속도를 낮추었는데, 이때 왼쪽 날개 패널에 생긴 구멍에서 고온의 플라스마로 인해 온도가 4,000도 이상 치솟자 폭발을 일으킨 것이다.

하지만 기술적인 관점 외에 다양한 방면에서 사고의 원인을 분석한 자료도 발표되었다. 그중 하나가 바로 NASA 조직의 문제였다. 이 문제는 첫 번째 대형 사고에서도 지적되었던 부분이었다. 즉 NASA의 보직자들은 발사 연기를 불러올 '부정적 정보'나 문제를 논의하기 위한 적절한 의사소통이 부족했다. 특히 1986년 챌린저 폭발 사고 이후 지속적으로 우주 왕복선 발사를 성공시키자 조직의 역량을 과신하면서 사고 이전에 드러난 문제의 중요성을 간과했다. 더구나 폭발의 직접적인 원인이 된 단열재 문제는 궤도선 아틀란티스 발사 시에도 발생했었다. 당시에는 다행히 대형 사고로 이어지지 않았을 뿐이다. '아인리히의 법칙Heinrich's Law'을 조금만 진지하게 생각했었으면 어땠을까 하는 생각이 드는 것은 어쩔수가 없다.˙ 당시 NASA는 내부적인 반복 실험을 통

---

* 1930년대 초 미국 보험회사 직원이었던 허버트 아인리히(Herbert Heinrich)가 산업현장에서 발생한 노동재해에 대해 실증적 분석 결과를 토대로 주장한 것으로, '사고나 재난은 발생 전에 여러 차례의 징후가 나타나므로 이에 대한 분석과 준비를 통하여 미리 예방할 수 있다'는 징후에 관한 법칙임. 즉 1건의 심각한 사고는 이전에 29건의 경미한 사고, 그 이전에 300건의 사소한 사고가 이미 존재한다는 것

하여 검토 후 큰 문제가 없을 것으로 결론을 지었으나, 컬럼비아 사고 이후 진행한 검토에서는 검증 시 실험적 데이터가 충분히 뒷받침되지 못한 것으로 밝혀졌다. 결론적으로 궤도선 컬럼비아 사고의 직접적 원인은 궤도선 왼쪽 날개에서 떨어져 나온 단열재 조각이었지만, NASA 내부의 조직 문화나 업무를 진행하는 방법에도 문제가 많았음을 확인할 수 있었다.

컬럼비아 폭발 사고 사고조사위원회의 최종 보고서에는 우주 왕복선이 위험하고 안전성이 떨어진다고 적혀있었다. 2004년 조지 부시 대통령은 우주 왕복선을 안전하게 만드는 대신에 국제 우주 정거장 International Space Station, ISS 건설이 완공되면 우주 왕복선은 퇴역시킬 것이라 발표했다. 그렇다면 그때까지 우주 왕복선의 역할인 미국 영토에서 ISS까지 화물 및 우주인 운송을 왕복할 새로운 운송수단이 필요했다. 그래서 NASA는 그 역할을 민간 우주기업에게 주기로 결정했다. 우선 민간기업 간의 경쟁을 통하여 개발한 로켓이 기존의 우주 왕복선 역할을 대신할 수 있도록 COTS Commercial Orbital Transportation Services (상업 궤도 운송 서비스) 프로그램을 시작하여 경쟁 끝에 스페이스X와 키슬러 에어로스페이스 Kistler Aerospace (나중에 오비탈 사이언스 Orbital Sciences 로 교체됨)를 선정했다. 또한 COTS 프로그램을 성공적으로 완료한 두 기업은 ISS까지 화물을 운송할 수 있는 CRS Commercial Resupply Service (상업 보급 서비스) 계약을 인센티브로 보장받았다. 마지막으로 우주인을 이송하기 위한 CCP Commercial Crew Program (상업 우주인 프로그램)도 초기 개념설계부터 최종 제작 및 시험까지 단계별로 나누어 민간 우주기업 간의 경쟁으로 진행했고 최종적으로 스페이스X의 크루 드래건 Crew Dragon 과 보잉의 스타라이너 Starliner 를 선정했다.

NASA에서는 2010년까지 우주 왕복선을 운영하고, 이후에는 민간 우주기업이 만든 로켓으로 진행할 것이라고 공식적으로 발표했다. 하지만 우주 왕복선을 대신하여 ISS까지 화물을 운송할 로켓 개발인 COTS가 지연됨에 따라 두 번의 추가 발사가 확정되었다. 그래서 우주 왕복선의 마지막 발사는 2011년 7월에 이뤄졌다. 궤도선 아틀란티스Atlantis를 포함하여 외부 탱크, 고체로켓 부스터가 함께 성공적으로 발사되었다. ISS와 도킹하면서 무사히 화물을 운송한 뒤 지구로 귀환하면서 마지막 임무를 수행하고 퇴역했다. 참고로 마지막 우주 왕복선의 궤도선 아틀란티스는 케네디 우주센터에 전시되어 있다.

재사용 우주 왕복선을 개발하고
시험 발사까지 했던 소련

평소 우주 왕복선에 관심이 있다는 사람들도 소련이 우주 왕복선을 개발하여 비행시험까지 성공했다는 사실을 잘 모르는 경우가 많다. 소련은 미국보다 훨씬 늦게 우주 왕복선 개발을 시작했지만, 패스트 팔로워Fast Follower 전략의 장점은 앞서가는 퍼스트 무버First Mover가 성공한 방법과 실패한 방법을 선택적으로 취하면서 개발할 수 있다는 점일 것이다. 그 결과 소련 우주 왕복선은 미국 우주 왕복선보다 더 나은 기술로 개발될 수 있었다. 더욱이 소련 우주 왕복선에 장착된 액체로켓엔진은 '러시아 엔진 기술의 최고 정수'라 불리면서 지금도 미국에서 수입하여 미국 로켓인 아틀라스V 로켓 1단에 장착하여 사용될 정도다. 이제 소련의 우주 왕복선 개발 이야기를 살펴보자.

1) 소련의 우주 왕복선,
에네르기야/부란 시스템

소련의 우주 왕복선 개발 프로그램은 N-1 개발이 공식적으로 취소된 1976년에 시작되었다. 소련의 정보기관 KGB는 미국이 새턴 V 로켓 이후 우주 왕복선을 개발하기 시작했음을 알렸고, 소련 정부도 기존보다 낮은 비용으로 더 나은 성능을 보장하는 새로운 우주 운송수단 개발 필요성을 인식하고 있었다. 그렇게 소련의 우주 왕복선인 에네르기야Energia/부란Buran 시스템이 탄생했다.*

---

* 소련의 우주 왕복선은 액체로켓엔진 부스터 에네르기야와 궤도선 부란만으로 구성했음. 참고로 에네르기야(Энергия)는 에너지, 부란(Буран)은 눈보라를 의미함

에네르기야/부란 시스템 개발의 총괄은 글루시코가 이끄는 OKB-1 설계국(현재 NPO 에네르기야)에서 맡았으며, 엔진 개발은 OKB-154(현재 카베하)와 OKB-456(현재 NPO 에네르고마쉬)에서 진행했다. 미국 우주 왕복선에서는 외부 탱크 1개와 고체로켓 부스터 2개 등으로 구성했던 것을 소련에서는 중앙core 부스터 1기와 사이드 부스터 4기 등 총 5기의 액체로켓엔진 부스터로 구성됐다. 바로 에네르기야다. 에네르기야의 중앙 부스터는 높이 58.8미터, 지름 17.7미터, 연료로 수소를 사용하는 추력(진공) 200톤의 RD-0120 엔진 4기를 장착했다. 에네르기야의 사이드 부스터는 연료로 케로신을 사용하는 추력(진공) 807톤인 RD-170 엔진 4기를 장착했다. 이와 같은 1단 부스터 에네르기야 덕분에 지구 저궤도에 100톤, 달 천이궤도에 32톤까지 투입할 수 있는 초대형super heavy 우주 왕복선이 탄생할 수 있었다.

부스터 에네르기야 위에 장착될 궤도선 부란은 미국 우주 왕복선과 매우 유사한 외형으로 인하여 미국의 복제품이라는 오명을 들었지만, 자세히 살펴보면 전혀 다른 개념으로 설계된 궤도선이다. 가장 큰 차이는 우주 왕복선 발사 시 필요한 추력을 위한 엔진이 장착되어 있지 않다는 것이다. 소련의 우주 왕복선은 부스터 에네르기야에 장착된 엔진의 힘만으로 충분히 이륙할 수 있는 추력을 얻을 수 있기 때문이다. 부스터 에네르기야와 분리된 궤도선 부란은 지구 궤도에서의 기동maneuvering을 위한 2기의 작은 엔진이 장착되어 있을 뿐이다. 또한 지구 재돌입 시 착륙은 자동 착륙 시스템으로 진행하도록 개발되었다. 외형적으로 미국 우주 왕복선과 비슷한 델타익(삼각형 날개) 등을 채택할 수밖에 없었던 이유는 지구 재돌입 및 지상 착륙 시 열/공력적 해석 기반으로 안정적 속도 감속을 위한 최적의 조합이었기 때문일 것이다.

2) 소련 우주 왕복선
에네르기야/부란 발사 및 중단

에네르기야/부란 시스템의 설계는 1979년에 완료되었고 제작은 1980년부터 시작되었다. 궤도선 부란은 소련 내 1,000곳 이상의 기업이 참여하여 1984년에 제작을 완료했다. 또한 미국 우주 왕복선의 엔터프라이즈 궤도선처럼 비행 특성을 시험하기 위한 모델도 만들었는데, 소련의 시험 궤도선은 자체 동력으로 비행할 수 있는 터보팬 엔진 4기가 장착된 특징이 있었다.

소련의 우주 왕복선의 첫 번째 시험비행은 1987년 5월 15일에 진행했다. 바이코누르 우주센터에서 우주 화물선 폴류스$_{Polyus}$를 장착한 부스터 에네르기야가 성공적으로 발사되었다. 다만 지구 궤도에 투입된 폴류스의 소프트웨어 오류로 궤도투입에 실패하여 지구 대기로 재돌입하면서 폭발했다.

소련 우주 왕복선의 두 번째 시험비행은 1988년 11월 15일이었다. 이때는 부스터 에네르기야 위에 궤도선 부란이 장착되어 있었다. 미국 우주 왕복선과 유사한 형태의 첫 발사였다. 다만 궤도선 부란에는 우주인의 탑승 없이 무인으로 진행되었다. 발사는 성공적이었고, 부스터와 분리된 궤도선 부란은 지구를 두 바퀴 선회한 후 처음에 발사되었던 바이코누르 우주센터에 성공적으로 착륙했다. 소련이 미국에 이어 세계에서 두 번째로 재사용이 가능한 우주 왕복선 운영에 성공한 것이다. 하지만 그것이 부란의 첫이자 마지막 비행이었다.

1991년 12월 25일 미하일 고르바쵸프$_{Mikhail\ Gorbachev}$가 소련의 대

---

* 소련의 우주 왕복선은 부스터 에네르기야와 우주인이 탑승할 수 있는 궤도선 부란, 혹은 화물을 지구 궤도에 이송하는 화물선 폴류스로 각각 나누어 개발되고 발사되었음

그림 6-3 | (위) 소련 우주 왕복선 에네르기야/부란 시스템 발사 장면
(아래) 카자흐스탄 바이코누르 우주센터 인근에서 발견된
제작이 중단된 궤도선 부란

통령직 사임을 공식적으로 발표했고, 다음 날인 26일 소련 최고회의는 15개의 신생 독립국의 독립을 공식적으로 승인하면서 소련의 해체를 선언했다. 소련이 러시아로 바뀌면서 불안한 정치적 상황으로 인한 자금 부족으로 더 이상 소련의 우주 왕복선의 추가 발사는 상상조차 할 수 없었다. 최소 200억 루블 이상의 개발비 및 운영비를 투자하여 유지 중이던 소련의 우주 왕복선 에네르기야/부란 시스템은 신임 러시아 대통령 보리스 옐친Boris Yeltsin이 1993년 6월 30일 공식적으로 운영 종료를 선언했다.

소련의 에네르기야/부란 시스템이 남긴 최대 유산, RD-170 엔진

소련의 엔진 개발 전문기업 NPO 에네르고마쉬(구. OKB-456)에서 우주 왕복선 에네르기야의 메인 엔진으로 개발한 것은 케로신을 연료로 사용하는 산화제 과잉(Oxi-rich) 다단연소 사이클 기반의 RD-170 엔진임. 산화제 과잉의 뜻은 예연소기에서 1차 연소 시 의도적으로 산화제를 정상적 연소에 필요한 양 보다 최대 20배 정도 더 공급하여 불완전 연소하는 것을 의미함.

RD-170 엔진은 1970년대 초반부터 개념설계부터 시작하여 1970년대 후반부터 개발이 본격화되었음. 4기의 연소기와 1기의 터보펌프로 구성된 RD-170 엔진은 길이 4.0미터, 지름 3.8미터, 무게 9.8톤의 초대형 엔진임. 연소압은 245.2바, 추력은 진공 807.4톤, 지상 739.4톤이며, 비추력은 진공 337초, 지상 309초임.

  RD-170 엔진은 추력방향제어기Thrust Vector Control, TVC가 없는데, TVC가 추가되어 우크라이나의 제니트 로켓 1단에 장착된 버전이 RD-171 엔진임. 미국 아틀라스 V 로켓의 1단으로 사용하는 RD-180 엔진도 RD-170/171 엔진의 파생형인데, RD-180 엔진은 2기의 연소기와 1기의 터보펌프로 구성됨. 미국 안타레스 로켓 1단에 사용하는 RD-181 엔진은 RD-180 엔진과 달리, 2기의 연소기와 2기의 터보펌프로 구성됨(완전한 엔진 2기를 1기로 붙여서 만들었다고 생각해도 됨). RD-191 엔진은 1기의 연소기와 1기의 터보펌프로 구성했는데, 처음으로 장착한 로켓이 바로 한국의 나로호(KSLV-1) 1단임. 다만 200톤 이상 가능한 추력을 나로호 요구사항에 맞춰 170톤까지 다운시켰기 때문에 RD-151 엔진으로 불리움. 나로호에 장착하여 성능 검증을 마친 RD-191 엔진은 바로 러시아 앙가라 로켓의 1단 등에 사용됨. 결과적으로 RD-170 엔진 계열은 1기의 연소기 기준으로 최소 200톤의 추력을 보장한다고 보면 되는데, 케로신 엔진으로는 세계 탑티어급 엔진임. 오죽하면 일론 머스크도 랩터 엔진의 성능을 RD-180 엔진과 비교하겠는가.

  미국 ULA는 아틀라스 V 로켓의 1단 엔진으로 RD-180을 러시아로부터 구매하여 사용 중. 비록 미국이 RD-180 엔진 도면을 보유하고 있으나 자국 내 제작 단가가 러시아 제작보다 현격히 비싸서 수입하여 사용 중인데, 1기당 가격은 1천만 달러로 알려져 있음.

소련 글루시코(소련 우주 왕복선 프로그램 책임자)의 인생 후반기

'강한 자가 살아남는 것이 아니고, 살아남는 자가 강한 자'라는 말이 있음. 바로 소련의 글루시코가 그러한 경우임. OKB-456(현재 에네르고마쉬) 설계국 국장이었던 글루시코는 소련이 미국을 압도하던 우주 경쟁 시대에는 평생의 라이벌이자 동지였던 코롤료프에게 밀려서 한 번도 주연으로 활약하지 못했음. 하지만 소련의 달 착륙 프로그램의 핵심인 N1 로켓을 진두지휘하던 코롤료프가 수술 후 합병증으로 갑자기 서거하고, 코롤료프의 오른팔이었던 미신이 N1 로켓 발사에 지속적으로 실패하자, 소련 정부는 글루시코를 코롤료프가 설립한 OKB-1(현 RSC 에네르기야) 설계국 국장으로 임명하였는데, 이때부터 글루시코는 본격적으로 자신만의 색깔을 소련 우주개발에 입히기

시작하였음.

 우선 글루시코는 N1 로켓 개발의 중단과 N1 로켓에 장착되었던 케로신을 연료로 사용하는 쿠즈네초프 설계국의 NK-33 엔진과 관련 자료를 모두 없앨 것을 지시하였음. 대신 그는 소련의 우주 왕복선 프로그램인 에네르기야/부란 개발을 공식적으로 시작함.

 소련의 우주 왕복선의 부스터 에네르기야는 중앙 부스터에 RD-0120 엔진 4기와 사이드 부스터에 RD-170 엔진 4기가 장착했는데, 케로신 연료를 사용하는 RD-170 엔진은 글루시코가 설립한 OKB-456에서 개발하였음. 다만 OKB-456은 글루시코가 국장으로 재임하던 시절에는 독성인 자동 점화 추진제를 사용하는 엔진 개발에 집중했는데, 글루시코가 소련의 우주 왕복선 개발을 총괄하면서 갑자기 최고 성능의 케로신 엔진 개발을 담당하게 되었고, 그 역할을 멋지게 수행하였음. 아마도 그가 폐쇄했던 쿠즈네초프 설계국의 NK-33 엔진 개발 연구 인력을 OKB-456으로 데리고 가지 않았다면 불가능했을 것이라고 짐작만 할 뿐임.

 결국 글루시코는 1988년 11월 소련 최초이자 마지막 우주 왕복선 에네르기야/부란의 첫 비행까지 성공시킨 후 1989년 1월 뇌동맥 죽상경화증으로 81세의 나이로 서거했으며, 소련의 중요 인물들이 모셔진 모스크바 노보데비치 수도원의 묘지에 묻혔음.

◆ **6장 요약** ◆

　인류 최초로 재사용이 가능한 우주 왕복선 개발에 성공한 나라는 미국이다. 미국은 우주로 가는 발사 비용을 줄이기 위하여 100회의 재사용과 10년 이상의 운영이 가능한 궤도선과 고체로켓부스터, 일회용 연료 탱크 등 3부분으로 구성된 우주 왕복선을 성공적으로 개발했다. 1981년 4월 우주 왕복선 콜롬비아의 첫 발사를 시작으로 2011년 7월까지 우주 왕복선 아틀란티스의 마지막 발사까지 약 30년 넘게 미국 우주개발의 중추적 역할을 담당했지만, 결국 우주 왕복선은 우주개발의 중심에서부터 퇴역할 수밖에 없었다.
　이유는 크게 두 가지다. 첫 번째 이유는 2차례에 걸친 우주 왕복선의 비극적 폭발 사고다. 1986년 1월 우주 왕복선 챌린저의 이륙 중 폭발 사고와 2003년 2월 우주 왕복선의 궤도선 컬럼비아의 지구 재돌입 중 폭발 사고로 탑승한 우주인 전원이 사망했다. 특히 컬럼비아 폭발 사고는 우주 왕복선 퇴역을 공식화하는 결정적 사고였다. 두 번째 이유는 부분 재사용이 가능한 우주 왕복선 1회 발사 및 유지 비용을 모두 더하면 일회용 로켓 발사 비용보다 저렴하기는커녕, 오히려 더 비싸다는 결론에 도달한 것이다. 그래서 미국 NASA는 2000년대 중반부터 우주 왕복선 퇴역을 준비하면서 민간기업 주도의 뉴 스페이스를 위한 마중물로 두 곳의 민간기업을 선정하여 로켓 개발비를 지원하는 프로그램(COTS)과 국제우주정거장에 화물을 운송하는 계약(CRS)을 체결했는데, 그중 한 곳이 바로 현재 세계우주개발을 주도하고 있는 스페이스X다.
　세르게이 코롤료프 사후 급격히 흔들리던 소련의 우주개발은 발렌틴 글루시코를 중심으로 재편 후 미국과 유사한 에네르기야/부란 우주 왕복선 개발을 추진한다. 소련 우주 왕복선의 궤도선은 외형적으로는 미국 것과 거의 동일했다. 하지만 소련은 미국 우주 왕복선에서 채택한 연료 탱크 1기와 고체로켓엔진 부스터 2기 대신에 중앙 부스터 1기와 사이드 부스터 4기로 구성했다. 특히 추진기관은 모두 액체로켓엔진으로 구성했다. 특히 사이드 부스터에 장착된 RD-170 엔진은 다단연소 사이클 기반으로 케로신을 연료로 사용했는데, 이후 RD-170 엔진은 RD-171(제니트 로켓), RD-180(미국 아틀라스 로켓), RD-191(러시아 앙가라 로켓), RD-151(한국 나로호 로켓)로 개발되어 로켓에 장착되면서 인류 최고 성능의 케로신 엔진이라는 이름을 지금도 남기고 있다. 다만 소련 에네르기야/부란 우주 왕복선은 단 한 차례만 발사 성공한 뒤 역사의 뒤안길로 사라졌는데, 가장 큰 이유는 발사 및 유지 비용이 너무 비쌌기 때문이다.

  기존 로켓(우주발사체)보다 낮은 비용으로 우주에 접근하기 위하여 재사용 가능한 우주 운송시스템을 개발하고자 했던 첫 시도가 미국과 소련의 우주 왕복선이었다. 안타깝게도 우주 왕복선은 실제 운영을 통하여 초기 계획보다 현저하게 높은 발사비와 유지운영비라는 장애물을 만나게 되었고, 결국 우주 왕복선으로는 합리적인 수준까지 비용을 다운시킬 수 없다는 값비싼 교훈을 얻은 것에 만족할 수밖에 없었다.

  그렇다고 해서 이러한 시도가 무의미한 것은 아니다. 새로운 기술은 반드시 시도해야 하며, 시도 과정에서 드러나는 문제점은 다음 세대의 기술이 해결해나가는 방식으로 발전한다. 우주에 합리적인 비용으로 접근하고자 하는 인류이 로켓 개발사는 이러한 도전과 실패가 반복되는 과정 그 자체가 숙명에 가깝다. 우주 왕복선은 화려하게 등장했지만 결국 초라하게 퇴역할 수밖에 없었다. 그러나 그 퇴역은 뉴 스페이스 시대의 기반을 마련했다는 점에서 결코 헛되지 않았다. 그 이유를 다음 장에서 살펴보자.

7장

5차 우주 경쟁

인류 최초의 재사용 로켓

5차 우주 경쟁 :
인류 최초의 재사용 로켓

1991년 12월 소련이 급작스럽게 붕괴하면서 미국과 소련 간의 우주 경쟁은 더 이상 지속될 수 없었다. 비록 소련은 러시아라는 거대 국가가 정통성을 이어받았지만, 국내 정치와 경제의 어려움은 피할 수 없는 숙명이었다. 러시아 국민이 당장 먹고사는 문제가 급한데 우주개발이 국가 정책의 우선순위가 될 수 없었기에 소련 시절 계획했던 대부분의 우주 프로그램은 취소, 혹은 대폭 축소되었다.

이에 대한 반대급부로 미국이 우주개발을 독점하는 시대가 왔다고 볼 수 있는데, 실상은 그렇지 못했다. 미국 NASA, 국방부 등에서 막대한 예산을 거대 방산기업에 집중적으로 투자하며 로켓 발사 비용을 낮추기 위한 다양한 시도를 했으나 로켓 발사 비용을 획기적으로 줄이지는 못했다. 더욱이 1990년대 초부터 2010년대 초까지 약 20년 동안 적어도 로켓 개발 분야에서는 그 이전보다 더 나은 기술을 선보인 국가기관이나 민간기업은 전혀 없었다.

2010년대가 중반으로 접어들던 무렵, 갑작스러운 민간기업 하나가 인류의 로켓 개발사에 새롭게 등장한다. 바로 미국의 스페이스X다. 스페이스X의 팰컨 9 로켓이 발사한 1단 부스터를 2015년 12월에는 지상에서, 2016년 4월에는 해상에서 성공적으로 회수한 것이다. 그리고 회수한 팰컨 9 로켓의 1단 부스터를 다음 발사에 재사용하기 시작했다. 부분 재사용 로켓의 탄생은 4차 우주 경쟁 후 소강상태에 머물

렸던 우주개발 분야에서 뉴 스페이스New Space라는 용어와 함께 5차 우주 경쟁이 촉발되는 계기가 되었다.

5차 우주 경쟁은 기존의 우주 경쟁과는 확연히 다른 양상을 보여주고 있다. 가장 큰 차이점은 국가 간의 경쟁이 아닌, 민간 우주기업 간의 경쟁이라는 점이다.* 물론 지금도 국가의 우주 예산이 민간 우주기업을 위한 인프라 구축 지원과 민간 우주기업 매출에 가장 큰 부분을 차지하고 있다.** 하지만 기존의 거대 방산기업 간의 여유로운 경쟁 대신에 로켓 개발에 꼭 필요한 기술만을 보유한 스타트업 기업과 민간 우주기업 간의 우주개발 경쟁이라면 이야기가 달라질 것이다. 더욱이 민간 우주기업은 재사용 로켓처럼 기존에는 시도조차 하지 않던 혁신적이고 도전적인 기술을 과감하게 적용하여 발사 비용을 최소화하는 것을 우주개발의 핵심 가치로 삼고 있다. 결국 발사 비용을 줄이기 위해, 항공기처럼 재사용 가능한 로켓을 개발하여, 우주로의 접근 비용을 지속적으로 절감하는 것이 현재 우주 산업의 골자이며, 이를 위한 민간 우주 기업간의 기술 경쟁이 5차 우주 경쟁의 핵심이다.

---

* 축구에 비유하자면, FIFA 월드컵 같은 축구 국가대표팀 간의 경기가 아닌, FIFA 클럽 월드컵에 참여한 클럽팀 간의 경기로 완전히 변경된 것임

** 국가기관 주도의 우주개발에서 민간 우주기업으로 패러다임 쉬프트(Paradigm Shift)가 일어났다고 해도 국가가 아무것도 하지 않고 가만히 관망만 하는 것이 아님. 기술혁신은 그 분야에 돈(예산)을 집중적으로 쏟아부어야 일어날 수 있는 것임. 민간 우주기업이 주도하는 우주개발이 자리를 잡기 위해서는 기존에 국가가 국가 우주 기관을 위해 초기에 지원했던 것 이상으로 민간 우주기업을 지원해 줘야 함. 우주개발은 기본적으로 엔진 연소시험설비, 로켓 발사장 등 우주개발 핵심 기반인프라의 우선적 건설 없이는 절대로 성공할 수 없는 분야이기 때문임. 또한 초기에는 정부가 민간 우주기업이 만든 로켓을 사용하여 국가 위성발사서비스를 제공하게 하여, 매출을 확보할 수 있도록 보장해 줘야 함. 이러한 정책을 가장 잘하는 곳이 바로 미국이며, 그래서 미국이 뉴 스페이스를 이끌어가고 있는 것임.

그렇다면 어떤 민간 우주기업이 인류 최초로 재사용 로켓을 성공적으로 개발했을까? 이미 본문 중에 언급도 했고 많은 독자가 이미 알고 있듯이 미국의 민간 우주기업 스페이스X가 로켓의 1단 부스터를 재사용하면서 지금은 세계 우주 시장을 거의 독점하고 있다. 그렇다면 다른 민간 우주 기업들은 더 이상 기회가 없는 것일까? 전혀 그렇지 않다. 앞으로 본격적으로 등장할 우주 시장이 기존의 거대 시장과 어떠한 방식으로 융합하여 새로운 엄청난 시장을 창출할지는 감히 누구도 정확하게 예측하기가 어렵다. 다만 세계의 모든 전문가는 우주 시장의 잠재력이 90년대의 인터넷 태동기처럼 무궁무진하다고 예상하고 있다.

이 책의 마지막 7장에는 재사용 로켓을 개발하고 있는 민간 우주기업 간의 경쟁을 5차 우주 경쟁으로 보고 관련 내용을 설명하고자 한다. 좀 더 정확하게 얘기하면, 독주하고 있는 스페이스X와 맹렬하게 추격하고 있는 3곳의 민간 우주기업 이야기다.

지구에서 유일하게 1단 부스터를
재사용하는 로켓을 운영 중인 스페이스X

소련 시절 제작되어 보관 중이던 ICBM을 활용해 화성 탐사선을 발사하기 위한 계약 협상을 위해, 스페이스X의 창업자 일론 머스크는 2002년 2월 러시아 모스크바를 방문한다. 그러나 러시아 우주 기관이 제시한 가격은 일론 머스크가 예상했던 금액과 큰 차이가 있었다. 결국 협상은 성사되지 못하고 결렬된다.

다시 미국으로 출국하기 위하여 모스크바 공항에서 노트북을 두드리고 있던 일론 머스크는 환하게 웃으며 같이 간 사람들에게 본인이 직접 로켓을 만들어서 화성으로 가는 방법이 가장 저렴하다고 말한 후, 귀국 즉시 우주 스타트업 스페이스X(SpaceX)를 창업한다. 지금으로부터 약 23년 전 이야기다.

2024년 1년 동안 스페이스X는 총 138회의 로켓을 발사했다(팰컨 9 로켓 132회, 팰컨 헤비 로켓 2회, 스타십 4회). 그의 창업 당시만 하더라도 우주 분야는 경제성이 없어 국가기관이 주도하여 막대한 국가 예산을 쓰면서 신뢰성이 높은 '올드 기술' 기반으로 진행할 수밖에 없다는 것이 일반적으로 통용되던 시기였다.* 심지어 억만장자가 백만장자로 가는 가장 빠른 방법이 우주 분야에 투자하는 것이라는 농담까지 나올 정도였

그림 7-1 | 스페이스X 1단 부스터 랜딩

---

* 국가 우주 기관 주도, 고신뢰 기술 사용, 실패 없는 개발 등 20세기를 주도했던 우주 개발 방식을 요즘은 올드 스페이스(Old Space)라고 표현함.

다. 하지만 일론 머스크는 이런 모든 부정적 전망을 모두 뒤집고 기존의 우주개발 관행을 혁파하면서 경제성 기반의 우주개발인 뉴 스페이스를 이끌어가고 있다. 더욱이 2025년 10월 기준으로 스페이스X의 기업가치는 4,000억 달러(약 550조 원)로 인정받았다. 그만큼 스페이스X가 지난 20년 조금 넘는 세월 동안 인류의 로켓 개발사에 끼친 영향은 막대하다. 그렇다면 스페이스X의 창업주 일론 머스크는 누구이고, 스페이스X는 어떤 회사이고, 지금까지 어떠한 로켓을 개발했고, 앞으로 어떤 방향으로 나아갈지 한번 살펴보자.

1) 일론 머스크가 세 번째로 창업한 민간 우주기업, 스페이스X

스페이스X를 설명하기에 앞서 창업자 일론 머스크에 대하여 간략하게 알아보자. 1971년 남아프리카 공화국 프레토리아Pretoria에서 태어난 후 1989년 캐나다로 이민을 떠나 캐나다 킹스턴대학에 입학했다. 1992년에는 미국 펜실베이니아대학으로 편입했다. 1995년 9월 스탠포드 대학교 석사과정에 입학했으나 중퇴했다. 가장 큰 이유는 인터넷이 앞으로 보편적인 도구가 될 것이라 확신하고 동생인 킴벌 머스크 Kimbal Musk와 함께 Zip2라는 스타트업을 창업했기 때문이다.

Zip2는 수준은 많이 떨어지지만 지금의 구글 맵스Google maps와 비슷한 사이트였다. 1999년 Zip2를 약 2천만 달러 이상을 받고 매각한 후 두 번째 스타트업을 창업했다. 바로 엑스닷컴X.com이다.* 90년대 후

---

* 코로나 팬데믹 기간 중 전기자동차기업 테슬라의 주가 상승으로 세계 1위 부호가 되었던 일론은 갑자기 단문 SNS 서비스기업 트위터(Twitter) 인수를 추진하여 결국 440억 달러에 인수 성공함. 그리고 갑자기 트위터의 이름을 X(엑스)로 바꾸었음. 왜 그랬을까? 바로 그가 두 번째로 창업한 기업의 이름이었기 때문이었음

반만 하더라도 인터넷을 통한 신용카드 결제가 불가능했었다. 일론의 엑스닷컴은 가장 늦게 혁신이 적용되는 보수적인 분야인 금융권을 파고들어 최초의 온라인 결제서비스를 내세운 기업이었다. 하지만 일론의 엑스닷컴 외에 비슷한 서비스를 내세우던 기업이 있었다. 바로 피터 틸Peter Thiel과 맥스 레브친Max Levchin이 이끄는 페이팔PayPal의 컨피니티Confinity였다. 두 기업은 서로를 죽이기 위한 치킨게임 후 결국은 2000년 3월 갑작스럽게 합병을 선택한다. 그리고 일론은 최대 주주이자 대표 자리에 오른다. 하지만 여러 가지 이유로 결국 2001년 대표 자리에서도 물러나게 되고 회사 이름도 페이팔로 변경된다. 2002년 페이팔이 미국 이베이eBay에 인수합병되면서 일론 머스크는 또 2억 달러 이상을 벌게 된다.

인간은 벌어들인 돈이 일정액 이상 넘어 너무 많게 되면 오히려 돈으로 인한 행복감은 줄어들게 된다고 한다. 일론도 마찬가지였다. 나이 서른 무렵에 남들은 상상하지도 못할 어마어마한 부를 손에 거머쥔 그는 진정으로 하고 싶은 일이 무엇인지 고민하게 되었다. 결국 어렸을 때부터 원했던 우주 탐험, 즉 화성 탐사라는 결론에 도달한다. 그리고 소련 ICBM을 이용하여 화성에 식물을 보내겠다는 계획이 러시아와의 협상으로 좌절된 후 직접 민간 우주기업Space Exploration Technologies Corp.(스페이스X)를 창업한다.

2002년 일론이 우주 스타트업 스페이스X를 창업할 당시 창업 멤버는 3명이었다. 본인, 엔진 전문가 톰 뮬러Tom Mueller, 구조 전문가 크리스 톰슨Chris Thompson. 일론은 왜 이들과 함께 창업했을까? 일론 머스크는 로켓 사업을 시작하기 전에 로켓의 핵심을 정확하게 꿰뚫고 있었다. 그의 본능적인 천재적 능력이다. 그는 로켓에서 가장 중요한 것은 엔진이며, 그 다음이 동체(구조체) 라는 것을 알고 있었다. 그리고 그것은 거의 사실이다.

일론의 스페이스X가 처음으로 개발한 로켓은 팰컨Falcon 1이었다. 2단으로 구성된 소형로켓 팰컨 1은 높이 21미터, 지름 1.7미터였으며, 고도 185킬로미터에 670킬로그램의 페이로드 투입이 가능했다. 팰컨 1 로켓에 장착된 엔진을 살펴보자. 1단에 가스발생기 사이클 기반으로 케로신과 액체산소를 사용하는 추력(진공) 37.4톤, 비추력(진공) 288.5초의 멀린Merlin 1A 엔진을 장착하고, 2단에는 가압식pressure-fed으로 추력(진공) 2.9톤, 비추력 317초의 케스트렐kestrel 엔진을 장착했다. 멀린 1A 엔진의 가장 큰 특징은 연소기에 핀틀 분사기pintle injector를 처음으로 적용한 로켓엔진이라는 점이다. 핀틀 분사기는 아폴로 달 착륙선의 착륙단 엔진에 적용했던 방식인데, TRW에서 연소기팀 팀장으로 근무했던 톰 뮬러의 강력한 주장으로 멀린 1A 엔진에 처음 적용했다. 이것이 나중에 멀린 엔진이 외계인급 성능을 보여주는 신의 한 수가 된다.

팰컨 1 로켓은 2002년 개발 착수 후 약 4년이 지난 2006년 3월에 남태평양 콰잘레인 환초Kwajalein atoll 오멜렉 섬Omelek island에서 첫 발사를 시도한다. 첫 발사부터 1단 부스터에 낙하산을 장착하여 재사용까지 시험할 예정이었다. 하지만 1차 발사는 1단 연료 누출로 공중에서 폭발했고, 2007년 3월에 진행된 2차 발사에서는 1단과 성공적으로 분리된 2단 연료탱크 내부에서 슬로싱sloshing*이 발생하여 2단 전체가

---

* 로켓 추진제 탱크 내 액체 추진제의 유동(출렁임) 때문에 생기는 충격을 슬로싱이라고 함. 슬로싱을 최소화하기 위하여 배플(baffle)을 추진제 탱크 내 설치하는 것이 일반적이나, 팰컨 1 로켓은 그렇게 하지 않음. 계산 결과 2단에서 슬로싱 발생 확률이 매우 낮았고, 또 배플을 설치하지 않음으로써 무게를 줄일 수 있기 때문이었음. 하지만 그 결과는 매우 치명적인 발사 실패로 귀결됨

급격하게 회전하기 시작하면서 발사 실패로 이어졌다.

2008년 8월에 진행된 3차 발사를 앞두고 팰컨 1 로켓은 업그레이드된 멀린 1C 엔진을 1단 엔진으로 장착했다. 노즐의 냉각 방식을 삭마 냉각ablative cooling에서 재생 냉각regenerative cooling으로 바꾸었고, 엔진의 연소압을 기존의 53.9바에서 67바로 증가시키면서 추력(진공)도 37.4톤에서 59.3톤으로 높였다. 하지만 3차 발사는 향상된 1단 엔진의 잔류 추력을 잘못 예측하여 단 분리stage separation 후 1단이 2단과 갑작스럽게 충돌하면서 실패로 끝났다.

3차 발사 후 1달 반 뒤 진행된 팰컨 1 로켓의 4차 발사는 2008년 9월에 진행되었다. 드디어 팰컨 1 로켓이 4번째 시도 만에 처음으로 발사 성공 및 위성의 궤도투입에 성공한 것이다. 또한 팰컨 1 로켓의 1단 부스터의 재사용도 시도했지만, 재돌입 과정 중 열 부하thermal load로 대기권에서 폭발했다.

5차 발사는 팰컨 1 로켓의 첫 상업위성 발사서비스였다. 탑재된 위성은 말레이시아 '라작샛RazakSat'이었는데, 이 위성의 제작사는 한국의 위성기업 쎄트렉아이Satrec Initiative였다.** '라작샛' 위성이 무사히 궤

---

* 멀린 1A 엔진은 노즐 내부를 단열재로 제작하는 삭마 냉각을 선택했음. 하지만 삭마 냉각은 엔진 연소 시 노즐 내부의 단열재가 녹으면서 엔진의 효율을 떨어뜨리는 단점이 있음. 그래서 3차 발사를 앞두고 노즐 및 확장부에 채널(유로)을 만들고, 이를 통해 엔진을 냉각하는 재생냉각 방식으로 전격 전환함. 재생 냉각 방식은 추진제의 연료가 연소기로 공급되기 전에, 앞서 설명한 채널(유로)을 통해 노즐 확장부로 먼저 공급되어, 노즐 내부의 연소가스와 열교환을 통하여 노즐은 냉각시키고, 연료 온도는 높여주어 엔진 효율을 높이는 고급 기술임

** 한국의 위성 기업 쎄트렉아이가 처음으로 수주하여 제작한 말레이시아의 위성 '라작샛'은 적도 지역 환경 및 재난 감시 목적으로 2.5미터 해상도를 가진 지름 1.2미터, 높이 1.2미터, 중량 180킬로그램의 소형위성임. 쎄트렉아이 연구원 중 일부는 콰잘레인 환초까지 방문하여 팰컨 1 로켓의 5차 발사이자 마지막 발사를 직접 목도했다고 함

도에 투입되면서 스페이스X의 첫 상업위성 발사서비스는 성공이었다. 다만 1단 부스터는 재사용을 위하여 낙하산을 이용한 바다 위 착륙을 시도하고자 하였으나, 4차 발사와 같은 이유로 대기권 재돌입 중 폭발했다.

이제 스페이스X는 민간 우주기업으로 발사 능력이 검증된 팰컨 1 로켓을 보유하게 되었는데, 소형위성 발사서비스 제공보다는 체급을 높인 중형급 로켓인 팰컨 9 개발로 사업 방향을 피보팅pivoting한다. 스페이스X가 팰컨 1 로켓 대신에 팰컨 9 로켓 개발을 선택하게 된 이유는 여러 가지가 있겠지만, 미국 NASA의 COTS(상업궤도운송서비스) 계약을 수주한 것이 가장 컸다.* 또한 COTS 계약을 성공적으로 완료한다면 CRSCommercial Resupply Service(상업운송서비스)라는 거대한 인센티브가 기다리고 있음은 당연지사였다.**

---

* 미국 우주 왕복선 운영 종료 전에 민간 우주기업 간의 경쟁으로 국제우주정거장(ISS)까지 화물을 이송할 수 있는 로켓을 개발하는 계약이 COTS임. 스페이스X와 키슬러(Kistler, 계약을 계속 수행할 수 있는 마일스톤을 통과하지 못하여, 나중에 오비탈 사이언스(Orbital Science)로 교체)가 COTS 사업자로 선정이 되어 예산 지원을 받음

** COTS를 성공적으로 완료할 경우 국제우주정거장까지 화물을 운송할 수 있는 CRS 계약을 인센티브로 수주할 수 있었음. 따라서 스페이스X의 팰컨 9 로켓과 오비탈 사이언스의 안타레스 로켓은 CRS 계약까지 수주하였음. 2024년에도 스페이스X는 팰컨 9 로켓으로 CRS 계약을 차질 없이 진행 중이지만, 미국 방산기업 노스롭 그루먼(Northrop Grumman)에 인수된 오비탈 사이언스는 안타레스 로켓 1단에 장착하는 러시아 RD-181 엔진을 러시아의 우크라이나 침공으로 인하여 더 이상 공급받을 수 없게 되었음. 그래서 노스롭 그루먼은 미국 파이어플라이(Firefly)와 공동으로 개발 중인 안타레스 330 로켓이 완성되기 전까지는 팰컨 9 로켓에 시그너스 화물선을 탑재하여 CRS 계약을 진행할 예정임

2) 인류의 첫 번째 1단 부스터 재사용 로켓, 팰컨 9

스페이스X가 로켓을 개발하기도 전에 미국에는 세계에서 손꼽히는 양대 방산기업이 자사의 로켓을 이용하여 국가위성과 상업위성 발사서비스를 제공하고 있었다. 보잉의 델타Delta 로켓과 록히드 마틴의 아틀라스Atlas 로켓이 바로 그 주인공이다. 하지만 경쟁자가 없는 거대 방산기업은 로켓의 점진적인 성능 개선에는 관심이 있었지만, 비용 절감을 위한 혁신을 필요로 하지 않았다. 특히 발사 비용은 항상 과도하게 책정되었다. 지금도 이것이 대기업이 일하는 방법이다.

유럽과 러시아의 국가 우주 기관들도 마찬가지였다. 스페이스X 이전에 가장 많은 상업위성 발사서비스를 제공하던 유럽의 아리안스페이스Arianespace의 아리안Ariane 로켓 시리즈는 높은 발사 성공률을 자랑하고 있었지만 상업위성 발사서비스 가격이 비싸기로 유명했다. 더구나 고체로켓 부스터를 사용하는 아리안 로켓은 재사용 시도조차 불가능했다. 유럽 다음으로 많은 상업위성 발사서비스를 제공하던 소련의 R-7 로켓의 계승자 소유즈 로켓이나 UR-500 로켓의 계승자 프로톤 로켓도 모두 재사용에는 관심이 없었다. 경쟁자가 없는 시장에서는 언제나 충분한 수익이 보장되었다. 상업위성 발사서비스 시장의 이러한 구도는 1980년대부터 2010년대 중반까지 약 30년 이상 이어져 오면서 거의 고착화되었다. 올드 스페이스의 최고 전성기였다.

1969년 7월에 우주인을 3명씩 달에 보냈던 로켓 기술은 그 시대 그 수준에 머물러 있었다. 오히려 시간이 지날수록 로켓 기술이 퇴보했다고 해도 과언이 아닌 시기였다. 이때 게임체인저로 혜성같이 등장한 기업이 바로 일론 머스크의 스페이스X였다. 단 5년의 개발 기간을 투자하여 2009년 7월 소형로켓 팰컨 1을 개발, 소형위성을 지구 저궤도에 투입했을 때만 하더라도 기존 방산기업과 국가 우주 기관은 크게 신경을 쓰지 않았다. 하지만 2010년대 스페이스X가 중형로켓 팰컨 9 개발 및 1단 부스터 재사용에 성공하면서부터 본격적으로 기존의 방산 기업과 국가 우주 기관도 위기감을 느끼기 시작했다.

스페이스X는 우선 기존의 멀린 1C 엔진을 1단에 9기, 2단에 1기 장착한 팰컨 9 v1.0 로켓 개발에 성공했다. 2010년 6월부터 2013년 2월까지 총 5회 발사한 팰컨 9 v1.0은 COTS 계약을 위한 2회, CRS 계약을 위한 3회 등 총 5회 발사를 모두 성공시켰다. 더구나 처음 2회 발사에서는 2단과 분리 후 대기권으로 재돌입하는 1단 부스터에 낙하산을 장착하여 해상 소프트랜딩soft landing 재사용을 계획했다. 하지만 아쉽게도 1단 부스터는 각각 낙하산 작동 실패, 낙하산 작동 전 공중 폭발 등으로 인하여 회수되지 못했다. 일반적인 기업이었다면 1단 부스터 재사용을 포기했을 법도 한데, 일론 머스크는 절대 그런 사람이 아니었다. 비가 내릴 때까지 기우제를 지내는 인디언처럼 일론은 다시 재사용을 시도했다. 다만 낙하산이 아닌, 1단 엔진 재점화를 통한 재사용으로 방법을 바꾸었다. 스페이스X는 아인슈타인의 말처럼 같은 방법으로 시도하면서 다른 결과를 바라는 바보가 절대 아니었다.˙

하얀색 추진제 탱크 아래 스페이스X의 신형 멀린 1D 엔진 1기를 장착한 그래스호퍼Grasshopper가 처음 등장한 것은 2012년 9월이었다. 신형 멀린 1D 엔진에는 스페이스X에서 자체 제작한 터보펌프가 처음으

---

* 아인슈타인이 실제로 한 말은 "Insanity is doing the same thing over and over again, but expecting different results"이며, 이것을 한국어로 번역하면 "미친 짓이란 똑같은 일을 계속 반복하면서 다른 결과를 기대하는 것"의 문장이 됨

로 장착되면서 엔진 연소압을 97바까지 높였고, 이 덕분에 추력(진공)도 86톤까지 증가했다. 2013년 10월까지 총 8차례에 걸쳐 메뚜기처럼 하늘로 올라갔다가 다시 내려오는 그래스호퍼 시험을 통하여 엔진의 쓰로틀링throttling(유량조절) 및 재점화 관련 핵심기술을 검증했다. 이후 그래스호퍼 1단에 멀린 1D 엔진의 개수를 기존의 1개에서 3개로 늘린 후 2014년 4월부터 8월까지 5차례에 걸쳐 추가적인 시험을 진행했다.

이와는 별도로 기존의 멀린 1C 엔진에서 신형 멀린 1D 엔진으로 교체한 새로운 팰컨 9 v1.1 로켓 발사를 2014년 9월부터 진행하면서 1단 부스터 재사용을 시도했다. 상업위성, 혹은 ISS 화물 운송을 위하여 사용된 1단 부스터가 2단과 분리되어 대기권으로 재돌입하면서부터 재사용에 필요한 기술을 집중적으로 점검했기에 별도의 비용으로 재사용 기술을 시험한 것은 아니었다. 팰컨 9 v1.1 로켓은 총 15회 발사 중 8번의 1단 부스터 재사용을 위한 회수를 해상 소프트 랜딩, 혹은 드론십drone ship(바다에서 무인으로 자동 운항하는 바지선) 착륙으로 시도했으나 모두 실패했다. 다만 성공 가능성을 확인하였다는 것은 매우 고무적이었다.

멀린 1D 엔진의 업그레이드 모델인 멀린 1D+를 장착한 팰컨 9 v1.2 FTFull Thrust가 등장한 것은 2015년 12월이었다. 멀린 1D+ 엔진은 추력(진공) 93.2톤, 연소압 103바, 비추력(진공) 320초, 추력중량비 180을 달성한 지구상 유일무이한 케로신 엔진이다. 팰컨 9 v1.2는 첫 발사부터 인류 로켓 역사상 처음으로 로켓 1단 부스터를 육지의 랜딩존Landing Zone에서 회수하는 것에 성공한다. 그리고 세 번째 발사인

---

* 추력중량비(Thrust to weight)는 엔진의 추력을 무게로 나눈 값임. 높을수록 단위 추력당 엔진 무게가 가벼움을 뜻하는데, 기존의 추력중량비가 가장 높았던 엔진이 쿠즈네초프 설계국에서 만든 NK-33 엔진이며, 그 값은 150이었음

2016년 4월에는 대서양 바다에서 기다리던 드론십 위에 1단 부스터 착륙 및 회수에도 성공하며 본격적으로 재사용 시대의 서막을 알렸다. 팰컨 9 v1.2 FT는 2018년 2월까지 총 24회 발사했으며, 재사용 시도 20회 중 16회 회수에 성공했다. 1단 부스터 회수 성공률 80퍼센트를 달성한 것이다.

아마 보통 사람이면 이 정도 성과 달성에 만족했을 것이다. 하지만 일론 머스크와 스페이스X는 여전히 배가 고팠다. 초격차超格差로 목표를 수정한 것이다. 바로 팰컨 9 로켓의 끝판왕, 팰컨 9 블록 5 로켓을 세상에 내놓았다. 2018년 5월 첫 발사를 진행한 팰컨 9 블록 5 로켓은 그해 10번의 1단 부스터 회수를 시도해서 단 1번만 실패했다. 회수율 90퍼센트였다. 2019년에는 11번 발사에서 모두 1단 부스터 회수에 성공했다. 믿을 수 없는 100퍼센트였다. 2020년에는 25번의 1단 부스터

그림 7-2 | 반덴버그 공군기지에서 발사하는 팰컨 9 블록 5 로켓

5차 우주 경쟁 : 인류 최초의 재사용 로켓

회수 시도에서 단 2번 실패하여 회수율이 90퍼센트대로 떨어졌지만, 21년부터 24년 6월까지 팰컨 9 블록 5 로켓의 1단 부스터 회수율은 100퍼센트를 유지하였다. 물론 회수하지 않기로 한 1단 부스터를 제외한 수치다. 이제 스페이스X의 1단 부스터 재사용은 로켓 발사 성공률 수준까지 올라왔다고 해도 과언이 아닐 정도로 높은 신뢰성을 쌓고 있다. 다만 팰컨 9 로켓은 2024년 7월 12일 발사에서 2단 엔진에 액체산소 공급 배관에서 누설이 발생하여 위성의 궤도투입에는 실패는 하였으나, 1단 부스터는 무사히 해상 드론십에는 성공적으로 착륙하여 회수에 성공했다.* 발사 실패 원인 분석 및 보완 조치까지 단 2주 내 완료한 뒤 7월 27일부터 다시 맹렬히 발사를 수행하였다.**

그 결과 2024년에 팰컨 9 블록 5 로켓은 총 132회 발사를 완료했는데, 이는 인류 로켓 개발사 최초의 기록이다. 2025년에는 2024년 대비 약 50퍼센트 증가한 180회의 팰컨 9 블록 5 로켓 발사를 목표로 하였으며, 25년 8월 27일에는 1단 부스터의 드론십 착륙 400회를 달성했다. 더욱이 9월에는 1단 부스터(B1067)가 인류 최초로 30회 재사용에 성공했다. 이제 바야흐로 1단 부스터는 기본적으로 재사용해야 하는 시대에 접어든 것이다.

---

* 2024년 7월 12일 미국 캘리포니아 반덴버그 공군기지에서 스페이스X 팰컨 9 로켓의 24년 70번째 발사가 진행되었음. 1단 부스터는 회수까지 성공했지만, 2단에 액체산소의 누설이 발생하여 20기의 스타링크 위성을 정해진 고도에 투입하지 못하여 모두 대기권에서 소멸되었음. 2015년 이후 약 9년 만의 팰컨 9 로켓의 임무 실패였음

** 통상 로켓 발사 실패의 사고 조사에는 수개월이 소요되지만, 단 2주 만에 사고 조사 및 보완조치를 완료 후 미국 FAA로부터 팰컨 9 로켓의 재발사 승인까지 획득 후 7월 27일부터 다시 맹렬하게 팰컨 9 로켓을 발사하고 있음. 참고로 발사 실패 원인은 2단 엔진에 공급하는 산화제 배관에 있던 오래된 센서 포트홀에서 누설이 발생한 것이었고, 스페이스X에서는 해당 포트홀을 제거하여 다시는 같은 실패 원인이 반복되지 않도록 조치를 완료하였음

스페이스X 팰컨 9 로켓의 핵심, 멀린 1D+엔진

　스페이스X에서 첫 번째로 개발한 엔진은 연료로 케로신을 사용하는 가스 발생기 사이클 기반의 멀린Merlin. 멀린 엔진의 가장 큰 특징은 케로신 엔진 중에서는 최초로 연소기 분사기(인젝터)로 아폴로 달 착륙선 착륙단 엔진에 적용했던 핀틀 인젝터를 적용한 것임. 핀틀 인젝터는 분사기가 1개로 구성이 되어있어서 다른 액체로켓엔진에 비하여 부품개수가 절대적으로 줄어드는 장점이 있음(핀틀 인젝터를 사용하지 않는 일반적인 추력 100톤급 액체로켓엔진의 연소기 헤드부에는 분사기가 300~700개 정도 필요함. 과거에는 하나하나 기계가공을 했으나, 지금은 메탈 3D 프린팅 적층제작 기술 발전으로 한 번에 쉽게 찍을 수 있음).

　멀린 엔진은 크게 3번에 걸쳐서 업그레이드하였음. 우선 스페이스X의 첫 번째 로켓인 팰컨 1 로켓의 1단에 사용한 멀린 1A는 노즐에 삭마냉각을 적용했기 때문에 추력(진공) 37.4톤, 비추력(진공) 288.5초의 평범한 엔진이었음. 팰컨 1 로켓 발사를 2번 실패 후 멀린 1C 엔진으로 변경하면서 재생냉각을 적용하여 추력(진공) 59.3톤, 비추력(진공) 304.8초, 연소압 67바를 달성.

 멀린 1C 엔진은 팰컨 9 로켓 초기에도 장착하였으나, 재사용을 위한 더 높은 추력과 효율이 필요함에 따라 스페이스X에서 자체 설계한 터보펌프를 장착한 멀린 1D 엔진으로 교체되었음. 멀린 1D 엔진은 추력(진공) 86톤, 비추력(진공) 320초, 연소압 97바, 무엇보다 추력중량비가 150이 넘었음.

 이후에도 재사용에 실패하자 스페이스X는 팰컨 9 블록 5 로켓부터 추진제를 과냉하여 멀린 1D+ 엔진에 공급하기 시작함. 멀린 1D+ 엔진은 추력 93.2톤, 비추력(진공) 320초, 연소압 108바, 무엇보다 추력중량비(엔진 추력을 중량(무게)로 나눈 비율)가 180이 넘는 최초의 엔진이 되었음. 현재 스페이스X에서 공식적으로 발표하진 않았으나, 일론 머스크의 말에 따르면 멀린 1D+ 엔진의 제작 단가는 1백만 달러 정도로 알려져 있음.

3) 인류 최초의 완전 재사용
로켓이 목표인 스타십

2025년 1월 기준으로 지구상에서 로켓을 재사용하는 곳은 스페이스X가 유일하다. 솔직히 1단 부스터를 재사용하는 팰컨 9 로켓과 비슷한 성능을 가진 로켓을 만들기 위해서는 최소 10년 이상의 시간이 필요하다고 생각한다. 아니 10년을 넘어 20년을 매진한다고 해도 비슷한 성능의 로켓을 만들 수 있을지 확실하지도 않다. 따라서 스페이스X도 마음만 먹으면 1980년대 방산기업이나 국가 우주 기관처럼 새로운 로켓 개발 없이 팰컨 9 로켓만으로도 독점에 가까운 우위에서 막대한 이익을 챙길 수 있을 것이다. 하지만 일론 머스크와 스페이스X는 절대로 편안한 길을 선택하지 않았다. 결코 초심을 잃지 않았다. 마치 1961년 9월 라이스 대학에서 케네디 대통령 연설문에 나오는 그 문장들처럼.

스페이스X를 설립하기 전부터 일론 머스크의 최종 목적지는 화성Mars이었다. 인류를 다행성 인종multi-planet species으로 만들기 위한 최적의 거주지로 화성을 선택한 것이다. 그렇다면 일단 화성으로 대규모 이주할 수 있는 이송 수단이 필요했다. 초기에는 팰컨 9 로켓 좌우에 부스터 1기씩을 추가 장착한 팰컨 헤비Falcon Heavy 로켓을 화성행으로 고려했었다. 하지만 문제는 화성까지 가는 것이 아닌, 화성에서 지구로 돌아오는 방법이었다. 화성에서 멀린 엔진의 연료인 케로신을 구할 방법을 현시점에서는 찾을 수 없었다. 그래서 우선 화성에서 구할 수 있는 연료인 메테인을 사용하는 엔진을 새롭게 개발하여 메테인 엔진을 장착한 새로운 개념의 로켓을 제작하기로 방향을 틀었다. 또한 새로운 로켓은 1단 부스터만 재사용하는 팰컨 9 로켓의 단점을 극복하여 1단과 2단 모두 완전히 재사용하도록 설계하여 발사 비용을 더욱 줄이는 것도 잊지 않았다. 그렇게 하여 탄생한 로켓이 바로 스타십 Starship이다.

스타십 로켓은 제일 먼저 액체 메테인liquid methane을 연료로 사용하는 랩터Raptor 엔진을 개발하는 것에서 시작했다. 개발의 시작은 2013년 10월이고, 첫 번째 연소시험은 2016년 9월이었다. 전유량 다단연소full flow staged combustion 사이클을 채택한 랩터 엔진은 첫 번째 버전인 랩터1 엔진에서 러시아 에네르고마쉬에서 개발한 RD-180 엔진의 연소압 267바를 넘어섰으며, 2022년 1월부터는 업그레이드 버전인 랩터2 엔진에서 연소압 300바, 추력 230톤의 막강한 성능을 보여주고 있다.˙ 현재 스페이스X는 랩터3 엔진을 개발하고 있는데, 2024년 8월 일론 머스크의 X를 통하여 처음으로 세상에 공개되었다. 기존의 로켓엔진과는 너무나도 다른 랩터3 엔진의 모습에 보잉과 록히드 마틴의 합작회사인 ULAUnited Launch Alliance의 토리 브루노Tory Bruno CEO는 부분적으로 조립된partially assembled 엔진이라고 X에 언급했을 정도다. 하지만 스페이스X 사장 그윈 숏웰Gwynne Shotwell이 랩터3 엔진의 첫 번째 연소시험 사진을 X에 공개하자 모든 의구심은 풀렸다. 그러면서 랩터3 엔진의 성능도 공개가 되었는데, 추력(지상)은 280톤, 비추력(지상)은 350초, 무게는 1,525킬로그램이라고 발표했다.

랩터 엔진 개발이 어느 정도 완성된 후 스페이스X는 스타십 로켓의

---

* 다단연소 사이클은 연료와 산화제 중 한쪽을 기체로 만들기 위한 예연소(Pre-burning) 후에 연소기로 공급하는데, 전유량 다단연소 사이클은 연료와 산화제 모두를 기체로 만들기 위하여 양쪽 모두를 예연소 후 기체 상태로 연소기에 공급하는 엔진 사이클임. 엔진 효율과 추력이 높은 장점도 있지만, 제작 난이도 또한 높은 단점도 있음. 다만 스페이스X에서 처음으로 만든 사이클은 아니고, 소련 시절에 연소시험까지 성공한 검증된 사이클임.

그림 7-3 | (왼쪽부터) 랩터 1, 랩터 2, 랩터 3 엔진

2단 우주선ship 제작에 들어갔다. 2018년 미국 텍사스주 최남단 멕시코만에 인접한 보카치카Boca Chica의 노지에 가건물을 세우고 오픈된 공간에서 우주선의 초기 모델인 스타호퍼Starhopper 동체 제작에 착수했다. 그리고 같은 해 12월 랩터 엔진 1기를 장착한 스타호퍼는 150미터를 날았다가 멋지게 착륙하면서 성공한다. 스타호퍼를 우주선 형상으로 점점 바꾸고, 엔진 개수도 1개에서 3개까지 늘리면서 꾸준한 실패에도 계속 시도했다. 그리고 2020년 11월 우주선 15호는 10킬로미터 고도 비행 후 지상 착륙에 성공한다. 높이 50.3미터, 지름 9미터, 하단에 6기의 랩터 엔진(지상용 3기, 진공용 3기)이 장착된 스타십 로켓 2단 우주선은 이제 우주로 날아갈 준비를 마친 것이다.

스타십 로켓 1단 부스터는 높이 71미터(팰컨 9 로켓의 높이가 70미터), 지름 9미터, 하부에 33기의 랩터 엔진을 장착하여 건조중량 200톤, 최대 추력 7,590톤을 발생시키는 어마어마한 괴물로 제작되었다. 다만 1단 부스터는 2단 우주선과 달리 단독 비행 시험은 진행하지 않고 스타십 로켓을 위해 새롭게 제작된 발사대에서 정적 연소시험만 진행하면서 성능을 검증했다.

스타십 로켓의 1차 발사는 2023년 4월 17일에 진행했다. 인류 로켓 개발 역사상 최고 높이인 121.3미터(1단 부스터 71미터 + 2단 우주선 50.3미터)인 거대한 로켓이 텍사스 보카치카 내 스페이스X의 스타베이스Starbase에서 발사된 것이다. 하지만 발사 직후 1단 부스터에 장착된 엔진 중 일부가 손상되어 정상 작동을 할 수 없었고, 발사 3분 뒤 비행종단시스템Flight Termination System, FTS을 작동시켜 공중에서 폭발했다. 발사 실패의 첫 번째 원인은 스타십 발사대 하부의 콘크리트 파편들이 엔진 점화 시 발생하는 플룸plume의 힘으로 인해 튀어 올라 스타십 1단 엔진을 망가트린 것으로 확인되었다. 스페이스X는 바로 발사대 하부에 화염 유도로와 유사한 플레임 디플렉터flame deflector를 설치하여 보완을 완료했다.

스타십 로켓의 2차 발사는 2023년 11월 18일에 진행되었다. 이때는 1단과 2단의 단 분리까지는 성공적으로 진행되었다. 1단 부스터는 멕시코만Gulf of Mexico 바다 위에서 소프트 랜딩을 시도했지만 실패했으

---

* 스타십 로켓의 발사대는 메카질라(Mechazilla)라고도 부름. 일본 영화의 괴물 '고질라'에서 파생한 단어임. 스타십 로켓 1단 부스터 재사용은 기존의 팰컨 9 로켓과 달리 무거운 자체 중량(200톤)으로 인하여 랜딩 레그를 사용한 착륙이 불가능함. 그래서 스페이스X에서는 발사대 타워 행어에 1단 부스터 상단의 랜딩핀이 걸리면서 착륙하는 방법을 고안했는데, 이것이 흡사 영화 속 고질라가 팔로 거대한 물체를 안고 있는 느낌을 주기 때문에 '메카질라(기계로 만든 고질라)'라는 별명을 붙였음

며, 2단 우주선의 궤도 비행은 이뤄지지 않았다.

스타십 로켓의 3차 발사는 2024년 3월 14일에 진행했다. 1단 부스터의 멕시코만 소프트 랜딩은 성공하지 못했으나, 2단 우주선은 준궤도 비행까지 성공 후 대기권 재돌입 중 폭발했다. 지난 두 번째 비행과 비교했을 때 장족의 발전이었다.

2024년 6월 6일에 진행된 4차 발사에서 1단 부스터는 멕시코만 소프트 랜딩까지 성공했으며, 2단 우주선도 준궤도 비행 후 대기권 재돌입 후 인도양 소프트 랜딩까지 성공했다.

스타십 로켓의 5차 발사는 2024년 10월 13일에 진행했다. 성공적으로 발사된 스타십 로켓 1단 부스터는 발사대로 되돌아오면서 발사탑 젓가락 팔에 무사히 착륙하여 처음으로 회수에 성공했다. 2단 우주선

그림 7-4 | 4차 발사 시도 중인 스타십 로켓

그림 7-5 | 스타십 5차 비행 후 발사대 발사탑으로 되돌아온 모습

은 고도 212킬로미터까지 준궤도 비행 후 지구 대기권 재돌입 및 인도양 소프트 랜딩까지 성공했다.

스타십 로켓의 6차 발사는 2024년 11월 19일에 진행했다. 성공적으로 발사된 스타십 로켓 1단 부스터는 5차 발사와 마찬가지로 발사대로 되돌아올 예정이었으나, 비행 중 통신 장애가 발생하여 결국 멕시코만에 소프트 랜딩하는 것으로 변경되었다. 다만 2단 우주선은 준궤도 비행 중 처음으로 랩터 엔진을 점화하여 성공했다. 이후 지구 대기권 재돌입 및 인도양 소프트 랜딩까지 성공했다.

2025년에도 스페이스X는 스타십 로켓 개발에 박차를 가하고 있다. 스타십 로켓의 7차 발사는 2025년 1월 16일에 1단 부스터는 성공적으로 발사되었으나 2단은 우주선과 지상 간의 통신 문제로 공중 폭발하면서 실패했다.

스타십 로켓의 8차 발사는 2025년 3월 6일 성공적으로 진행되었다. 특히 1단 부스터는 성공적으로 발사대에 회수되었다. 하지만 2단 우주선은 엔진 고장으로 공중 폭발했다.

스타십 로켓의 9차 발사는 2025년 5월 27일 진행되었다. 발사는 성공적이었으나, 1단 부스터 회수도 실패했고, 2단 우주선도 비행 중 자세를 잃으면서 공중 폭발했다. 특히 2단 우주선은 3회 연속적으로 공중에서 폭발하게 되면서 기술에 대한 의구심을 가지게 되었다. 하지만 스페이스X가 어떤 기업인가? 실패를 통해서 몰랐던 기술적 난관을 극복하는 기업 아닌가?

스타십 로켓의 10차 발사는 2025년 8월 26일 많은 사람들의 우려 속에서 진행되었다. 우선 이번 10차 발사에서는 1단 부스터에 장착된 33기의 랩터 엔진 중 1기가 갑자기 고장이 발생했다는 가정하에 32개의 엔진만으로 목표 고도까지 2단 우주선을 이송할 수 있는가를 증명하는 것이 목표였는데, 32개의 엔진만으로도 완벽하게 목표 고도까지 도달 후 2단과의 단 분리까지 성공했다. 또한 2단 우주선은 고도 180킬로미터에서 탑재한 8기의 스타링크 더미 위성을 궤도에 투입함으로써 스타십을 이용하여 본격적으로 위성발사서비스를 수행하기 위한 최종 리허설까지 성공적으로 완료했다.

스타십 로켓의 11차 발사는 2025년 10월 13일 진행되었다. 11차 발사에서는 8기의 스타링크 더미 위성의 궤도 투입뿐만 아니라, 2단 엔진의 재점화와 지구 재돌입 시 손상된 열 차폐heat shield 성능 시험까지 진행했다. 그리고 이것이 랩터2 엔진의 마지막 비행으로 알려져 있다. 따라서 2025년 말, 혹은 2026년 초로 예정된 스타십 12차 발사에서는 훨씬 파워풀한 랩터3 엔진이 장착된 스타십 로켓이 등장할 것으로 예상되며, 이 덕분에 스타십 로켓 자체의 성능 및 사이즈 업그레이드도 기대되고 있다.

잘 알려진 바와 같이 스타십 로켓의 최종 목표는 100명 이상의 사람을 태우고 화성까지 날아가는 것이다. 또한 최소 100톤 이상의 페이로드, 혹은 500기 이상의 스타링크Starlink 위성을 싣고 지구 궤도까지 이송 후 다시 지구로 돌아와서 항공기처럼 최소한의 정비 및 점검 후 바로 사용하는 완전 재사용 로켓fully reusable rocket을 목표로 하고 있다.˙ 스페이스X가 스타십 로켓 개발에 투입된 비용이 50억 달러가 넘으며,

---

˙ 우주 시장 및 우주 활용의 패러다임을 바꾸고 있는 우주 인터넷 서비스, 스타링크. 2025년 10월 기준으로 약 10,000기 이상이 궤도에 있으며, 2025년 말까지 최소 12,000기까지 1차로 구축하면 전 세계 어느 곳에서든 스타링크를 통한 인터넷 접속이 가능함. 2025년 10월 기준으로 스타링크 가입자는 6백만 명을 넘었으며, 2025년 말에는 7백만 명을 돌파할 것으로 예상. 2024년 스타링크의 연간 매출은 약 82억 달러(약 10.8조 원)였으며, 2025년 스타링크는 약 120억 달러(약 17조 원)의 매출을 예상. 전문가들은 향후 2년 내 스페이스X의 매출액은 미국 NASA의 연간 예산인 250억 달러를 넘어설 것으로 예상. 원래 우주 인터넷은 1980년대부터 나온 아이디어였으나, 비싼 위성 발사 비용으로 인하여 구축에 한계가 있었음. 이것을 일론 머스크가 팰컨 9 로켓의 1단 부스터 재사용으로 발사 비용을 다운시키면서 빠르게 구축하고 있는 중. 참고로 팰컨 9 로켓의 경우 1회 발사에 최대 50기의 스타링크 위성을 궤도에 투입할 수 있으며, 현재 개발 중인 스타십 로켓은 1회 발사체 최대 500기의 스타링크 위성의 궤도 투입이 가능하다고 함. 스타십 개발 및 발사가 정상적으로 진행된다면 스타링크 구축 속도는 이전 대비 10배 이상 빨라질 것으로 예상됨

스타십 로켓 1회 시험 발사 비용이 1억 달러에 육박하지만, 일론 머스크는 결코 도전을 멈출 생각이 없어 보인다. 조만간 스페이스X는 스타십 로켓의 완전 재사용을 분명 성공시킬 것이다. 어려운 기술도 언젠가 극복되어 일반적 기술로 바뀔 것이며, 그것이 지금까지 인류가 지구에서 살아온 방법이다. 다만 스페이스X의 독주가 사다리 걷어차기 같은 기득권의 나쁜 행태로 변형되지 않기를 바랄 뿐이다.

전유량 다단연소 사이클 기반의 메테인 엔진, 스타십 로켓의 랩터(Raptor)

스페이스X에서 두 번째로 개발한 엔진은 화성에서도 사용할 수 있는 액체 메테인을 연료로 사용하는 전유량 다단연소 사이클 기반의 랩터Raptor. 스페이스X가 메테인 엔진을 연료로 사용하는 엔진을 개발한 이유는 케로신에 비하여 비추력이 약 10퍼센트 높은 장점이 있기 때문임. 또한 재사용 시 케로신 엔진과 달리 세척이 불필요하다는 것도 장점임.

특히 스페이스X가 메테인 엔진에 처음으로 적용하는 전유량 다단연소 사이클full-flow staged combustion cycle은 예연소기에서 액체 상태의 메테인과 산소를 각각 연료 과잉 및 산화제 과잉 상태로 1차 (불완전)연소시켜 배기가스를 만든 후 연료 펌프와 산화제 펌프의 터빈을 각각 구동시킨 후 기체 상태로 연소기로 공급되어 두 번째 연소를 진행함.

이와 같은 복잡함 때문에 전유량 다단연소 사이클은 제작이 매우 힘든 단점이 있으나, 추진제가 가지고 있는 에너지를 최대한 엔진의 추력으로 만들 수 있는 최상의 엔진 사이클임(참고로 전유량 다단연소사이클은 1960년대 후반에 소련에서 개발한 사이클이며, 1970년대 후반에는 실제로 연소시험까지 진행한 기록이 있음).

 랩터 엔진은 랩터 V2 엔진을 거쳐 랩터 V3 엔진이 시험 중임. 2021년까지 생산된 랩터 엔진은 추력(진공) 200톤, 비추력(진공) 380초, 연소압 250바를 달성한 어마어마한 엔진이었음. 2022년 스타십 로켓에 장착되어 현재까지 사용 중인 랩터 V2 엔진은 추력(진공) 258톤, 비추력(진공) 382초, 연소압 300바를 달성하였는데, 연소압 300바는 이전에 러시아의 RD-180 엔진이 보유하고 있던 최고 연소압인 267바를 가볍게 넘었다고 일론 머스크가 자신의 X에 포스팅할 정도였음. 현재 스페이스X는 랩터 V3 엔진을 개발 중임. 일단 알려진 랩터 V3 엔진의 성능은 추력(진공) 306톤, 연소압 350바이며, 이대로 랩터 V3 엔진이 스타십 로켓에 장착된다면 지구 최강의 성능이라고 사료됨.

 현재 랩터 엔진 1기당 제작 단가는 2백만 달러로 알려져 있으나(이 가격도 매우 저렴함), 일론 머스크는 1백만 달러까지 제작 비용을 절감할 예정이라고 밝힘.

재사용 로켓 개발에
도전하고 있는 민간 우주기업

    2025년 1월 기준으로 지구에서 재사용 로켓을 발사하고 있는 민간 우주기업은 스페이스X가 거의 유일하다. 로켓 1단 부스터 재사용이라는 강력한 경제적 이점을 무기로 상업위성 발사서비스 시장뿐만 아니라 세계 우주 시장을 평정하고 있다고 해도 과언이 아니다. 스페이스X가 압도적으로 초격차를 유지하고 있지만, 모든 로켓 기업들이 두손 놓고 동경하고만 있는 것은 아니다. 스페이스X와 유사한 방법, 혹은 전혀 다른 방법으로 1단 부스터, 혹은 1단과 2단 전체를 재사용할 수 있는 재사용 로켓을 개발하고 있는 스타트업이 무척 많다. 따라서 여전히 진행 중인 5차 우주 경쟁에서 스페이스X처럼 재사용 로켓 개발에 도전하고 있는 민간 우주기업 중 세 곳인 로켓랩Rocketlab, 블루 오리진Blue Origin, 렐러티비티 에어로스페이스Relativity Aerospace를 이 책의 마지막 내용으로 소개한다. 앞으로 5년, 혹은 10년 뒤 지금 소개하는 세 곳의 기업 중 한 곳이라도 스페이스X와의 격차를 얼마나 줄일 수 있을지, 아니면 심지어 역전을 할 수 있을지 몹시 기대된다.

---

* 스페이스X의 경쟁사가 될 수도 있을 세 곳의 민간 우주기업을 선정하는 데는 나름의 기준이 있었음. 우선 자체 로켓을 제작 후 단 한 번이라도 발사한 경험이 있어야 함. 두 번째로 기업 내부 로켓 개발 로드맵에 재사용 발사체 개발 계획을 보유해야 하며, 마지막으로는 현재 재사용 로켓용 엔진을 제작하여 최소한 엔진 연소 시험을 진행하고 있는 곳을 선정하였음. 단 중국 민간 우주기업은 선정하지 않았음

1) 일렉트론 로켓 1단 해상 회수를 통한 재사용을 시도하는 로켓랩

2024년 6월 21일(현지 시각) 뉴질랜드 마히아반도Māhia Peninsula 발사장에서 미국의 민간 우주기업 로켓랩Rocketlab에서 개발한 일렉트론Electron 로켓의 50번째 발사가 진행되어 위성을 궤도에 성공적으로 올려놓는 데 성공하였다. 2017년 5월 일렉트론 로켓을 처음 발사한 이후 7년 1개월 걸려 50번째 임무를 수행한 것이다. 더욱 놀라운 사실은 스페이스X의 팰컨 9 로켓이 첫 발사 이후 50번째 발사까지 걸린 기간이 7년 9개월이었는데, 그 기간을 무려 8개월 앞당긴 것이다. 물론 지금 스페이스X는 1주에 2~3회 발사하고 있다는 것을 고려하면 그렇게 의미가 있는 비교가 아니긴 하지만, 그래도 스페이스X보다 빨리 50번을 발사했다는 것은 인정해 줘야 한다. 그렇다면 로켓랩은 어떤 우주 기업인가? 우선 창업주 피터 벡Peter Beck부터 알아보자.

1977년 뉴질랜드 남섬 인버카길Invercargill에서 태어난 피터 벡은 고등학교 졸업 후 더니든Dunedin에 있는 식기 세척기를 만드는 회사인 피셔앤파이클Fisher & Paykel에서 금형제조 기술 엔지니어로 사회생활을 시작했다. 근무 중에는 베테랑 선배 엔지니어로부터 본격적으로 금형제조 기술을 배우면서, 근무 후에는 로켓 관련 책을 뒤져가면서 지식을 습득하고 실제로 제작까지 하면서 능력을 키워나갔다. 정식으로 대학교에서 로켓 관련 공부나 학위를 받지 않고 독학으로 로켓 관련한 내용을 직접 습득하기 시작한 것이다. 특히 피셔앤파이클에서는 평생의 동반자이자 현재 부인인 케린Kerryn을 만나 사귀게 되는데, 그녀 덕분에 피터 벡의 운명도 본격적으로 바뀌게 된다.

2000년 케린이 뉴질랜드 북섬 최대 도시인 오클랜드Auckland에 있는 유전 및 정유 관리 회사로 이직하자, 벡도 오클랜드에 있는 탄소섬유와 티타늄으로 호화요트를 만드는 뉴플리머스New Plymouth로 이직한다. 오클랜드에는 뉴질랜드 정부 출연 기관인 산업연구원Industrial Research Limited, IRL이 있었는데, 피터 벡은 1년 후 IRL에 기술원으로 취직하면서 탄소섬유 같은 복합재 연구에 투입되었고, 이것이 나중에 로켓랩의 일렉트론 로켓 동체를 탄소섬유로 제작하는 기반이 된다.

2006년 케린이 미국 LA에 1개월 머물게 되었을 때 피터 벡은 태어나서 처음으로 미국을 방문한다(이것을 그의 로켓 순례Rocket Pilgrimage라고 표현함). 로켓 순례를 통하여 책이나 TV에서만 보았던 LA의 우주기업, NASA뿐만 아니라 플로리아 케네디 우주센터까지 방문하여 생애 처음으로 실제 로켓을 목도하게 된다. 이것이 그에게는 엄청난 충격이었고 터닝 포인트였다, 귀국 후 바로 뉴질랜드 최초의 로켓 스타트업인 로켓랩을 창업하였고, 뉴질랜드 투자가로부터 약 30만 달러의 투자금 유치까지 성공한다. 이후 약 3년 동안 각고의 노력 끝에 2009년 11월 뉴질랜드 첫 과학 로켓인 아테아Atea 1 발사까지 성공한다.*

하지만 그것이 끝이었다. 피터 벡의 과학 로켓 발사 성공 소식은 뉴스로 한 줄 나오기는 했으나, 실질적인 추가 투자금 유치나 로켓 발사 계약으로 연결되지 못했다. 그러나 지성이면 감천이라고 했던가. 이때 로켓랩에 손을 내민 곳이 있었다. 바로 미국 국방부 산하 국방고등연구계획국DARPA였다.** 빨리 로켓을 발사하는 기술에 관심이 있었던

---

* Atea는 뉴질랜드 마오리어로 '우주(Space)'라는 뜻임

** DARPA는 Defense Advanced Research Projects Agency, 즉 국방고등연구계획국으로, 국방부의 혁신연구조직인 ARPA의 후속 조직임. 기존에 없던 새로운 기술에 과감하게 연구개발비를 투자하는 것으로 유명한 DARPA는 2003년 스페이스X 창업 초기에도 혁신적인 소형 발사체 기술개발 과제인 FALCON(Force Application

DARPA는 피터 벡과 2건의 계약을 체결한다. 2012년까지 성공적으로 DARPA 계약과 관련한 개발을 성공적으로 완료하여 납품에 성공한 피터 벡은 이를 기반으로 2013년 미국에서 투자자들을 만나 단 1주일 만에 500만 달러의 투자금을 유치하면서 본격적으로 로켓 개발을 위한 인프라 구축과 인력 채용을 시작할 수 있었다. 이후 투자사로부터 추가적인 투자금을 최대 5억 달러까지 유치한 로켓랩은 2017년 5월 일렉트론 로켓의 첫 발사까지 진행할 수 있었다. 다만 안타깝게도 로켓랩 일렉트론 로켓의 첫 발사는 실패였다.* 하지만 2018년 1월에 진행된 두 번째 발사에서는 탑재된 위성을 성공적으로 지구 저궤도에 투입했다. 로켓랩의 일렉트론 로켓의 본격적인 소형위성 발사서비스가 시작된 것이다.

초기 일렉트론 로켓은 지구 저궤도에 225킬로그램의 페이로드 투입이 가능했으나, 엔진 성능 업그레이드와 동체 최적화를 진행하여 페이로드 투입 중량을 320킬로그램까지 증가시켰다. 특히 일렉트론 로켓은 1회 발사 비용이 750만 달러인데, 이 가격은 세계 로켓의 1회 발사 비용 중 가장 낮은 수준이다. 이러한 성과를 바탕으로 로켓랩은 2021년 8월 미국 나스닥에 40억 달러 이상의 가치를 인정받으면서 우회 상장에 성공한다.** 2025년 10월 기준으로 로켓랩 본사는 로스앤젤레스

---

and Launch from CONtinental United States)을 체결하여 주기도 하였음

* 일렉트론 로켓의 첫 발사에서 로켓 2단이 지구 궤도에 도달하지 못하고 공중에서 폭발했기 때문임. 그 원인은 로켓의 결함이 아닌, 로켓랩 첫 발사를 감시하는 미국 측의 소프트웨어 결함에 있었음. 미국은 자체 소프트웨어 결함으로 로켓의 위치추적에 실패하자 비행종단시스템(Flight Termination System)의 작동을 요구하였고, 로켓랩이 수용하면서 우주 공간에서 폭발하였음

** 2025년 로켓랩의 주가가 폭등하기 시작하여, 2025년 10월 기준으로 로켓랩 주가 총액은 310억 달러(약 41조 원) 수준으로 상승함

롱비치에 있으며, 직원은 2,100명 이상으로 알려져 있다. 다만 미국 공장에서는 로켓엔진과 인공위성 제작이 주요 업무이며, 일렉트론 동체 등은 모두 뉴질랜드 공장에서 제작하고 있다.

로켓랩도 스페이스X처럼 절대로 현실에 만족하지 않고 끊임없이 더 나은 로켓을 만들기 위하여 도전을 멈추지 않고 있다. 첫 번째 도전은 일렉트론 로켓의 1단 부스터 재사용 시도이고, 두 번째는 중형 재사용 로켓 뉴트론Neutron 개발이다.

첫 번째 도전인 1단 부스터 재사용 시도부터 설명하겠다. 로켓랩은 2022년부터 일렉트론 1단 부스터 재사용을 위해, 1단 상부에 낙하산을 설치하여 단 분리 후 대기권 재돌입 시 자유 낙하하는 부스터의 속도를 줄인 뒤, 헬리콥터로 공중에서 직접 잡아 회수하는 방식을 시도했다. 그러나 헬리콥터를 이용한 회수 방식은 결국 실용성이 부족하다고 판단되어 포기하게 되었다. 이후 로켓랩은 방향을 전환하여, 1단 제작 시 방수 기술을 적용하고 바다에 소프트 랜딩한 뒤 회수하는 방식으로 재사용 전략을 변경했다. 그리고 2023년 8월, 해상에서 회수한 일렉트론 1단 부스터를 다시 장착하여 성공적으로 발사 임무를 마치는 데 성공하였다. 이는 스페이스X에 이어 세계에서 두 번째로 1단 부스터 재사용에 성공한 사례였다. 다만 스페이스X의 팰컨 9 로켓의 1단 재사용과 같은 빠른 턴어라운드 타임을 확보하기 위해서는 갈 길이 상당히 멀어 보인다.

두 번째 도전은 중형 로켓 뉴트론 개발이다. 창업 초기부터 피터 벡

---

* 턴어라운드 타임(Turnaround time)은 회수한 로켓이 다시 발사할 때까지 소요되는 시간임. 스페이스X의 팰컨 9 로켓의 턴어라운드 타임은 2021년에는 28일이 소요되었으나 2022년 4월에는 21일로 줄었으며, 2024년 11월에는 최단 턴어라운드 타임이 13일 12시간이었음

그림 7-6 | 로켓랩의 일렉트론 로켓 50회 발사

은 재사용 로켓보다는 소형로켓 일렉트론을 저렴하게 제작하여 발사하는 것에 집중할 것이라고 발표했다. 그랬던 피터 벡은 2021년 로켓랩의 두 번째 로켓으로 1단 부스터를 재사용할 수 있는 중형 로켓, 뉴트론 개발 계획을 발표했다. 그는 창업 초기에 발표했던 재사용 로켓을 개발하지 않겠다는 선언을 파기하는 대가로 모자를 갈아 마시는 퍼포먼스까지 보여주기도 했다.

뉴트론 로켓은 완전 재사용이 아닌, 스페이스X의 팰컨 9 로켓처럼 1단 부스터와 추가로 2단 페어링까지 한꺼번에 재사용할 수 있도록 개발 중이다. 지구 저궤도에 최대 13~15톤의 페이로드 투입을 목표로 하고 있다. 이를 위하여 산화제 과잉 다단연소 사이클 기반으로 액체 메테인을 연료로 사용하는 추력(지상) 75톤급 아르키메데스Archimedes 엔진 9기를 장착하고, 2단에는 1기를 장착할 예정이다. 또한 구조체는 로켓랩이 자랑하는 탄소 복합재로 제작할 예정이다. 뉴트론 로켓의 시험 발사는 2026년 말로 예정이 되어있다. 로켓랩의 뉴트론 로켓이 1단 부스터와 2단 페어링 재사용에 성공하게 된다면 현재 스페이스X가 독주하고 있는 상업위성 발사서비스 시장에서 가장 강력한 경쟁자가 등장하게 되는 것이다.

로켓랩은 스페이스X가 최초로 걸어갔던 길을 자신만의 방법으로 유사하게 걸어가는 전략을 선택하면서 우주 사업 영역도 넓히고 있다. 가장 대표적인 분야가 인공위성 제작 사업에 뛰어든 것이다. 미국의 IT 기업 애플은 아이폰 14부터 위성 통신을 사용한 긴급 SOS 서비스 계약을 글로벌스타Globalstar와 체결했는데, 글로벌스타가 애플과의 계약 이행을 위하여 추가 제작할 위성 제작을 로켓랩에 맡길 정도로 위성 제작 분야에서도 능력을 인정받고 있다.

로켓랩의 러더퍼드 엔진과 아르키메데스 엔진

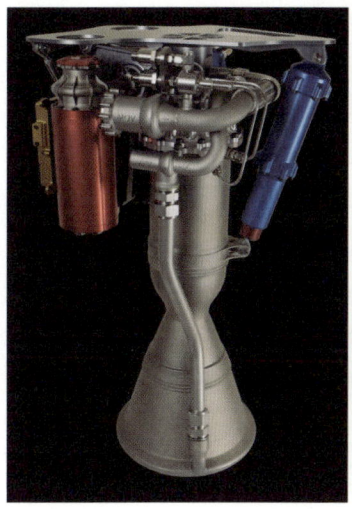 

로켓랩에서 첫 번째로 개발한 엔진은 연료로 케로신을 사용하는 전기 펌프 구동 사이클 기반의 러더퍼드Rutherford. 러더퍼드 엔진의 가장 큰 특징은 인류 로켓엔진 개발사 최초로 배터리로 구동하는 터보펌프를 장착하는 새로운 사이클 기반의 엔진임.

일반적으로 터보펌프의 터빈을 구동하기 위해서는 별도의 작은 연소기(가스발생기, 예연소기)나 노즐의 재생냉각 채널에서 히팅되어 기화된 연료, 혹은 연소기의 배기가스 등을 사용하는데, 로켓랩은 내부에 장착된 배터리로 구동하는 혁신적인 아이디어를 현실화시켰음. 다만 배터리는 앞에서 언급된 방법에 비하여 에너지 효율이 떨어지기 때문에 소형 엔진(추력 3톤 이하)에서만 사용하는 것이 일반적이라 엔진 추력이 높아지면 사용하기 어렵고, 또 배터리 무게만큼 구조비가 높아지는 단점도 있음.

로켓랩에서 처음으로 발사한 일렉트론 로켓은 높이 18미터, 직경 1.2미터의 소형로켓이며, 1단에 추력(진공) 2.7톤의 전기구동 펌프로 러더퍼드 엔진

9기, 2단에 1기를 장착하여 지구 저궤도에 225킬로그램(러더퍼드 엔진 추력을 2.9톤으로 업데이트 후에는 320킬로그램)까지 투입할 수 있음. 현재 1단 부스터 재사용을 위하여 1단 전체에 방수 처리를 하여 해상에서 수거 후 재사용 시도 예정.

현재 로켓랩에서는 두 번째 엔진으로 액체 메테인을 연료로 사용하는 다단연소 사이클 기반의 아르키메데스Archimedes 엔진을 개발 중. 예연소기에서 1차 연소 시 산화제 과잉으로 연소 후 나오는 배기가스는 터보펌프 터빈을 구동한 뒤 연소기에 공급되어 2차 연소가 이루어짐. 아르키메데스 엔진 성능은 추력(지상) 75톤, 비추력(지상) 320초로 알려져 있음.

로켓랩의 두 번째 로켓인 뉴트론Neutron에 아르키메데스 엔진은 1단에 9기, 2단에 1기가 장착될 예정임. 뉴트론 로켓은 높이 43미터, 폭 7미터로 지구 저궤도에서 13톤의 페이로드를 투입할 수 있음. 다만 1단과 2단이 단 분리할 때 페어링이 꽃처럼 활짝 열리면서 페이로드와 2단 엔진만 배출된 뒤 다시 페어링이 닫힘. 그리고 뉴트론 동체(1단 부스터 + 페어링)는 지상으로 다시 착륙하여 재사용될 예정.

2) 대형 메테인 엔진을 장착한 재사용 로켓, 뉴 글렌을 보유한 블루 오리진

2025년 1월 16일 미국 플로리다주 케이프 커내버럴Cape Canaveral에서 블루 오리진이 개발한 뉴 글렌 로켓의 첫 번째 발사가 성공적으로 진행되었다. 창업 25년 만에 처음으로 위성을 궤도에 투입할 수 있는 로켓 개발에 성공한 것이다. 이보다 1년 전인 2024년 1월 8일에는 보잉과 록히드 마틴의 합작회사인 ULA에서 새롭게 개발한 벌컨 센타우르Vulcan Centaur 로켓의 첫 번째 발사도 성공적으로 진행되었다. 블루 오리진에서 개발한 추력(지상) 250톤의 메테인 엔진 BE-4 2기가 1단에 장착된 벌컨 로켓은 블루 오리진 입장에서는 본격적인 우주 경쟁으로 뛰어들 수 있는 마지막 허들을 뛰어넘은 감격적 순간이었다. 그렇다면 도대체 블루 오리진은 어떠한 기업이길래 스페이스X의 가장 강력한 경쟁자로 거론되고 있는지 자세히 알아보자.

1994년 전자상거래기업 아마존Amazon을 창업한 제프 베이조스는 인터넷을 이용한 책 판매부터 시작하여 모든 물품까지 온라인으로 판매하기 시작했다. 아마존이 점점 알려지면서 매출도 덩달아 증가했으나 자체 물류시스템 구축을 위한 투자도 함께 늘었기 때문에 적자는 더욱 심화되었다. 하지만 아마존이 원하는 자체 물류시스템 구축이 완료되면 다른 온라인 기업과의 차별화가 확실해져 J자 곡선으로 매출액 증대가 일어날 것이 자명했으므로 회계장부상으로는 분명 적자임에도 회사 가치는 급등했다.

그리고 1997년 5월 기업공개(IPO)를 통한 상장 후 베이조스는 막대한 부를 거머쥐었다. 프린스턴대학교 물리학과와 컴퓨터공학과 출신인 그는 놀랍게도 2000년 9월 워싱턴주 켄트Kent에 '한 걸음씩, 담대하게gradatim, ferociter'를 사명으로 민간 우주기업 '블루 오리진'을 아주 조심스럽게 창업한다. 창업 순서로 따지면 제프 베이조스는 일론 머스크보다 약 1년 반 정도 먼저 민간 우주개발 분야에 뛰어든 것이다. 하지만 블루 오리진은 스페이스X와 달리 조용하게 차근차근 신중하게 로켓 개발을 진행했다.

블루 오리진에서 제일 먼저 개발한 로켓은 무중력 체험을 원하는 우주 관광객용 뉴 셰퍼드New Shepard다. 뉴 셰퍼드는 길이 18미터, 지름 3.7미터의 크기로 1단에 액체수소를 연료로 사용하는 추력(지상) 50톤인 BE-3(PM) 엔진 1기를 장착하고, 2단에는 최대 4명의 우주 관광객이 탑승하여 준궤도sub-orbital인 고도 100킬로미터까지 도달했다가 다시 지상으로 착륙하는 재사용 로켓이다. 첫 시험 발사는 2015년 4월이었고, 첫 유인 발사는 6년 뒤인 2021년 7월이었다. 2025년 기준으로 총 25회 발사를 진행했으며, 24회 성공 중 23회 1단 회수에 성공했다.

제프 베이조스가 블루 오리진을 창업한 목적은 우주 관광을 위한 로켓 제작이 아니었다. 그도 일론 머스크처럼 우주 산업의 절대강자가 목표였다. 그 담대한 계획의 첫 스타트가 뉴 셰퍼드였을 뿐이다. 그리고 본 게임은 초대형 로켓, 뉴 글렌New Glenn이었다. 뉴 글렌 로켓은 높

---

* 미국의 첫 우주인 앨런 셰퍼드에서 유래한 뉴 셰퍼드 로켓의 1단 엔진은 가압식 방식으로 액체수소를 연료로 사용하는 추력(지상) 45톤의 BE-3임. 부족한 추력을 더 높이기 위하여 블루 오리진에서는 컴버스천 탭-오프(Combustion Tap-Off) 사이클 기반으로 터보펌프를 추가 장착, 추력(지상)을 55톤까지 증가시켜 BE-3PM 엔진을 개발하여 뉴 셰퍼드 1단으로 사용 중. 참고로 컴버스천 탭-오프 사이클은 연소실 배기가스 중 일부를 터보펌프 터빈 구동에 사용한 후 바깥으로 배출하는 방식임. 이에 더하여 미국의 첫 지구 선회한 우주인인 존 글렌의 이름에서 유래한 초대형 뉴 글렌 로켓의 2단에는 BE-3U가 장착될 예정임. 팽창식 사이클 기반으로 액체수소를 연료로 사용하는 BE-3U는 추력(진공) 80톤으로 알려져 있음

이 98미터, 지름 7미터의 크기로 1단에 추력(진공) 275톤급 메테인 엔진 BE-4 7기를 장착하고, 2단에는 BE-3U 엔진 1기를 장착하여 지구 저궤도에 45톤의 페이로드를 투입한 뒤 1단 부스터는 지상으로 되돌아오는 부분 재사용 로켓이다. 블루 오리진에서는 2017년에 뉴 글렌 로켓의 첫 발사가 가능할 것이라고 발표했었지만 8년이 더 지난 2025년에야 발사에 성공했다. 왜 이렇게나 지연되었던 것일까? 그 이유는 바로 BE-4 엔진 개발의 난항에 있었다.

블루 오리진에서는 2011년부터 BE-4 엔진 개발에 착수했다. 처음부터 재사용 로켓을 염두에 두고 액체 메테인을 연료로 사용하는 추력(지상) 250톤급 대형 엔진인 BE-4는 산화제 과잉 다단연소 사이클 방식을 채택했다. 2015년 9월까지 엔진 구성품 100개 개발을 완료하였지만, 2017년 5월 터보펌프와 예연소기를 연결하여 진행하는 파워팩 시험에서 하드웨어의 손상이 발생했음을 처음으로 외부에 알렸다. 2018년 BE-4 엔진 개발 문제로 뉴 글렌 로켓의 발사가 2022년으로 연기됨을 알렸다. 엎친 데 덮친 격으로 2019년 블루 오리진은 BE-4 엔진의 터보펌프 재설계를 결정했다.

2021년 블루 오리진의 창업주 제프 베이조스는 아마존 최고경영자에서 물러나 블루 오리진에 전념한다고 발표했다. 그리고 BE-4 엔진 개발 과정에서 생긴 여러 가지 문제점이 처음으로 일반에게 공개되었는데, 그 내용 중에는 터보펌프 성능, 연소 불안정, 엔진 과열, 엔진 내구성 등이 포함되었다. 블루 오리진의 로켓 엔지니어들은 이러한 기술적 난관을 꾸준하게 해결하는 데 성공하여, 2022년 5월에는 BE-4 엔진의 누적 연소시간이 5,000초를 돌파하고 전 기간 full duration 연소 시험까지 성공했다. 그리고 이를 기반으로 2022년 하반기부터 BE-4

그림 7-7 | 1차 발사를 기다리는 블루 오리진의 뉴 글렌 로켓

엔진을 ULA에 납품하기 시작했다.

ULA에 납품된 BE-4 엔진은 벌컨 센타우르 로켓의 1단 코어 엔진으로 2기씩 장착되어 2024년 1월 1차 발사, 2024년 10월 2차 발사, 2025년 8월 12일 3차 발사에 각각 사용되었고, 엔진의 문제는 전혀 발생하지 않았다.

블루 오리진도 자체 개발한 초대형 재사용발사체인 뉴 글렌에 BE-4 엔진 7기를 장착하고 2025년 1월 16일 첫 발사를 진행했다. 뉴 글렌 로켓의 첫 발사는 성공이었다. 다만 안타깝게도 1단 부스터의 회수는 실패했다. 그래도 뉴 글렌 로켓의 2차 발사가 예정되어 있다. 더욱이 이번 2차 발사에 탑재될 페이로드는 NASA의 화성 임무용 탐사선

'ESCAPADE'로 알려져 있다. 따라서 뉴 글렌 로켓도 본격적으로 우주 운송 서비스에 본격적으로 뛰어든 것으로 볼 수 있다.

블루 오리진이 로켓랩을 넘어 스페이스X의 가장 강력한 도전자로 부상할 것은 자명하다. 더구나 제프 베이조스는 스타링크와 유사한 우주 인터넷 서비스인 카이퍼 프로젝트Project Kuiper 구축을 선언한 상황인데, 뉴 글렌 로켓 1회 발사에 60기의 카이퍼 위성을 투입할 수 있으므로, 독주 중인 스타링크에는 강력한 경쟁자가 등장하는 것이다. 하지만 블루 오리진의 모든 계획은 뉴 글렌 로켓의 성공적이면서 안정적인 발사 및 재사용 성공률에 달려있으며, 스페이스X의 팰컨 9 로켓과 같은 신뢰성을 확보하기까지는 최소 3년 이상의 시간이 필요할 것으로 예상한다.

블루 오리진의 BE-3PM 엔진과 BE-4 엔진

 블루 오리진에서 첫 번째로 개발한 엔진은 과산화수소peroxide를 단일 추진제로 사용하는 추력 1톤의 BE-1 엔진이었음. 이후 케로신과 과산화수소를 추진제로 사용하는 추력 15톤의 BE-2 엔진까지 개발하였음. 블루 오리진의 세 번째 엔진은 가압식 방식으로 액체수소를 사용하는 추력(지상) 45톤의 BE-3였음. 하지만 사람을 준궤도까지 이송하기 위해서는 더 높은 추력이 필요하였음. 그래서 2013년부터 BE-3 엔진에 터보펌프를 추가로 장착하고 컴버스천 탭오프combustion tap-off 사이클 기반의 BE-3PM 엔진 개발에 착수하여 추력(지상) 55톤인 BE-3PM 엔진 개발에 성공함. 컴버스천 탭오프 사이클은 연소기 연소가스를 사용하여 터보펌프 터빈을 구동하는 것임. 다만 이로 인하여 초기 엔진 시동이 복잡하고, 높은 연소기 배기가스가 터보펌프 터빈을 구동하기에 터빈의 소재나 코팅제 개발에 어려움이 있으나, 엔신 셧다운이 단순하여 유인 비행에는 충분히 사용 가능함. 이러한 장점으로 블루 오리진의 첫 번째 로켓인 준궤도 우주 관광용 로켓인 뉴 셰퍼드에서는 탭오프 사이클의 BE-3PM 엔진을 장착하여 사용하고 있음.

블루 오리진에서 4번째로 개발한 엔진은 BE-4 엔진임. 산화제 과잉 다단 연소 사이클 기반으로 액체 메테인을 연료로 사용하는 추력(지상) 275톤, 비추력(진공) 340초의 대형 엔진임. BE-4 엔진은 블루 오리진의 초대형 로켓 뉴 글렌의 1단에 7기가 장착되며 1단 부스터 재사용으로 엔진으로 사용될 예정. 뉴 글렌 로켓의 2단에는 BE-3PM 엔진의 탭오프 사이클을 팽창식 사이클로 변경하면서 추력(지상)을 55톤에서 추력(진공) 80톤으로 높인 BE-3U 엔진 2기가 장착될 예정임. 이로써 뉴 글렌 로켓은 지구 저궤도에 45톤의 페이로드 투입이 가능함.

블루 오리진에서 ULA에 판매하는 BE-4 엔진의 가격은 최소 1,200만 달러에서 2,800만 달러 사이로 추측이 되고 있어, 스페이스X의 랩터 엔진과는 큰 차이가 있음.

3) 메탈 3D 프린팅 메테인 엔진으로 승부하고 있는 렐러티비티

24년 5월 28일 뉴욕 타임스는 스페이스X의 머스크 CEO가 막강한 힘과 영향력을 이용해 후발 경쟁자들을 시장에서 몰아냈고, 이들은 이를 '반칙'이라고 부른다고 보도하면서 스페이스X로부터 방해를 받은 3곳의 기업 대표 실명을 공개했다. 그중 한곳이 바로 지금 소개할 렐러티비티 스페이스Relativity Space다. 과연 어떤 민간 우주기업이길래 스페이스X가 방해할 정도인지 알아보자.

렐러티비티는 2015년 팀 엘리스Tim Ellis(최고경영자, CEO)와 조단 눈Jordan Noone(최고기술책임자, CTO)이 설립하였다. 자체 제작한 DED Directed Energy Deposition 방식의 메탈 3D 프린팅 머신 '스타게이트 Stargate'를 이용하여 로켓을 구성하는 일부 부품이 아닌 로켓 전체를 제작하겠다는 목표를 내세웠고, 실제로 제작하여 증명까지 했다.* 이 과정을 통하여 최소 15억 달러 이상을 다양한 투자사로부터 유치했다. 하지만 소형위성 발사 서비스를 통하여 고정적 매출이 있는 로켓 랩과 달리, 렐러티비티는 로켓 개발에 대한 지출만 있을 뿐이었다. 결국 2025년 3월 구글의 전 CEO인 에릭 슈미트Eric Schmidt가 렐러티비티의 일부 지분을 인수하면서 CEO로 취임하여 새로운 반등의 계기를 마련하고 있다. 현재 렐러티비티의 본사는 미국 로스앤젤레스 롱비치

---

* 메탈 3D 프린팅 방식은 크게 DED방식과 PBF(Powder Bed Fusion) 방식으로 나눔. 메탈 파우더를 분사 노즐을 통해서 조금씩 분사하며 살짝씩 뿌리면서 레이저로 용융하면서 적층하여 하드웨어 형상을 만들어가는 DED 방식은 평평하며 규격화된 메탈 파우더 베드 위로 레이저를 쏘아 용융시키면서 하드웨어 형상을 적층해 가는 PBF 방식에 비하여 정밀도는 떨어지지만, 만들고자 하는 하드웨어 형상의 크기를 거의 제한 없이 만들 수 있는 장점이 있음

에 있으며, 근무 중인 직원은 1,200명 이상으로 알려져 있다.

렐러티비티는 로켓 전체를 메탈 3D 프린팅으로 제작하는 혁신적인 방법으로 테란Terran 1 로켓을 개발했다. 지구 저궤도에 1.5톤급 페이로드를 투입할 수 있는 테란 1 로켓은 가스발생기 사이클 기반으로 액체 메테인을 연료로 사용하는 추력(지상) 11톤의 이온Aeon 1 엔진을 성공적으로 개발하여 1단에 9기, 2단에 1기씩 장착했다. 테란 1 로켓의 첫 발사는 2023년 3월 23일(현지 시각) 이었다. 발사는 순조롭게 진행되어 1단은 성공적으로 임무를 마쳤으나, 단 분리 후 2단 엔진이 갑작스럽게 정지하면서 최종적으로는 실패로 끝났다.

렐러티비티는 테란 1 발사 실패 후 예정되어 있던 추가 발사를 모두 취소했다. 대신 1단 부스터를 재사용할 수 있는 새로운 초대형 로켓인 테란 R 로켓 개발로 사업 방향을 전환한다. 높이 87미터, 직경 5.4

그림 7-8 | 렐러티비티 스페이스의 테란 R 로켓과 이온 R 엔진

미터, 지구 저궤도에 최대 33.5톤을 투입할 수 있는 테란 R 로켓은 가스발생기 사이클 기반으로 액체 메테인을 연료로 사용하는 추력(지상) 117톤의 이온 R 엔진 13기를 1단에 장착하고, 2단에는 1기의 이온 R 엔진을 장착할 것으로 알려져 있다. 테란 R 로켓의 첫 발사는 2026년으로 예정되어 있다.

기존과 다른 새로운 기술을 좋아하는 미국 투자사들 덕분에 렐러티비티는 아직 IPO 없이 투자사들의 투자금과 새로운 CEO인 에릭 슈미트의 자금으로 테란 R 로켓을 개발 중이다. 놀라운 사실은 렐러티비티는 한때 스페이스X 다음으로 가장 많은 상업위성 발사서비스 계약을 수주했다는 것이다. 러시아의 우크라이나 침공으로 러시아 소유즈 로켓으로 위성 발사가 불가능해진 영국의 우주 인터넷기업 원웹OneWeb도 렐러티비티 스페이스와 총액 12억 달러 이상의 계약을 체결하기도 했다. 비록 렐러티비티 스페이스가 2023년 3월 테란 1 로켓 발사는 실패했지만, 대형 로켓인 테란 R 개발에 성공한다면 스페이스X, 로켓랩, 블루 오리진과 함께 4대 민간 우주기업 반열에 오를 잠재력이 크다. 하지만 현재까지는 여전히 위성을 투입한 로켓을 보유하고 있지 못한 평범한 민간 우주 스타트업이다.

◆ 7장 요약 ◆

　인류 최초로 재사용 로켓을 개발한 민간 우주기업은 일론 머스크가 이끄는 미국의 스페이스X다. 2002년 창업 후 약 13년 만인 2015년 12월에 팰컨 9 블록 5 로켓의 1단 부스터를 육상에서, 2016년 4월에는 해상에서 각각 회수에 성공했다. 이후 회수한 1단 부스터의 재사용에도 본격적으로 착수하여 2025년 10월 기준으로 1단 부스터는 최대 30회까지 재사용할 수 있음을 증명했다. 심지어 재사용한 부스터를 다시 발사하는 것이 한 번도 발사되지 않은 부스터보다 신뢰성을 더 높게 쳐주는 경향까지 있다고 하니, 바야흐로 로켓 1단 부스터도 발사 경험이 더 중요한 시대가 왔다고 할 수 있다. 하지만 스페이스X는 5차 우주 경쟁의 승자는 아니다. 1단 부스터를 재사용할 수 있는 팰컨 9 로켓을 보유하고 있어서 5차 우주 경쟁의 승자가 되기 위한 가장 유리한 고지를 점령한 것은 사실이나, 항공기처럼 완전 재사용이 가능한 로켓인 초대형 스타십 로켓은 여전히 개발 중이다. 따라서 여전히 다른 민간 우주기업이 역전할 수 있는 기회가 있는 것이다.

　뉴질랜드 출신의 피터 벡이 이끄는 미국의 로켓랩은 현재 기준으로 스페이스X의 우주기술에 가장 근접한 역량을 보유한 기업을 평가받고 있다. 전기 펌프로 구동하는 케로신 액체로켓엔진을 장착한 소형로켓 일렉트론을 보유한 로켓랩은 2017년 5월 첫 발사를 시작으로 2024년 6월까지 50회 발사를 진행했다. 특히 로켓랩은 2023년 일렉트론 로켓 1단 회수에 성공 후 2024년 4월 회수한 1단 부스터를 장착한 일렉트론 발사까지 성공하면서 스페이스X에 이어서 두 번째로 로켓 재사용에 성공한 민간 우주기업이 되었다. 더욱이 로켓랩은 2024년에만 총 16회의 일렉트론 로켓을 발사할 정도로 로켓의 신뢰성을 인정받고 있다. 현재 로켓랩은 스페이스X의 팰컨 9 로켓에 대항할 수 있는 부분 재사용 로켓인 뉴트론 개발에 집중하고 있다. 뉴트론 로켓은 2026년에 첫 시험 발사를 예정하고 있는데, 뉴트론 로켓이 1단 부스터 회수 및 재사용에 성공한다면 스페이스X의 강력한 경쟁 기업으로 확실하게 부상할 것이다.

미국 전자상거래 기업인 아마존의 창업자 제프 베이조스는 스페이스X보다 빠른 2000년에 블루 오리진을 창업했다. 천천히 개발을 진행한 블루 오리진은 우주 관광객을 태우고 고도 100킬로미터의 카르만 라인까지 준궤도 비행 후 다시 지상으로 착륙하는 뉴 셰퍼드 로켓 개발을 통하여 자체 엔진 및 로켓 기술을 검증하면서 우주 관광 서비스 시장에 먼저 진출했다. 한편으로는 2010년대부터 본격적으로 메테인을 연료로 사용하는 초대형 액체로켓엔진 BE-4 개발에도 착수했다, 여러 가지 기술적 난관을 극복하고 BE-4 엔진 개발을 성공시킨 후 2020년에 미국 ULA에 납품까지 완료했다. ULA에서는 2024년 1월과 10월 두 차례에 걸쳐 신형 로켓인 벌컨 센타우르 1단에 BE-4 엔진 2기를 장착하여 성공적으로 발사하여 궤도에 위성을 투입하면서 BE-4 엔진의 비행 성능 검증까지 완료했다.

그리고 블루 오리진도 자체 초대형 로켓, 뉴 글렌의 첫 번째 발사를 2025년 1월 16일에 성공했으며, 2025년 10월 기준으로 두 번째 발사를 준비하고 있다. 뉴 글렌 로켓도 스페이스X의 팰컨 9 로켓처럼 1단 부스터를 재사용하는 부분 재사용 로켓을 목표로 하고 있다. 다만 뉴 글렌 로켓의 1단 부스터 재사용이 현재의 팰컨 9 로켓 1단 부스터처럼 높은 신뢰성을 보여주기까지는 수 년의 시간이 필요할 것이다. 하지만 매년 1조 원 이상의 돈을 로켓 개발에 쏟아부으면서 포기하지 않고 꾸준하게 시도한다면 분명 블루 오리진은 스페이스X의 가장 강력한 경쟁기업이 될 것이 분명하다.

렐러티비티 스페이스는 메탈 3D 프린팅이라는 4차 산업혁명 기술을 기반으로 로켓 개발을 진행하겠다고 출사표를 던진 미국의 민간 우주기업이다. 자체 자료에 따르면 렐러티비티 테란 로켓에 필요한 부품의 약 80퍼센트 이상을 메탈 3D 프린팅으로 제작하고 있다고 밝히고 있다. 실제로 메탈 3D 프린팅 기술 기반으로 액체 메테인을 추진제로 사용하는 이온 1 엔진까지 성공적으로 개발했다. 이후 2023년 3월 자체 개발한 소형로켓 테란 1 발사까지 성공적으로 진행했으나, 궤도 진입에는 실패하고 말았다. 이후 렐러티비티 스페이스는 테란 1 로켓 개발은 중단하고 부분 재사용이 가능한 중형로켓 테란 R과 대형 액체로켓엔진 이온 R 개발로 방향을 전환했다. 현재 렐러티비티 스페이스는 테란 R 로켓의 발사를 2026년으로 발표한 상황이다. 더욱이 2025년에는 구글 CEO 출신인 에릭 슈미트가 지분 인수 방식으로 렐러티비티의 CEO로 전격 합류했으므로, 앞으로의 행보가 기대되는 것도 사실이다.

에필로그

    로켓의 1단 부스터를 재사용하는 5차 우주 경쟁은 여전히 현재진행형이다. 우주개발이 민간기업 주도로 완전히 재편된 지금, 우주 경쟁의 핵심은 바로 가격cost이다. 우주로 가는 길이 비싸서 우주개발은 상업성이 없다는 대표적인 부정적 명분을 깨기 위하여 재사용 로켓이 세상에 등장한 것이다. 역시 필요는 창조의 어머니다. 일론 머스크가 이끄는 스페이스X가 경쟁사 로켓 대비 압도적인 초격차를 유지하고 있는 이유도 바로 현존 유일의 로켓 1단 부스터 재사용을 통한 확실한 가격 경쟁력을 꾸준하게 유지하고 있기 때문이다.

    스페이스X에서 공식적으로 발표한 정보는 없지만, 여러 전문가의 이야기를 종합해 보면 2024년 기준으로 팰컨 9 로켓 1회 발사당 받는 금액인 6천7백만 달러 중 실제 로켓 비용은 1천5백만 달러가 넘지 않는 것으로 예측이 가능하다. 그러면 로켓을 한 번 발사할 때마다 약 5천만 달러가 이윤으로 보장되는데, 현재 환율로 환산하면 약 700억 원이 훌쩍 넘어간다. 아직 세계에서 1단 부스터를 안정적으로 재사용하는 로켓이 없으므로 스페이스X의 독주는 이어지겠지만, 5년 이내에 1단 부스터를 재사용하는 다양한 로켓들은 반드시 등장할 것이다.

그렇다면 민간기업 간의 1단 부스터 재사용 로켓을 개발하는 5차 우주 경쟁이 기존의 블루 오션에서 레드 오션으로 바뀌는 것일까? 결코 그렇게 되지 않을 것이다. 곧 6차 우주 경쟁이 시작될 것이다. 아니, 5차와 6차가 혼재하는 시점이 2030년대가 될 수도 있다. 그렇다면 다가올 '6차 우주 경쟁'은 무엇일까?

6차 우주 경쟁은 민간기업 간의 완전 재사용 로켓 개발 경쟁으로 봐야 할 것이다. 지금의 항공기와 같은 로켓이다. 현재 스페이스X도 팰컨 9 로켓 이후에 주력으로 사용할 스타십 로켓을 개발 중인데, 1단뿐만 아니라 2단까지도 모두 재사용하는 것을 목표로 하고 있다. 스페이스X는 5차 우주 경쟁부터 초격차로 독주하면서도 절대 만족하지 않고 6차 우주 경쟁을 10년 전부터 준비했으며, 2020년대 중반인 지금은 어느 정도 완성 단계에 와있다고 봐야 할 것이다. 특히 6차 우주 경쟁은 로켓기술 개발의 핵심을 1단이 아닌, 2단으로 전환하는 것이 핵심이다. 즉 5차 우주 경쟁의 핵심인 1단 부스터 재사용 기술을 완벽하게 확보한 민간기업만이 완전 재사용 로켓 개발인 6차 우주 경쟁에 뛰어들 수 있다.

따라서 스타십 로켓의 2단처럼 전혀 다른 기능과 형상의 2단이 개발될 것이므로, 바야흐로 진정한 완전 재사용 로켓의 우주 시대가 도래하는 시점은 바로 6차 우주 경쟁 중에 이뤄질 것으로 예측할 수 있다. 그렇다면 완전 재사용 로켓이 일반화된 6차 우주 경쟁 이후는 어떻게 될까? 궁금하지 않은가?

바로 항공기와 로켓 간의 지구 내 이송 경쟁transportation race이 될 확률이 매우 높다. 현재 대륙 간 장거리 이동은 항공기가 유일한 이송 수단이다. 미국의 보잉과 유럽의 에어버스가 양분하고 있는 대형 항공기 시장에 완전 재사용 로켓이 강력한 경쟁자로 등장할 것이다. 세계 어느 나라든 1시간 내 이송해 주는 완전 재사용 로켓이 민간 여객이나 화물 이송 부분에 화려하게 등장할 것이며, 결국 보잉과 에어버스의 강력한 경쟁자가 될 것이다.

마치 디지털카메라를 제일 먼저 발명한 미국의 코닥Kodak이 기존의 필름 시장을 유지하려다가 디지털카메라를 경시했던 것처럼, 스마트폰을 제일 먼저 발명한 핀란드의 노키아Nokia가 핸드폰 시장을 지키기 위하여 스마트폰을 경시했던 것처럼, 기존 항공기 제작회사들도 완전 재사용 로켓 개발에 올인하지 않으면 똑같은 길을 갈 수밖에 없는 때가 바로 6차 우주 경쟁 이후의 시기가 될 것이다.

생각해 보라. 10시간 넘게 걸리는 대형 여객기를 탈 것인가? 단 1시간 걸리는 여객 로켓을 탈 것인가? 기차로 비교하면, 1시간 걸리는 KTX를 탈 것인가? 아니면 10시간이 소요되는 완행열차를 탈 것인가? 선택은 소비자의 몫이겠지만, 완전 재사용 로켓의 신뢰성과 안전성이 확실하게 보장된다면 누가 과연 10배나 더 오래 걸리는 기존 여객기를 선호하겠는가.

그렇다면 그 시점은 언제일까? AI와 양자컴퓨터 등이 상용화되면서 기술 발전 속도가 더욱 가속화될 것은 자명하다. 그래서 늦어도 2050년 전후로 6차 우주 경쟁은 완전히 시장이 성숙해지면서 항공기와 로켓 간의 이송 경쟁이 시작될 것으로 예상된다.

그렇다면 이와 같은 우주 시대에 대한민국은 과연 어떻게 준비해야 할까? 본문에서도 언급했지만, 뉴 스페이스 시대이자 5차 우주 경쟁부터는 민간기업 간의 우주개발 경쟁이지만, 실제로는 정부에서 적시적기 예산을 투입하여 우주 분야의 민간기업이 뿌리를 내릴 수 있도록 지원해 주어야만 대한민국에서도 5차 우주 경쟁에 뛰어들 토대가 마련될 수 있다. 특히 우주 분야는 기본 인프라 구축에 많은 예산이 투입된다.

'소버린 AI'를 위해서는 GPU 확보가 필수이듯, '소버린 우주'를 위해서는 민간 우주기업을 위한 엔진 연소시험장과 발사장 등의 빠른 구축이 필수다. 극단적으로 예를 들어보면, 세계적인 수영선수를 키우고자 한다면 국제규격에 맞는 수영장부터 지어줘야 하지 않겠는가? 따라서 대한민국에서 스페이스X, 로켓랩 같은 세계적인 우주기업이 생겨나서 2045년 세계 우주 시장에서 10퍼센트 이상의 점유율을 목표로 한다면, 민간 우주기업이 마음껏 연구하고 시험할 수 있는 기본 인프라 구축, 특히 엔진개발과 관련한 인프라의 조속한 구축은 아무리 강조해도 지나치지 않는다. 지금이 바로 마지막 골든타임이다.